U0189680

王　森
朋福东
龚　鑫
主编

前言

PREFACE

近几年，中国烘焙在国际赛事上越来越活跃，且频频取得亮眼成绩。中国烘焙虽然起步较晚，但是在不断钻研的道路上，已经取得了一定的成绩。

目前，在中国可以被称为世界面包冠军的面包师屈指可数，在作为舶来品的面包领域，我们在国际上的话语权也由于这些冠军的诞生而变得有分量。作为冠军的集结地——王森教育集团，在传教授业的道路上，也希望将冠军技术、国际标准和传统技术更好地、更直接地传播给更多有需要的人。本书在此基础上诞生。

本书产品是德国IBA世界面包冠军获得者、第44届和第45届世界技能大赛中国集训队教练组组长朋福东老师及其助手龚鑫老师的倾力之作。两位老师多次在国际赛事中获得优异成绩，在一次又一次的国际比赛中，磨炼技术，同时也沉淀了个人技术，本书所介绍的五十种产品全部是朋福东老师与龚鑫老师的赛事作品。

为了更好地解读面包技术，让“面包”变得更加有趣、生动、有迹可循，本书理论从科学的角度解读冠军面包师的经验之作，剖析解密复杂的工艺技术，得出普遍适用的科学原理，使工艺变得可复制，不但使你学会“如何制作面包”，并教你“为何如此制作面包”。

本书配方与产品涉及十大版块，含辫子面包、布里欧修、丹麦面包、酵种面包、法棒与花式法棒、法式造型面包、黑麦面包、营养健康面包、三明治与餐包、艺术面包，每款都有完整的制作流程解析与配方比例分析，带你认识标准化的面包制作。

结合多年经验与科学理论，本书也采用了“复杂的问题简单说”的方式来将晦涩的理论全面且“简单”讲述给读者，将这些问题用逻辑切割成点，再连成线、汇成面，做成连续问答，将复杂的问题通过步步拆解全面展开在读者面前，并做成问题检索，方便读者阅读和查找。

本书由烘焙甜品大师王森老师、世界面包冠军朋福东老师和龚鑫老师共同主编，在编写过程中，也得到了众多技术老师和技术研发机构的帮助。

在此，特别感谢面包研修社、王森教育集团赛事委员会的大力支持。

由于编写时间仓促，书中难免会有疏漏之处，敬请广大读者给予修改意见，以便此书更好地呈现给读者。

王森

王森

正高级专业技术职称
享受国务院政府特殊津贴
省级个人一等功勋章

王森美食文创研发中心、王森咖啡西点西餐学校、《亚洲咖啡西点》创始人，其创办的王森咖啡西点西餐学校已为社会输出数万名烘焙技能人才，专业的教学模式培养出的学员获得第 44 届世界技能大赛烘焙项目冠军。他联手300多位世界名厨成立“王森名厨中心”，一直致力于推动行业赛事发展、挖掘和培养国内烘焙行业人才。他创办的王森集团被国家人力资源和社会保障部和财政部评为“国家级高级技能人才培训基地”，王森工作室被国家人力资源和社会保障部认证为“王森技能大师工作室”。

了解更多信息请搜索

电脑端：https://www.wangsen.com/　　微博号：名厨王森

手机端：https://m.wangsen.com/　　二维码：

朋福东

2011.10
上海FHC国际比赛
银奖

2017.3
世界面包大赛中国区
冠军
最佳法棒
最佳布里欧修
最佳可颂

2017.10
世界面包大赛总决赛
第六名
最佳艺术面包奖

2018.9
德国IBA世界面包大赛
冠军
最佳艺术面包奖

2018.11
第2届世界面包大赛
六国精英赛　冠军
最佳人气奖

国家高级一级技师
王森教育集团赛事委员会烘焙技术总监
法国面包大师团成员
面包研修社技术合伙人

第44届世界技能大赛贡献突出，被江苏省人力资源和社会保障厅记二等功

第44届世界技能大赛专家组成员

第44届世界技能大赛中国集训队教练组组长

第44届世界技能大赛全国选拔赛裁判

第45届世界技能大赛中国集训队教练组组长

参编10余种王森面包系列书籍

中国焙烤食品糖制品工业协会授予“烘焙名匠”称号

龚鑫

第44届世界技能大赛烘焙项目中国队备选选手（全国第二名）

第6届世界面包大赛中国区冠军助手

第6届世界面包大赛法国总决赛助手

第2届世界面包大赛六国精英赛 冠军助手

王森教育集团赛事委员会烘焙技术教练

第5届路易·乐斯福杯华东赛区“艺术面包”比赛第一名

本书使用说明

○ **面包配方的表示方式**

本书中使用的配方表示方式有两种。

一种是“烘焙百分比”，又称“材料百分比”，即根据面粉的质量来推算其他原材料所占的比例。实践使用中，先将配方中的面粉的重量设为100%，配方中的其他材料的百分比是相对于面粉的多少所定的比例。

计算方法：原料的烘焙百分比=某原料实际质量 × 100/面粉质量

另外一种计算方法是用原材料的实际质量来表示配方，这种方法方便制作时直接称量使用，但同时，这种方法较固化，不方便数量修改和成分配比分析。

○ **本书制作的产品，均在温度22～26℃、相对湿度50%～70%的环境下完成。**

○ **本书中使用的“固体酵种”“液体酵种”在理论部分中都有详细的制作流程介绍，实际中使用的是成活后的酵种。**

○ **本书中提到的“表面筛粉”或者“手粉”，无特别说明者都默认使用的是颜色较面团颜色接近的高筋面粉或者法国T45、T55、T65等白面粉。**

○ **本书中所有面团正式入炉前，烤箱都需提前预热至所描述温度。**

目 录
CONTENTS

01 CHAPTER 制作面包的关键因素

02 CHAPTER 制作面包的工序流程

CHAPTER 03 辫子面包

CHAPTER 04 布里欧修

CHAPTER 05 丹麦面包

CHAPTER 06 酵种面包

CHAPTER 07 法棒与花式法棒

CHAPTER 08 法式造型面包

黑麦面包

营养健康面包

三明治与餐包

艺术面包

01

CHAPTER

制作面包的关键因素

1 / 小麦粉

小麦粉，即面粉，是制作面包、蛋糕等烘焙产品最基础的原材料，甚至在大部分产品中，小麦的性质对最终产品的呈现有着决定性的影响，而小麦粉的性质取决于小麦本身的生长条件以及后期的加工技术与工艺。

[1] 认识小麦

小麦是人类最早种植的食用植物之一，一粒（单粒）小麦是最早出现的小麦之一，随着自然界的缓慢发展与变化，双倍体小麦与另一种双倍体生物——山羊草先杂交后发生染色体加倍，出现新物种，之后缓慢形成了二粒小麦和硬粒小麦，每一次的杂交与进化，新小麦拥有的染色体都有所变化，从最初拥有双套染色体，到如今已有多倍染色体小麦被大量种植，品种十分繁多。

完整的一颗小麦，由四部分组成：顶毛（小麦须）、胚乳、麦芽和麸皮。

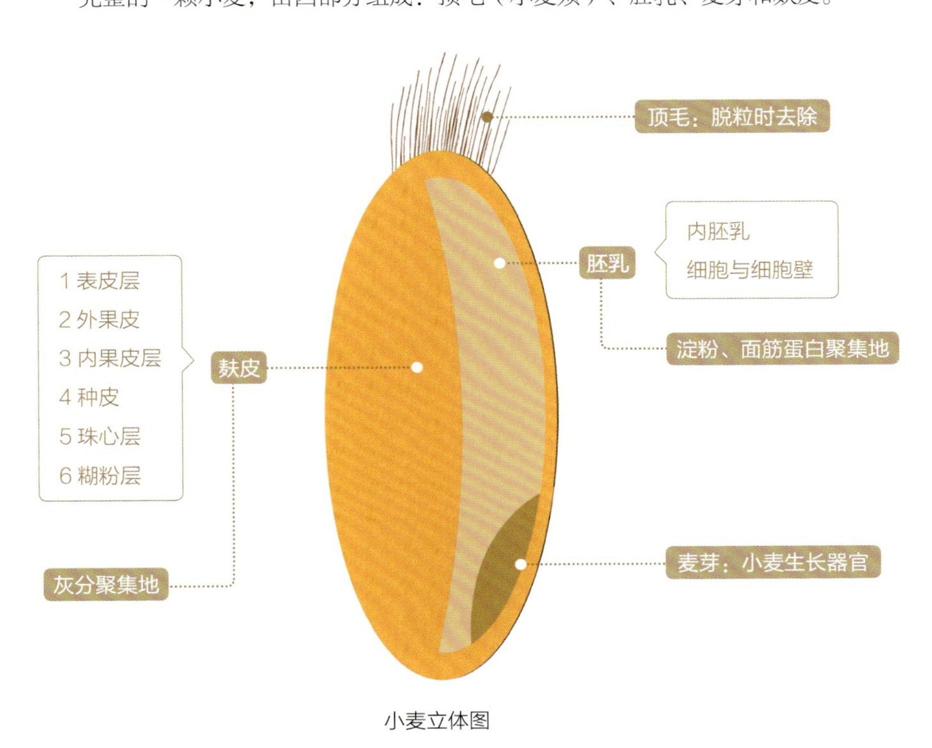

小麦立体图

顶毛（Beard）

在麦粒进行脱粒时就去除的，是麦粒一端呈细须状的物质。

麸皮（Bran Coat）

麸皮与灰分

小麦的麸皮在高倍的显微镜下观看，可以看出有 6 层，从外至内，前三层称为小麦的外皮，也称小麦的果皮，依次为表皮层、外果皮层、内果皮层，这三层含有微量的灰分。同时，这三层也极易在磨粉制粉环节中被除去。

在这三层以内，还有另外三层，总称为种子种皮，依次为种皮、珠心层、糊粉层，这三层的灰分含量在 7% ~ 11%。

所以用面粉中的麸皮含量来表示灰分含量，是有一定的科学依据的。

麸皮与蛋白质

麦粒中的表皮层和外果皮层中含有大量的纤维；内果皮层和种皮纤维较少，并含有大量有色成分，其中小麦粒的颜色主要取决于种皮中的色素；珠心层和糊粉层纤维最少，蛋白质含量较高，灰分也较高。

小麦蛋白质主要有四类，分别为麦白蛋白（清蛋白）、球蛋白、麦胶蛋白和麦谷蛋白，总的蛋白质含量在 8% ~ 16%，其中后两者又被称为“面筋蛋白”，与小麦粉的筋度有直接关系；前两种蛋白质易溶于水，属于可溶性蛋白，主要存在于麸皮部分中，这两种蛋白与面筋蛋白对面筋网络的建立有相反的功效，即麦白蛋白、球蛋白与面团的面筋形成呈负相关，麦胶蛋白和麦谷蛋白的含量与面筋形成呈正相关。

所以使用的小麦粉品种中的麸皮含量直接影响面团的筋度形成，影响的程度与小麦品种等因素有关。

总的来说，麸皮极大地影响小麦粉的色泽、灰分含量，对蛋白质含量也有一定的影响。

麦芽（Germ）

麦芽是小麦发芽和生长的器官，含有小麦中的大部分脂肪类成分，这些脂肪多由不饱和脂肪酸组成，很容易氧化酸败，含有麦芽的面粉在烘焙制作中，很容易引起烘焙产品在储存中变味，所以在制粉过程中，麦芽经常被去除。

胚乳（Endosperm）

胚乳是小麦面粉的重要来源，也是主要物质，含有大量的淀粉、面筋蛋白和营养物质。

面筋蛋白包括麦胶蛋白和麦谷蛋白，它们不溶于水，占小麦总蛋白含量的绝大部分，广泛存在于小麦胚乳中，这两种蛋白质可以形成面筋网络。因它们不溶于水的特性，所以可以用“洗面筋”的方法来简单测试一种面粉的面筋蛋白的含量。

胚乳中的淀粉是小麦淀粉的主要集中地，小麦淀粉中支链淀粉含量远高于直链淀粉，高含量的支链淀粉也是面团易“黏糊”的重要原因。

[2] 认识面粉

从小麦到小麦面粉，其中需要经过严密的制粉工艺。制粉工艺水平的高低与国家的经济发展水平有直接关系，发达国家多采用科技含量高的大型设备，发展中国家多使用中小型设备或者单机，同时可以配合多种工艺流水线。所以各国的面粉质量有很多的不同之处。

目前，在国际烘焙市场中常用到如下几类面粉。

传统T45面粉（法国） 传统T55面粉（法国） 传统T65面粉（法国） T80全麦粉（法国）

T85黑麦粉（法国） T110全麦粉（法国） T130黑麦粉（法国） T170黑麦粉（法国）

T1150黑麦粉（德国） 紫罗兰薄力粉（日本） 山茶花强力粉（日本） 百合花法式面包专用粉（日本）

法国面粉

法国面粉的分类标准与矿物质的含量有关。

为了确定小麦粉中的矿物质含量，制粉业利用矿物质的不可燃性质，将一定量的面粉燃烧至高温，再称量残余的灰烬的质量，即灰分，计算出灰分比例，即可知道面粉的型号。

T 后的数字越低，说明面粉的精制度越高，面粉越白，灰分和矿物质含量越低；反之，T 后的数字越高，说明面粉的精制度越低，面粉发灰或发黑，灰分和矿物质含量越高。

法国有两大面粉加工工艺类型，一类是机磨粉，另一类是石磨粉。机磨粉又分为传统面粉和通用面粉（预拌粉），传统面粉是没有添加剂的面粉，一般情况下，传统面粉包装上会有“Tradition”（传统）或者“artisan boulanger”（手工面包专用）的字样。制作酵种时的面粉种类必须使用传统面粉，因为通用面粉或者预拌粉都含有一定量的、多品种的食品添加剂，这些材料用于酵种制作时，在长时间的发酵过程中，会产生很多杂菌，导致酵种风味不纯，缺乏天然香味。

法国面粉制作的传统源自 19 世纪的石磨工艺制粉年代，这种制粉可以保留小麦几乎全部的营养物质，如今传统工艺的低速无法匹配烘焙行业的高速发展，在研磨技术快速发展的同时，为了满足和达到“传统工艺”的优良品质，会在制粉环节中加入胚芽粉（和）或麦芽粉，用以保存小麦的原始香气，几乎不含添加剂，以此来制作面包，也可用以考量面包师的技术水平。

通用面粉或者预拌粉则加有抗坏血酸、脂肪酶等添加剂，制粉技术与传统粉不同，是通过添加剂来达到或者维持 T 系列面粉的特性，比如 T55 预拌粉在一定程度上可以达到传统 T55 的特性，甚至预拌粉在某些方面更稳定和便捷，适合绝大多数人使用，但是预拌粉的营养、健康和风味达不到传统粉的效果。

根据灰分含量的高低，法国的小麦面粉被划分为各种型号，国内常称为 T（type）系列面粉，它们主要包括 T45（含传统粉和通用粉）、T55（含传统粉和通用粉）、T65（含传统粉和通用粉），这三种面粉也称为“白面粉”，几乎不含麸皮，灰分含量也不高。

T80（石磨粉）、T110（传统粉）、T150（传统粉）属于全麦粉，麸皮含量较高，其中 T150 面粉属于全麦面粉，保留了小麦全部或大部分麸皮，含有大量的矿物质和营养元素（灰分含量高），但是也包含了小麦的胚芽部分，所以面粉较易发生变质。

T85、T130、T170 面粉由黑（裸）麦研磨而成，三种面粉的面粉颗粒由细到粗，灰分含量依次增加。营养成分极高，但是粉质缺乏面筋蛋白质，无法构成强韧的面筋网络。

种类	灰分比例（大致区间）	说明
T45 面粉	< 0.50%	白面粉（软麦为主，标准糕点用粉）
T55 面粉	0.50% ~ 0.60%	白面粉（硬麦为主，标准面包用粉，以及部分糕点用粉）
T65 面粉	0.62% ~ 0.75%	白面粉（筋度较高，面包用粉）
T80 面粉	0.75% ~ 0.90%	淡色全麦面粉（棕色面粉，保留部分麸皮）
T110 面粉	1.00% ~ 1.20%	全麦面粉
T150 面粉	> 1.4%	深色全麦面粉
T70 面粉	0.60% ~ 1.00%	特淡裸麦（黑麦）面粉
T85 面粉	0.75% ~ 1.25%	淡色裸麦（黑麦）面粉
T130 面粉	1.20% ~ 1.50%	深棕裸麦（黑麦）面粉

备注：法国以灰分含量为主要型号标准，所以即便是同一款面粉，不同时节、不同批次的产品也会有一定的区别。

德国面粉

德国的面粉类型是按照矿物质含量来划分型号的，同法国类似或者相同，以“Type+ 数字”来进行标记和区分，数字高低与面粉筋度无关，只是代表矿物质含量的高低。

常见的有 Type400、Type405、Type480、Type812、Type1050、Type1060、Type1150 等，前三种面粉为德国的蛋糕制作面粉。后面几种常用于制作面包，其中 Type1050 与 Type1060 是全麦面粉，Type1150 是黑裸麦粉。

Type 后面数字越大，矿物质含量越高，面粉颜色越深。相反，则矿物质含量相对较低，颜色较亮。

意大利面粉

意大利面粉是依照小麦的精制程度来进行分类的，主要有两大类，一类是硬麦粉，一类是小麦粉。

硬粒小麦，又称杜兰小麦，源自地中海，颗粒平滑、较粗，颜色偏黄，主要种植地区在欧洲和亚洲中部，如意大利、印度等，其小麦的蛋白质含量非常高，面筋含量也较高，所以以此制成的面粉适合用于硬质面包和意大利面的制作。

小麦粉分为 0 号、00 号、1 号、2 号和全麦面粉，国内常用 00 号面粉来制作比萨。

日本面粉

日本法律对包括面粉在内的农产品做出了规定，包括基本特性和功能特性的要求，对面粉的精度、灰分含量、蛋白质筋度的强弱等都有一定的要求。

日本面粉的特点在很多面粉包装上的标识中都能看到，比如说粉质细腻、吸水性强，但是灰分含量较低，普遍接近 0.4% 左右，这个含量与法国面粉相比，甚至比 T45 还要低一点。日本面包用粉的等级划分主要依据是蛋白质含量，但还会标识灰分比例。

比如说，国内常用的日本紫罗兰牌小麦粉，属于低筋面粉，蛋白质含量在 8.1% ± 0.5%，灰分含量在 0.33% ± 0.03%。质地细腻、颜色雪白，适用于制作海绵蛋糕、戚风蛋糕、常温蛋糕、饼干、和果子、中式点心、果子面包等。

山茶花牌小麦粉，属于高筋面粉，蛋白质含量在 11.8% ± 0.5%，灰分含量在 0.37% ± 0.03%。适用于制作吐司、餐桌面包卷、花色面包等。

百合花牌小麦粉，以小麦风味与香气为特色，也称法式面包专用粉，适合硬质面包的制作，如全麦面包、欧式面包、杂粮面包、餐包等。其蛋白质含量在 10.7% ± 0.5%，灰分含量在 0.45% ± 0.03%。除了制作法式面包，在日本烘焙中，百合花因其较高的灰分含量，能够给面包带来丰富的香气与风味，同时中等的筋度也能呈现较好的组织与口感，所以也常与其他面粉混合来制作面包，比如有很多日本面包师喜欢在高筋或者特高筋面粉中加入百合花面粉来制作吐司。百合花也是日本面包师制作酵种常用的面粉品种之一。

种类	灰分比例	蛋白质含量	说明
紫罗兰牌小麦粉	0.33% ± 0.03%	8.1% ± 0.5%	适用于蛋糕、点心类产品
山茶花牌小麦粉	0.37% ± 0.03%	11.8% ± 0.5%	适用于吐司、餐包类产品
百合花牌小麦粉	0.45% ± 0.03%	10.7% ± 0.5%	适用于欧式面包、全麦面包、酵种等的制作

2/ 酵母

[1] 认识酵母

酵母是一种生物膨松剂，是一群微小的单细胞真菌，具有生命特征的生物体。它分布于自然界中，是一种典型的异养兼性厌氧微生物，即在有氧和无氧条件下都能够存活，属于天然发酵剂。

[2] 酵母菌特点：异养菌 + 兼性厌氧菌

1 异养菌（heterotroph）

异养菌必须以有机物为原料，才能合成菌体成分并获得能量。

异养菌的特点是以吃现有的有机物来生存，所以在面包制作中，添加适合酵母菌食用的有机物对于酵母的生长与代谢有至关重要的意义。

深度问答—复杂的问题简单说：酵母菌“吃啥”

酵母菌“吃”什么进行生理代谢呢?

主要是葡萄糖。

酵母菌“吃”的原料哪里来?

主要来自蔗糖与麦芽糖等糖类的分解，这是最直接的方式。常用的糖类材料详见下表。

名称	单双糖	成分	材料来源
乳糖	双糖（葡萄糖 + 半乳糖）	—	乳糖
麦芽糖	双糖（葡萄糖 + 葡萄糖）	—	麦芽糖浆、麦芽粉、麦芽精
海藻糖	双糖（葡萄糖 + 葡萄糖）	—	海藻糖
葡萄糖	单糖	—	葡萄糖浆、转化糖浆等

续表

名称	单双糖	成分	材料来源
蔗糖	双糖（葡萄糖＋果糖）	—	各类砂糖
果糖	单糖	—	转化糖浆
玉米糖浆	—	葡萄糖、麦芽糖	玉米糖浆
转化糖浆	—	葡萄糖、果糖、蔗糖	转化糖浆

以上单糖和双糖都是可溶性糖，单糖可以直接用于酵母发酵。双糖不能直接用来发酵，必须经过分解，分解需要在酶的作用下才能快速进行，麦芽糖和蔗糖对应的酶即是麦芽糖酶和蔗糖转化酶，这两种酶都可以在某些酵母菌的代谢分泌中产生，还有些材料中也会自带这两种酶，同类功效的材料、不同品牌和状态的效果也不一样，比如说鲜酵母的蔗糖转化酶活力就比干酵母要强。

酵母分泌酶不一定能分解所有的双糖，比如乳糖，酵母菌无法分解乳糖，但是乳酸菌可以，有些面粉中就含有较多的乳酸菌，在酵母菌生长繁殖的时期里，乳酸菌也会同时发挥作用。所以面包制作是在一个十分复杂的环境中完成的。

3 如果面团制作过程中，同时存在多种糖，酵母菌代谢会不会非常快?

不是的。酵母菌也是会“挑食”的，一般情况下，酵母会先“吃”葡萄糖，同时，蔗糖继续进行转化，会产生葡萄糖和果糖，在这个过程中，果糖的浓度有很大的可能会上升，在酵母菌数量和活性达到一定程度时，果糖才会慢慢被“吃掉”。除了蔗糖外，麦芽糖也会参与转化，但是相较蔗糖来说，麦芽糖的转化会很迟。一般在面包制作的后期，麦芽糖的“功能”才会慢慢显现出来。

4 糖是酵母发酵最大的能源，那么加大糖的量会不会使面包制作加快?

不完全是。糖的含量过高，浓度会增大，酵母周边的渗透压也会增大，会威胁到酵母的生长与代谢，继而抑制酵母的生长。

5 面包制作中的糖除了作为酵母的营养来源以外，还有没有别的功能?

当然有的，糖在面包制作中不可或缺。首先糖是最优甜味剂。其次在面团制作中的糖除了用于酵母发酵以外，还会有剩余的糖存在面团中，这些糖在后期烘烤中会加速面包表皮上色，并伴有很浓郁的香味产生。糖还可以改善面包的保水性、延长产品的存放时间等。

除了糖类之外，还有哪些可以作为酵母的食物来源?

有直接的糖原，也有间接的糖原。食品材料中的糖主要分为蔗糖和淀粉糖两大类，蔗糖就是普遍使用的砂糖制品，淀粉糖是以淀粉或含淀粉的物质为原料，经特殊加工工艺制成的液体、粉状（和结晶）的糖，常见的有葡萄糖、葡萄糖浆、葡萄糖浆干粉（固体玉米糖浆）、麦芽糖、麦芽糖浆、果糖等。所以淀粉是糖的“大宝库”，小麦面粉中天然存在淀粉酶，可以将一定的淀粉分解为糊精，再进一步分解为麦芽糖，为酵母所用。

2 兼性厌氧菌（facultative anaerobe）

酵母菌属于兼性厌氧菌，在有氧或无氧环境下都能生长或者维持生存，不过在有氧的环境下，酵母菌的生长较为迅速，在无氧的条件下，其自身的活动产生的能量较少，其过程有有氧呼吸和无氧呼吸两种方式。

有氧呼吸是指酵母菌细胞在氧气的参与下，通过各种酶的催化作用，把有机物彻底氧化分解，产生二氧化碳和水，并释放出能量的过程。

无氧呼吸指在无氧环境下，通过各种酶的催化作用，动植物细胞把有机物分解成不彻底的氧化产物，同时释放出少量能量的过程。无氧呼吸产生的是不完全氧化产物，主要是酒精和乳酸等。

无氧发酵的优点：酵母菌在进行无氧发酵的过程中产生酒精，酒精会与面团中其他有机酸转化成酯类化合物，能为面包增添别样的风味，所以面团进行无氧发酵时，会产生多种风味。

其简易反应式：$C_6H_{12}O_6 \rightarrow 2C_2H_5OH+2CO_2+$ 能量

有氧发酵的优点：酵母菌在进行有氧发酵时，能够进行更有效的产气，在理论上，其产气的能力是无氧发酵时的 3 倍左右，但过程中不会产生有机化合物，所以风味就会欠缺。

其简易反应式：$C_6H_{12}O_6+6O_2 \rightarrow 6CO_2+6H_2O+$ 能量

综上，酵母菌在面团制作中，其自身的呼吸方式与面团最终的体积大小和风味有直接的关系。有条件地改变氧气的参与程度，可以调整酵母有氧和无氧的发酵进程，来为产品最终呈现的状态服务。

[3] 常见的酵母分类

1 干酵母与鲜酵母

“干”与“湿（鲜）”是市售酵母的两种最常见的状态，此状态与酵母菌的生产方式有直接关系。

干酵母的生产是由酵母菌的培养液经过低温干燥等特殊方式得到的颗粒状物质，有活性干酵母和即发活性干酵母两大类。鲜酵母是由酵母菌培养液脱水制成。两种酵母所含的酵母菌数量、使用方法以及储存方式等都有不同。

相较于干酵母储存的便捷，鲜酵母的储存要时刻注意内部酵母的生存条件。一般情况下，鲜酵母适合存放的温度是 0 ~ 4℃，在这个温度范围内，酵母仅通过缓慢的代谢来维持生命，是处于休眠状态的。保质期在 45 天左右。如果存放的温度低于 0℃，鲜酵母的水分会开始结冰，酵母停止代谢，逐渐死亡，失去活性。而且结冰产生的冰还会将酵母细胞的细胞壁刺破，使活的酵母也受到损伤。如果存放温度高于 5℃，鲜酵母开始慢慢活动，温度继续升高，代谢更加旺盛，加速酵母老化。酵母死亡后会成为一个营养丰富的细菌培养基，产生很多有害细菌。

PS：鲜酵母与干酵母的对比

1. 相比干酵母来说，鲜酵母的保质期很短，保存条件严苛。

2. 相比干酵母来说，使用鲜酵母制作的面包更具有风味。

3. 相比干酵母来说，鲜酵母的使用量更大，一般情况下，

鲜酵母：活性干酵母：高活性干酵母 =1 ： 0.5 ： 0.3。

2 高糖型酵母与低糖型酵母

一般来说，糖的添加量在面团中超过7%(以面粉计)时，适合使用的酵母被称为“高糖酵母”，反之称为“低糖酵母”。高糖酵母适合制作甜面包；低糖酵母适合制作无糖或者含糖量较少的产品，比如馒头、欧式主食面包等发酵食品。两种酵母类型的主要目的均是使酵母在不同的环境中能更好地充分产气，使面团最大限度的膨胀蓬松，制作出更加优质的产品。

高糖型酵母：在含砂糖的面团中，酵母菌会优先选择砂糖中的蔗糖分子作为自身代谢的能量来源。糖型酵母所含的蔗糖转化酶可以加速糖的分解，给酵母提供营养，促进面团的发酵；如果加入的是低糖的酵母，那么糖分解速率不会发生较大的影响。

一般情况下，糖 / 面粉≥ 5% ~ 7%（区间范围是与酵母的生产厂商有关系）时，适合使用高糖型的酵母。

低糖型酵母：在不含砂糖或砂糖含量非常少的面团中，酵母菌的养分需求就不再是由蔗糖大分子提供的，含有双葡萄糖分子的麦芽糖就成了酵母菌的最佳选择。麦芽糖可以由淀粉分解而得，而单糖分子可以由麦芽糖分解而来。低糖型酵母的麦芽糖酶活性很高，它在淀粉分解、产生麦芽糖后加速麦芽糖的转化，为酵母菌提供生长所需。而高糖型酵母含有的蔗糖转化酶活性较高，在蔗糖分子缺少的情况下，它的作用就非常小了。

一般情况下，糖 / 面粉≤ 5% ~ 7%（区间范围是与酵母的生产厂商有关系）时，适合使用低糖型的酵母。

深度问答—复杂的问题简单说：什么是蔗糖转化酶?

蔗糖转化酶是一种常见的酶，广泛存在于酵母、细菌和植物中，能够催化蔗糖的水解反应(不可逆的)，生成葡萄糖和果糖。

3 盐和水的作用

[1] 盐——可以不多，不能没有

面包制作中使用盐的量可能不多，但是盐对于面包制作具有关键性影响。面包制作中可以没有糖，但是不可以没有盐。面粉、酵母、水和盐称为制作面包的四大基本材料。

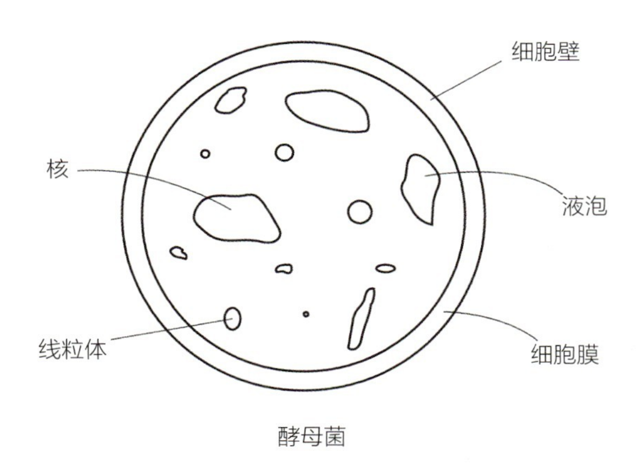

酵母菌

如示意图所示，酵母是一种带有细胞壁和细胞膜的微生物，所以其生长和代谢受到外界的压力影响，盐与糖一样，浓度的高低会影响细胞周围的渗透压。

深度问答—复杂的问题简单说：盐量对酵母菌生长环境有什么影响?

酵母菌的细胞膜是一种对不同粒子的通过具有选择性的薄膜，是一类半透膜。细胞膜内外水溶液浓度不同，为了阻止水从低浓度一侧渗透到高浓度一侧而在高浓度一侧产生的最小额外压强被称为渗透压。盐和糖等材料对渗透压影响都极大，可使酵母体内的原生质渗出细胞外，造成酵母菌质壁分离而无法正常生长。

与糖不同的是，糖可以作为能量来为酵母菌生长提供支持，而盐则不具备这个“被消失”的能力。所以盐在面团中的量会一直影响面团的水分含量，且盐能抑制酶的活力，继而抑制酵

外界浓度适中

外界浓度过大

母菌产气。在此基础上，也可以延伸出面包配方中其他可以影响渗透压的材料与盐的用量之间是有一定的关系，比如糖的量如果增加时，盐的量应减少；油脂的用量如果增多时，盐的量可以增加。所以通过盐量的大小可以调节酵母菌的生长和繁殖速度。如果在面团中不加入盐，那么外界的浓度过小，酵母菌会繁殖得特别快，使产气速度与面筋强度不匹配，易造成面团产生破裂或坍塌现象。

盐有助于增强面筋网络结构，增加面筋弹性。在对面团内部结构产生影响的同时，盐也能改善面包成形时的内部颜色，使内部颜色更加洁白。

同时，盐被称为“百味之源”，不仅自身能带给食用者“咸”的口感，也能更好地衬托出其他食材的风味。

[2] 水——无所不在的所在

水是面团制作的“基地”，所有的内部和外部工序都跟水有着直接关系。水作为一个场地，给面包提供很多可能。

普通用水即可满足面包制作的普通需求，但是在实践中，硬度为 100 毫克 / 升的水质更适合面包的制作。使用硬水可以让面筋变得更强劲，同时这种水质中含有的多种矿物质对面包制作的整个流程会产生影响，对面包的外形和风味都起到一定的积极作用。

深度问答—复杂的问题简单说：什么是水的硬度？

水的硬度可以简单地理解为水中的钙、镁等矿物质含量的指标，用毫克 / 升来表示。0 毫克 / 升的水被称为纯水，我们常说的纯净水接近于纯水，但是基本上还是含有一定量的矿物质。

此外，0 ~ 60 毫克 / 升为软水，61 ~ 120 毫克 / 升为软化水，121 ~ 180 毫克 / 升为硬水，以上还有超硬水等。矿泉水含有很多种矿物质，硬度有高有低，有时甚至会达到 400 毫克 / 升。

理论上讲，长期饮用纯净水和矿泉水都不利于身体健康。

CHAPTER 02

制作面包的工序流程

1 工序之前
你需要了解的知识点

面团的温度

面团的温度是指原辅料混合搅拌完成之后的温度，这个温度与多种技术参数有关，比如说与使用前的面粉温度、水温、室温、面团搅拌与机器的摩擦温度有直接关系，同时它也影响着后期面团的醒发温度与时间。

通过长时间实践中总结的理论经验，一般搅拌后的面团温度 =（面粉温度 + 水温 + 室温）/3+ 摩擦温度，这是一个理论公式，对于实践有一定的借鉴意义。实际中，还需反复检测和评测机器的摩擦温度，从而做到有规律地把握面团的温度。

测量材料的质量

准确地测量每个配方使用材料的质量，是制作良好产品的前提。配方是一个产品各方面都平衡的基准，其中的原辅料之间的比例是综合实践、材料功能等多方面得到的最优版本，所以在制作时，要执行严格的用量标准，实践制作前，必须要准确测量。

准确记录时间

面包制作的工序流程中，很多时候需要精准地把握时间，比如酵母的生长代谢需要一定的时间，过长或者过短都会引起不良的后果。

关于制作流程中的常用词语解答

流程中的手粉、干粉、撒粉、筛粉指的是什么粉？

手粉、干粉、撒粉、筛粉是面包师在制作面包时常会提到的术语，其名字的由来多是与各自的用途有直接关系。

手粉与干粉的主要作用是为了防粘。使用的粉类没有太多的限制，但是不要与本身正在制作面团的颜色相差太大。

撒粉与筛粉都是一种制作手法，即将面粉通过工具或手法加入，主要用于面团最后醒发完成后表面的处理，产生龟裂效果，带来更好的烘烤质感。这种粉的使用需注意面粉种类，避免表面粉吸水，影响后期上色。一般面团的制作，表面用粉的品种常用的有 T45 等白面粉，也可以用米粉。但是黑麦面包的表面撒粉一般选用黑麦面粉，这也是为了避免外层粉吸收内部水，烘烤时不易上色。

流程中的使用的发酵布具有哪些功能？

可以将面团放置在发酵布上，防粘的同时也可以方便移动面团。宜挑选帆布、麻布等不起毛、不掉毛的发酵布材质。发酵布也可以随意变换形状，可以固定面包的形状，使面团的外形更加圆润，面包发酵的温度更加稳定等。

流程中使用的“落地烤”是什么意思？

落地烤是指在烘烤过程中，面包直接接触烤箱，而不使用烤盘等承载工具。这样做的主要目的是使面包整体受热更加均匀，多适用于硬质面包烘烤，软质面包、布里欧修和丹麦等面包多辅助使用烤盘等承载工具。

2/ 工序流程制作

[1] 工序流程全解析

基本流程图

基本流程图	主要目的	注意要点
酵种	培养天然酵母菌， 带来独特风味，可续养	正确的培养和续养方式， 避免杂菌产生
▼		
搅拌	建立适合的面筋网络结构	材料的加入时机与方法、 状态的正确把控
▼		
基础发酵	酵母菌大量繁殖、面团充气过程	温度、时间、摆盘间隔、相对湿度
▼		
分割、预整形（滚圆）	建立面筋网络“新秩序”	细节标准化、迅速
▼		
中间醒发	休息片刻，等待面筋网络松弛，恢复最佳状态	松弛
▼		
整形	确定面包模样， 建立面筋网络的“最终秩序”	细节标准化、迅速
▼		
最后发酵（醒发）	积蓄能量，产生更多的芳香物质	温度与时间的相关性把控
▼		
入烤箱	烘烤，定型，上色	适合的烤炉、蒸汽、炉温、 倒盘、烤前装饰
▼		
出炉	成品	保存、切割、烤后装饰、食用方式

深度问答—复杂的问题简单说：面包的多工序制作

面包制作的基本流程图中的每个节点适用于每款面包制作吗?

不是的，并不是全部的面包制作一定都要按照基本流程图来做。比如酵种制作环节，有些面包不一定非要使用，在原辅料搭配中使用市售酵母也可以达到所需的发酵效果。这个流程的每个环节都能在本书中看到，但并不是每个面包都一定要按照这些环节一步一步来，需要根据面包所需呈现的效果来定。

面包制作过程中怎么安排时间更加合理?

现代面包的制作方法有很多种类，尤其是冷冻和冷藏对烘焙技术的支持，这些能帮助烘焙师或者家庭爱好者不需密集的安排时间来制作面包，利用“冷藏隔夜法”或者“冷冻保存法”来分散一款面包的制作时间，同时也能帮助面团更好地发酵。详细请见下表：

方式	温度范围	保存时间	主要目的	适合阶段	注意要点
冷藏隔夜法	0 ~ 3℃	15 小时左右	1. 长时间发酵，产生更多芳香物质 2. 分散制作流程，合理安排时间	搅拌完成之后，即基础醒发阶段	储存期间不能变换温度； 储存空间内不宜堆放过多杂物； 不要多次打开冷藏门
冷冻保存法	-18 ~ -15℃	1 ~ 2 周	1. 抑制酵母菌代谢，停止面团“生长” 2. 分散制作流程，合理安排时间	分割、预整形之后	储存期间不能变换温度； 储存空间内不宜堆放过多杂物； 不要多次打开冷冻门

“冷藏隔夜法”与“冷冻保存法”分别适用于哪类面包制作?

可以简单地理解为两种方式适用于不同体积的面包制作，即“大面团”制作和“小面团”制作，其中的主要原因是温度。取出面团操作时，大面团外部温度会急剧变化，内部温度变化就较慢，容易引起面团质地的变化，所以与操作环境越接近的储藏温度对面团的伤害就越小，所以小面团温度变化的时间就稍短一些。

在这点上，也要注意即便冷藏保存大的发酵面团，也需尽可能地做到“薄”。在储存前，先将大面团摊平在承载工具上，如烤盘，再在外部包裹上保鲜膜，这样拿出来的面团温度也会与制作环境的温度较快趋于一致。

[2] 固体酵种、液体酵种制作

酵种在面包中的作用主要是增加面包的风味，高质量的酵种是高品质面包的保障。酵种最常用于传统面包的制作中，因为传统面包的材料使用较单一，在这种情况下，酵种的独特风味就会体现得更加显著。在面包配方较复杂的时候，如丹麦和布里欧修，酵种本身的风味就可能很难呈现出来，所以酵种不是一定要参与所有的面包制作。根据实际条件来看即可。

准备阶段

酵种培养的材料

黑麦粉

黑麦中除了含有酵母菌之外，也有一定量的乳酸菌，酵母菌与乳酸菌具有协同代谢的效果，在酵种培养过程中会帮助产生更多有益物质。此外，也可以用全麦粉或者法国传统等无添加剂的面粉种类制作酵种，不要用通用面粉或者预拌粉来制作酵种，那样会产生很多无益的杂菌。

蜂蜜

蜂蜜是酵种中酵母菌发酵的主要能源，因为糖浓度较高，内部的杂菌也较少，并且蜂蜜作为天然食品，也会提供给面团更多有益的可能性。

水

需使用可以直接饮用的水源，不能使用自来水，因为杂菌过多。可以使用冷的白开水。使用前，需测量水温，水温在 40℃左右为宜。

NOTE

需要使用无菌的储存器皿，可在使用前用酒精擦拭器皿的内外。

制作阶段

第一天：主酵种

配方：黑麦粉 / 100 克　　水（40℃）/ 130 克　　蜂蜜 /4 克

制作过程：

1 将所有材料全部混合均匀。

2 密封并放置在温度30℃的环境中发酵24小时。

第二天：一次续种

配方：传统 T65 面粉 /200 克　　主酵种 /234 克　　水（40℃）/40 克

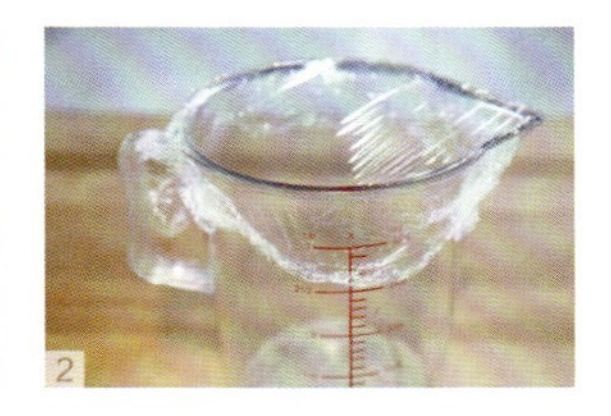

制作过程：

1 将所有材料全部混合均匀。

2 密封并放置在温度30℃的环境中发酵24小时。

细节注意点

一次续种时，酵种的量还不是很多，为了更好地维持酵种的量，在混合材料时，可以先将水沿着杯壁往下倒入酵种中，配合使用刮刀，使酵种与杯壁轻柔脱离。

一次续种前后对比图

图 1　一次续种前外部状态

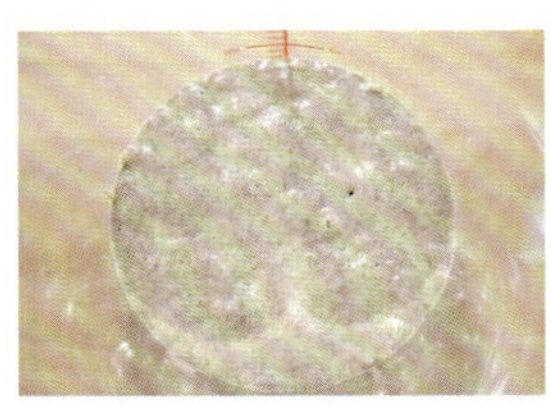
图 2　一次续种前内部状态

图 3　一次续种后外部状态

第三天：二次续种

配方：传统 T65 面粉 /200 克　　一次酵种 /200 克　　水（40℃）/100 克

制作过程：

1 将所有材料全部混合均匀。

2 密封并放置在温度30℃的环境中发酵24小时。

二次续种前后对比图

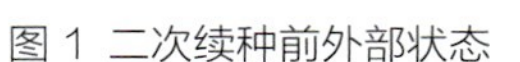

图 1 二次续种前外部状态　　图 2 二次续种前内部状态　　图 3 二次续种后外部状态

第四天：三次续种

配方：传统 T65 面粉 /200 克　　二次酵种 /200 克　　水（40℃）/100 克

制作过程：

1 将所有材料全部混合均匀。

2 密封并放置在温度15℃的环境中发酵24小时。

三次续种前后对比图

图 1 三次续种前外部状态　　图 2 三次续种前内部状态　　图 3 三次续种后外部状态

第五天

（一）成活酵种（固体酵种）

配方：传统 T65/400 克　　三次酵种 /200 克　　水（40℃）/200 克

制作过程：

1　将所有材料全部混合均匀。

2　密封并放置在温度10℃的环境中发酵24小时。

成活酵种（固体酵种）前后对比图

图 1　成活酵种（固体酵种）制作前外部状态

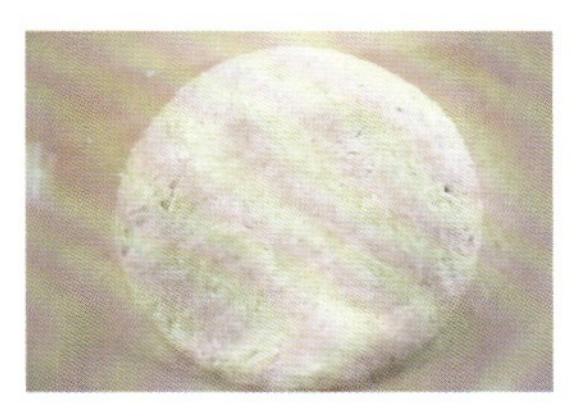

图 2　成活酵种（固体酵种）制作前内部状态

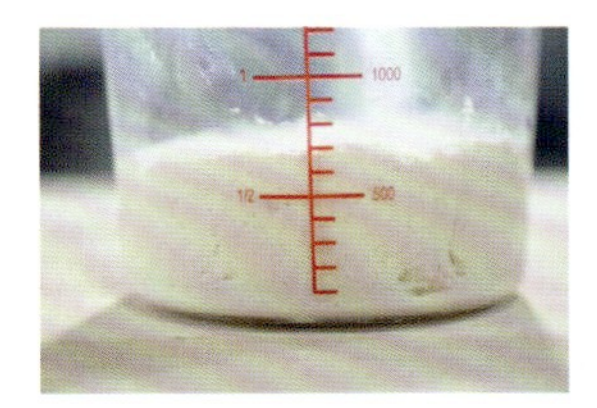

图 3　成活酵种（固体酵种）刚刚制作完成后外部状态

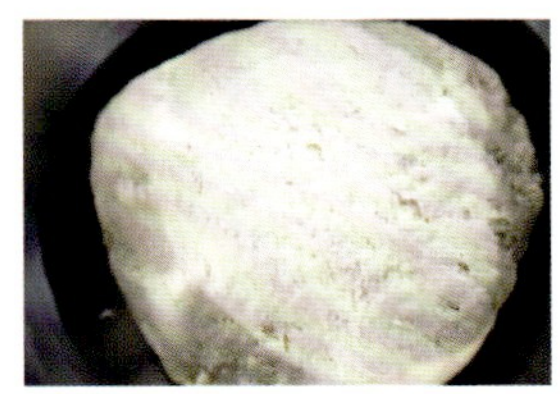

图 4　成活酵种（固体酵种）刚刚制作完成后内部状态

图 5　成活酵种（固体酵种）完成 24 小时后外部状态

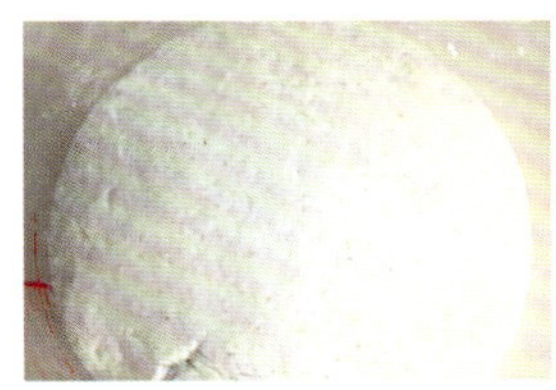

图 6　成活酵种（固体酵种）完成 24 小时后内部状态

（二）成活酵种（液体酵种）

配方：传统 T65 面粉 /400 克　　三次酵种 /200 克　　水（40℃）/400 克

1-1

1-2

1-3

2

制作过程：

1 将所有材料全部混合均匀。

2 密封并放置在温度10℃的环境中发酵24小时。

成活酵种（液体酵种）前后对比图

图 1 成活酵种（液体酵种）制作前外部状态

图 2 成活酵种（液体酵种）制作前内部状态

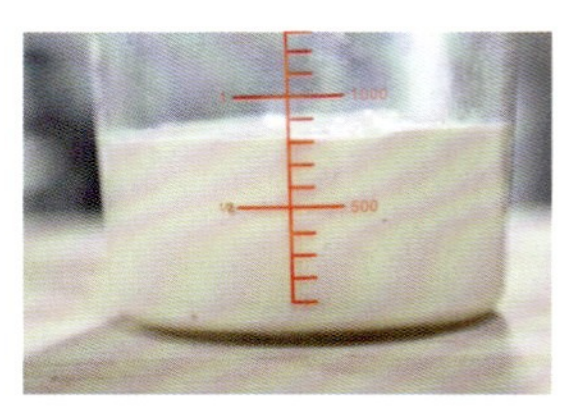
图 3 成活酵种（液体酵种）刚刚制作好外部状态

图 4 成活酵种（液体酵种）刚刚制作好时内部状态

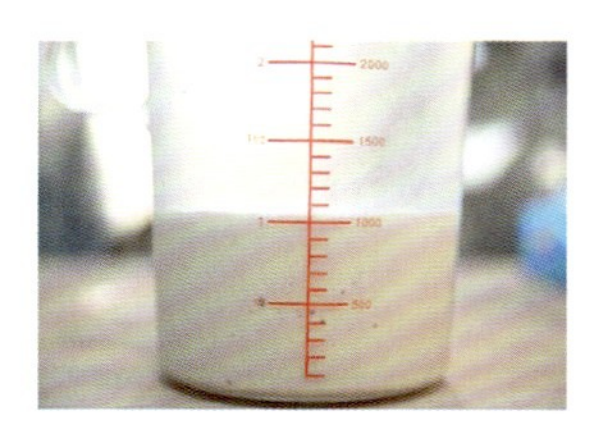
图 5 成活酵种（液体酵种）制作完成 24 小时后外部状态

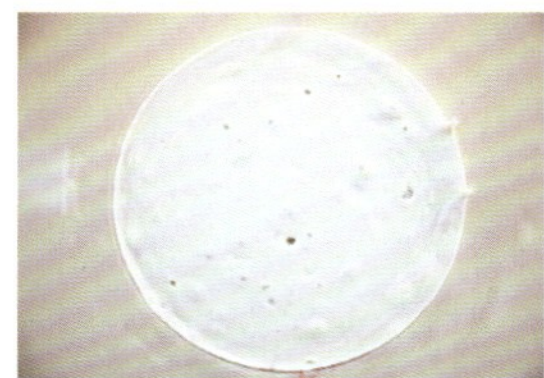
图 6 成活酵种（液体酵种）制作完成 24 小时后内部状态

深度问答—复杂的问题简单说：酵种的制作

① 第一天的酵种制作使用的黑麦面粉，后期为什么更换面粉？

可以把酵种第一天的制作看成酵种培养的基调，黑麦面粉虽然含有很多营养物质和矿物质，但是杂菌也同样喜欢这样的“培养环境”，所以黑麦面粉不适宜大量的、不间断的、长时间的参与培养。另外，黑麦也易引发酵种发酸。所以，后期选择使用传统 T65 面粉等白面粉来制作进行培养。需要注意的是，尽量不要使用含有添加剂的面粉来制作，容易导致不必要的风味产生。

② 培养酵种为什么要选用 40℃的水？

这个主要与酵母菌等微生物的繁殖有关，水温在 40℃左右，与其他材料混合完成后，放入器皿储存时的整体温度大概在 30℃，这个温度范围较适宜酵母菌生长，且对一些产酸菌的繁殖有一定的抑制作用，比如醋酸菌的适宜繁殖温度在 35℃左右，乳酸菌还要再高一些，在 37℃左右。当然，温度与时间是两个相互影响的因素，理论上来说，发酵时间长，所需温度较低；反之，发酵时间短，所需温度就较高。

③ 随着酵种培养的深入，储存的温度为什么会慢慢降低？

储存温度与酵种培养的主要目的有关，前期培养以培养酵母菌数量为主，所以温度需保持在适合酵母菌生长的环境，刺激酵母菌大量生长。后期培养的主要目的是维持酵母菌数量，使酵种内部环境逐渐趋于稳定的状态，同时使风味更佳。

④ 酵种培养完成后，怎么循环使用？

酵种经过培养过程后，内部的环境达到和谐的状态，酵母菌数量也稳定在一定的数值上。那么接下来可以以此为基础来续养酵种，固体酵种和液体酵种都可以一直续养下去。具体循环方式如下：

酵种成活后，每日酵种续种

1. 固体酵种

配方：传统 T65 面粉 /500 克　固体酵种 /250 克　水（45℃）/250 克

将所有材料全部混合均匀，密封并放置在室温发酵2～3小时，放入3℃冰箱中冷藏一夜。

2. 液体酵种

配方：传统 T65 面粉 /500 克　液体酵种 /250 克　水（45℃）/500 克

将所有材料全部混合均匀，密封并放置在室温发酵2～3小时，放入3℃冰箱中冷藏一夜。

固体酵种和液体酵种源自同种制作方法，那么它们之间可以转换吗？

可以的，固体酵种转液体酵种，液体酵种转固体酵种都是可以的。具体转化方式如下：

酵种转换

1. 固体酵种转液体酵种

配方：传统 T65 面粉 /500 克　固体酵种 /250 克　水（45℃）/500 克

将所有材料全部混合均匀，密封并放置在室温发酵2～3小时，放入3℃冰箱中冷藏一夜。

2. 液体酵种转固体酵种

配方：传统 T65 面粉 /500 克　液体酵种 /250 克　水（45℃）/250 克

将所有材料全部混合均匀，密封并放置在室温发酵2～3小时，放入3℃冰箱中冷藏一夜。

酵种制作完成后，如果不想近期使用，该怎么办？

密封。密封放入冰箱中冷冻可以保存几个月甚至更长，但是这样做是有一定的风险的。因为酵母菌的生长条件虽然较宽泛，但是在极端条件下还是会发生灭活的。可以将冷冻下的酵母菌想象成“深度休眠”，使用时，就必须要唤醒它们，唤醒的最直接方式就是将温度恢复成酵母菌最适宜生长的温度。如果失败，可以进一步考虑进行食物“喂养”，即添加新材料来逐步恢复酵母菌的活跃程度。如果“喂养”的方式也未能使酵种达到理想的状态，建议重新制作酵种。所以冷冻酵种是有一定的失败风险的。

延伸酵种——波兰酵种

配方：传统 T65 面粉 /400 克　　水（16℃）/350 克　　鲜酵母 /1 克

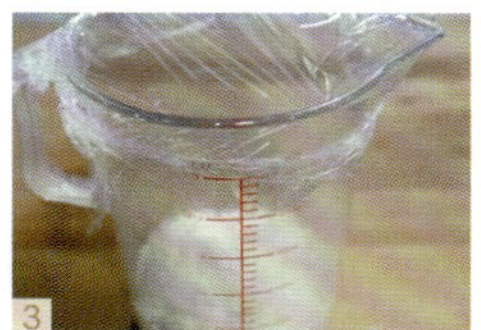

制作过程：

1 将鲜酵母倒入水中化开。

2 加入传统T65面粉搅拌均匀。

3 盖上保鲜膜，放于室温（26℃）发酵12小时。

对比图

图 1 波兰酵种刚制作完成时外部状态

图 2 波兰酵种储存 12 个小时后外部状态

图 3 波兰酵种储存 12 个小时后内部状态

[3] 搅拌

搅拌的六个阶段

面团搅拌是将原材料按照一定的比例进行调和而形成的具有某种加工性能的面团的一种操作过程。通过搅拌，主要可以达到三个目的：第一是促使材料混合；第二是使空气进入面团，内部有一定的氧气；第三是促使面粉吸水，形成面筋，继而形成所需的面筋网络结构。以上三点共同给酵母菌后期发酵过程营造了一个舒适的生存环境。其中第一点与第二点都是混合搅拌的基本操作，难度不大。第三点较难把握。

面筋网络结构是一个微观的、较抽象的概念，是分子之间相互聚合、连接形成的立体结构，是支撑面团延伸性和弹性的基础，是酵母代谢与生长的“屏障”和“收集箱”。所以，通过搅拌形成适合面包制作的面筋网络结构是面包制作的重要过程。

面团搅拌过程，可以看成是面筋蛋白发生物理性质变化的过程，大致经过原料混合阶段、面筋形成阶段、面筋扩展阶段、面筋完全扩展阶段、搅拌过度阶段、水化阶段（破坏阶段）共六个阶段。下面将详述各个阶段对面包制作的影响。

第一种搅拌方式——无油搅拌

适合大部分传统欧式面包的制作流程

产品的搅拌说明：对传统法式面包的搅拌全过程进行解析。

1. 材料的添加

加入面粉

加入酵种

加入盐

加入水

加入酵母

传统法式面团的材料添加顺序

顺序	材料名称	说明
1	面粉	含小麦粉、黑麦粉、裸麦粉等谷物粉。针对上色功能的粉类除外，如南瓜粉、抹茶粉等
2	酵种	可加可不加，传统做法是一定要加的
3	盐	加入时，与酵种分开放置
4	水	注意调节水温
5	鲜酵母	一般选用鲜酵母，在正式搅拌开始后加入

材料的添加方式一般如上表所示，但有的面包制作需要水解，比如需要制作造型的面包，一般传统法式面包制作也会用到水解过程，即面团在正式搅拌前，先将水和面粉简单混合至面粉湿润，再放置室温静置 20 ~ 30 分钟，之后再加入其他材料进行混合搅拌。

水解可以增强面团的延展性。如果面团的延展性太弱，对于整形会造成很大的困难。同时水解可以缩短面包的打面时间，如果打面的时间过长，会使面包成熟时中心处泛白，风味减弱，并且保存时间也变短。

深度问答—复杂的问题简单说：传统法式面包搅拌材料添加规则

配方中出现的“分次加水”是什么材料？该在什么时候加？

因为面团搅拌后形成的状态可能与环境、材料温度、材料品牌、材料生产年限有直接的关系，所以任何一次的搅拌形成的结果都难以 100% 复制。“分次加水”就是在最优配方基础上进行的改良考虑，是独立于原配方的，可加可不加、量可多可少，主要是保障面团最后达到的状态是最接近实际需求的。

“分次加水”的作用体现在两方面：一是调节面团的软硬程度，二是调节面团的温度。

为了达到以上两个目的，所以“分次加水”加入前需要确定或者大致确定面团成形的温度和软硬度，同时也需在面团达到完全扩展之前加入，所以较理想的加入时机应选择在面筋扩展阶段之后、面筋完全扩展之前的时间节点内。

为什么鲜酵母要在搅拌正式开始后再加？

图示中的酵母是在前面四种材料混合搅拌后 20 ~ 30 秒，再加入搅拌缸中的，这样做有两方面原因：一是搅拌过程已经开始，也就意味着温度有所上升，对于鲜酵母的活力提升有所帮助。二是其他材料已经基本混合在一起，可以隔绝盐等材料对酵母活力的伤害。

当然，材料添加的顺序与材料种类及其对应的特性是分不开的，所以如果更换配方，则材料添加的顺序有可能会发生改变。

2. 搅拌的“6+1”过程中的缸壁变化

搅拌过程中有六个基本过程，传统法式面包制作中有一个“分次加水”的步骤，主要是根据实际面包的质地来调节面团的软硬度，不一定完全按照配方用水添加，还需根据实际情况来确认，调整水的时机一般选择在面筋扩展阶段之后、达到面筋完全扩展阶段之前。

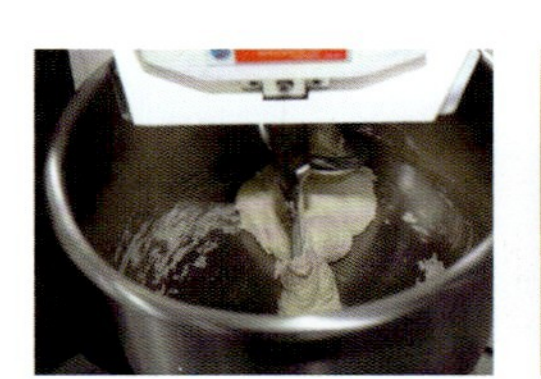
图 1 混合阶段

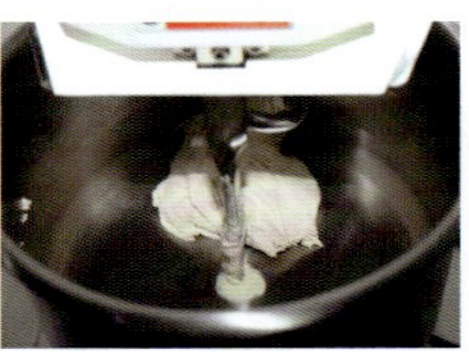
图 2 面筋形成阶段

图 3 面筋扩展阶段

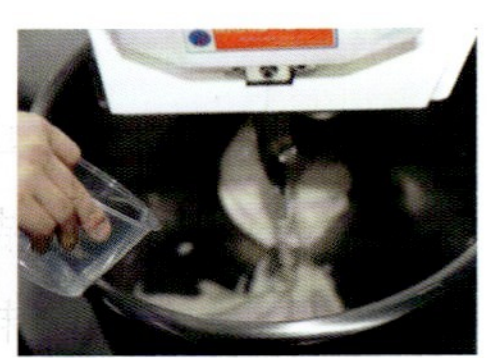
图 4 加入调整水时机

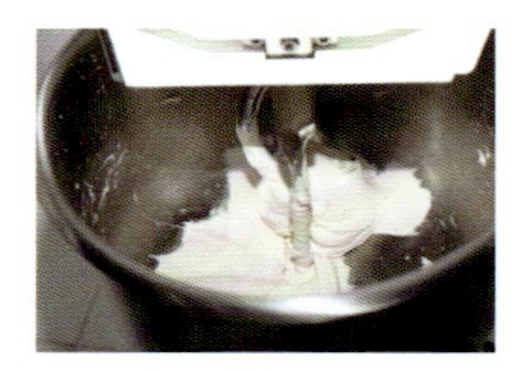
图 5 面筋完全扩展阶段

图 6 搅拌过度阶段

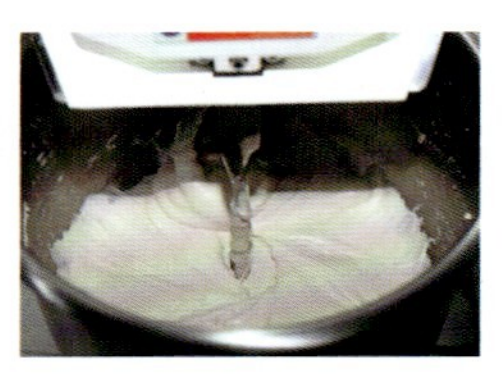
图 7 水化阶段

传统法式面团搅拌中的缸内变化

顺序	材料名称	说明
1	原料混合阶段	缸壁上还有面粉沾粘
2	面筋形成阶段	缸壁有完全变光滑的趋势，还没有完全光滑
3	面筋扩展阶段	缸壁上开始粘连面团组织，面团易断趋势明显，此时是加入调整水的时机
4	面筋完全扩展阶段	因为调整水的加入，缸壁上还有少许面团粘连，但是面团易分离趋势减弱，面团变得“强健”；如果不需要调整水的加入，缸壁会持续光滑直至“搅拌过度阶段”
5	搅拌过度阶段	面团开始坍塌在缸底，无法整体成团
6	水化阶段（破坏阶段）	面团全部坍塌在缸底，面团表面水光明显

深度问答—复杂的问题简单说：论面团的形成变化

怎么更好地区分和理解各个搅拌状态形成的过程?

在直观上，黏性的产生和水有直接关系，所以可以从材料吸水的过程来理解面团与缸壁之间的粘合过程，简述为“吸水前、吸水中、吸满水、脱水”。

在面粉等材料开始大规模吸水前，干粉还是存在的，即前期缸壁上多粘连干粉；吸水中的材料开始形成面筋网络，产生弹性、延伸性、黏性、韧性，所以面团部分组织开始粘连在缸壁上；吸满水后面团的黏性下降，开始脱离缸壁，弹性和延伸性也大大增强，面筋网络强度增大，所以即便再加入水分，也可以很好地融入面筋网络中；当过度搅拌后，面筋网络开始“崩塌”，内部锁住的水也开始慢慢释放出，所以面团表面会产生水光，同时出现类似面团坍塌在缸底的“泄”状现象。

3. 面团搅拌的六个阶段的拉伸与弹性变化

面团的弹性、延伸性、韧性与可塑性是制作过程中非常重要的物理性质，也是评价面包面筋网络结构最为重要的指标。

延伸性是指面筋被拉长到一定程度后而不产生断裂的一种物理性质。

弹性是指面筋（湿面筋）被压缩或者被拉伸后恢复原本状态的一种能力。

韧性是指面筋在拉伸过程中所体现出的一种抵抗力。

可塑性是指面筋被保持在塑形状态下、而不恢复原本状态的一种能力。

在以上四种性质中，一般来说，弹性与韧性呈正相关，弹性与可塑性呈负相关。弹性和延伸性的关系较复杂，所以简单地探讨面团的面筋网络结构，可以从弹性和延伸性来做主要说明。

拉伸度对比：从搅拌过程中的面团中取出适量面团，双手均匀用力使面团向两边拉伸，对比六个阶段的拉伸度变化。

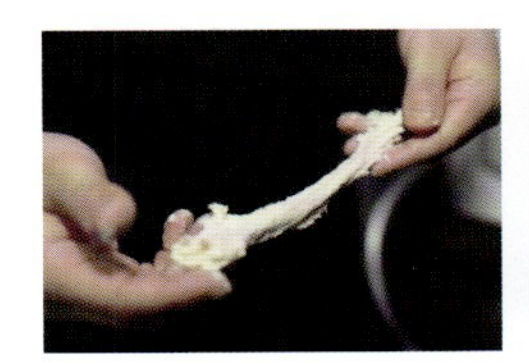

图 1 混合阶段

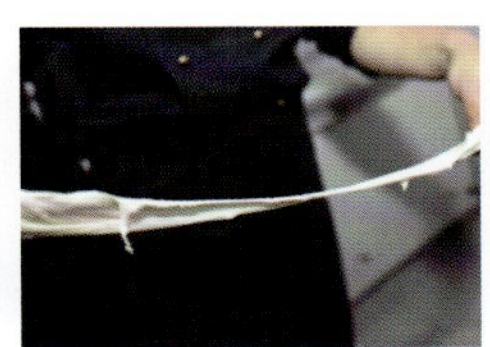

图 2 面筋形成阶段

图 3 面筋扩展阶段

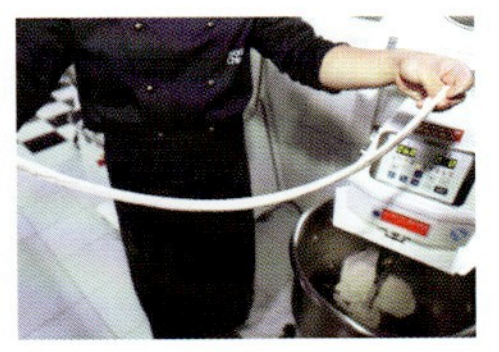

图 4 面筋完全扩展阶段

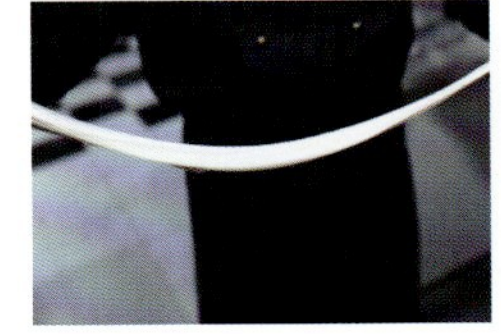

图 5 搅拌过度阶段

图 6 水化阶段

传统法式面团搅拌中面团的拉伸度对比

顺序	阶段	说明
1	原料混合阶段	面粉颗粒明显，拉伸易断、拉伸不长、表面不均匀
2	面筋形成阶段	可以拉伸出一定的长度，拉伸表面不均匀
3	面筋扩展阶段	拉伸长度进一步变长，拉伸表面色泽水润，有部分呈现薄膜状
4	面筋完全扩展阶段	拉伸长度进一步变长，拉伸厚度均匀，不易断
5	搅拌过度阶段	拉伸长度由长变短，下坠力大，断裂趋势明显，拉伸表面有起水的趋势
6	水化阶段（破坏阶段）	拉伸时开始断裂，拉伸表面开始变得不均匀

拉伸度对比总结：

随着搅拌的程度加深，面团的拉伸长度从短到长，再从长到短。

各个阶段中面筋完全扩展阶段与搅拌过度阶段拉伸的长度最长，且它们长度相当，但是后者拉伸面团的下坠力十分大，断裂趋势明显。

面筋膜对比：从搅拌过程中的面团中取出适量面团，双手均匀用力将面团抻出薄膜，对比六个阶段的面筋膜变化。

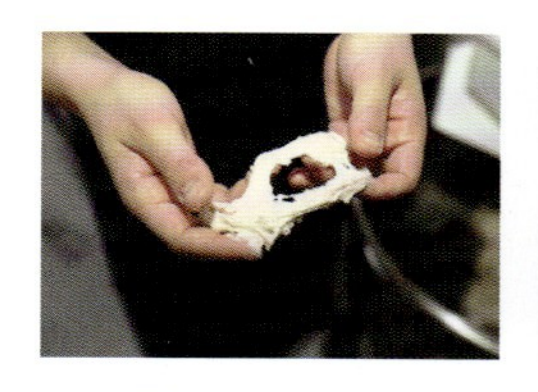

图 1 混合阶段

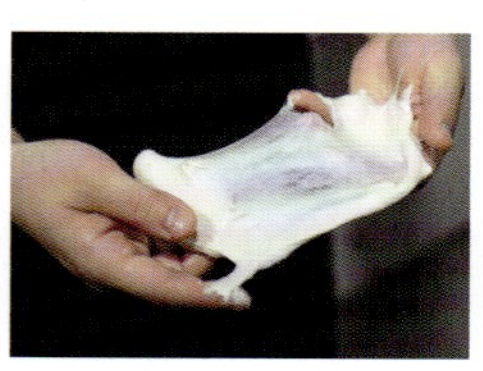

图 2 面筋形成阶段

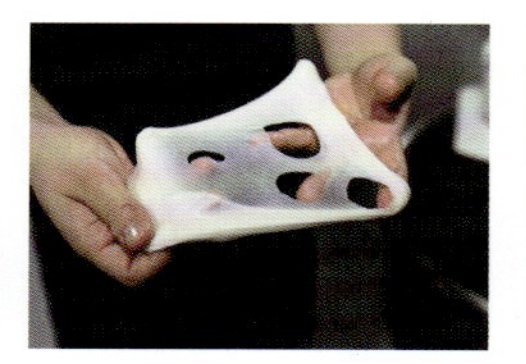

图 3 面筋扩展阶段

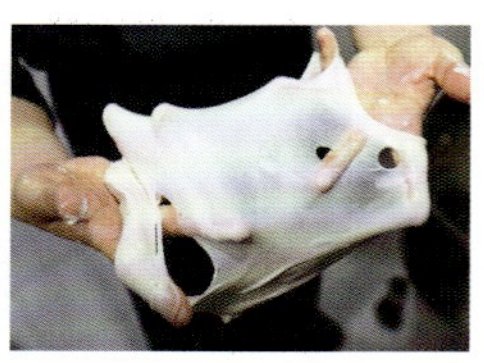

图 4 面筋完全扩展阶段

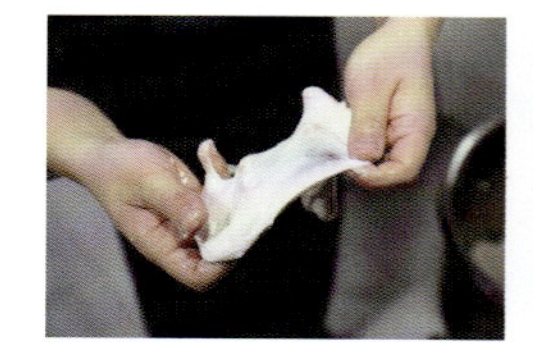

图 5 搅拌过度阶段

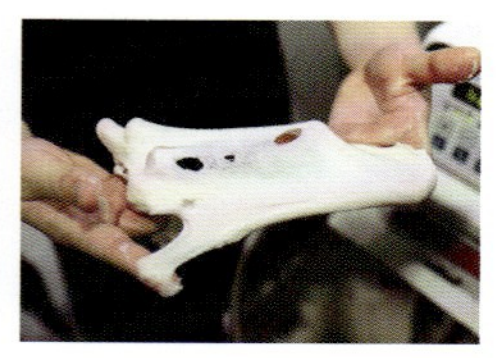

图 6 水化阶段

传统法式面团搅拌中面团的筋膜变化

顺序	阶段	说明
1	原料混合阶段	没有筋膜产生
2	面筋形成阶段	开始产生筋膜，但是筋膜十分不均匀
3	面筋扩展阶段	筋膜变得均匀，能形成较薄的筋膜，但筋膜易破形成孔洞，孔洞边缘呈不规则锯齿状
4	面筋完全扩展阶段	筋膜进一步变得均匀，能看清手指印，不易破，手指破开筋膜形成的孔洞边缘规则、圆润，无锯齿状
5	搅拌过度阶段	筋膜开始变得不均匀，表面泛水光
6	水化阶段（破坏阶段）	能伸开面团，但是无法形成透明的筋膜，易破裂，破裂边缘呈锯齿状

面筋膜对比总结

随着搅拌的程度加深，面团从不能抻出薄膜到能抻出薄膜，再到不能抻出薄膜；薄膜的状态从厚至薄、再至厚，甚至不成形。

各个阶段中面筋完全扩展阶段抻出的面筋质量较好，面筋扩展阶段仅次之。这两者的状态对于初学者也是较难区分的。直观上，第四阶段比第三阶段形成的面筋膜要薄，更均匀，用手轻轻按压薄膜能感受的弹力更大。同时，破出的孔洞，第四阶段的面筋孔洞边缘十分光滑，并呈一个较自然的圆形，而第三阶段的孔洞则带有一定的锯齿状，边缘不光滑，圆形也不规则。

深度问答—复杂的问题简单说：论面团的延伸性和弹性?

探讨面团的延伸性和弹性有哪些意义?

搅拌的重要意义就是使面团形成面筋网络结构，形成的过程就是面团延伸性和弹性产生变化的重要过程。延伸性和弹性以及两者引起的各种性能是评价一个面团制作成功与否的决定性因素，对后期发酵和烘烤等工序也会产生极其深刻的影响。

面团的相关性质是怎么产生的?

面团的性质主要与小麦粉的性质有关系。

小麦蛋白质中的麦胶蛋白和麦谷蛋白被称为“面筋蛋白”，多存在于小麦粒的中心部位，占小麦总蛋白质含量的80%左右，且不溶于水。在面团内部形成网络结构的过程中，麦胶蛋白可以提供更好的伸展性和较强的黏性，但不具有弹性。麦谷蛋白可以帮助面团产生更好的弹性，但缺乏伸展性。两种蛋白质相互作用，形成巨大的分子，分子之间相互的分子键形成具有特殊网状结构的面筋组织，使整体产生弹性和延伸性。

延伸性与弹性有相关性吗?

延伸性和弹性是两个不同的概念，针对的对象不一样。延伸性针对的关键词是是否断裂、延伸长度，弹性针对的关键词是恢复。比如在搅拌初期，延伸性和弹性都是从无至有的过渡，是两种蛋白以及淀粉粒子等开始构成网状结构的过程，但是初期情况下两者都较弱，所以初期的“共同进步”即是延伸性和弹性的“共同进步”。后期随着搅拌程度加深，网状结构开始变得更强，所形成的弹性和伸展性的极限不一样，所以变化步调不一致。

弹性在面包完全扩展阶段达到“最大值”，再继续搅拌，弹性呈“断崖式”变化，减弱的特别快；延伸性的“最大值”可以维持到过度搅拌阶段，然后再变弱。

综合弹性和延伸性最好的“最佳实力”，选择用面筋完全扩展阶段的面团来制作面包较理想。

4. 不同的搅拌状态对应的不同的烘烤效果

由符合原料混合阶段、面筋形成阶段、面筋扩展阶段、面筋完全扩展阶段、搅拌过度阶段、水化阶段（破坏阶段）六个阶段的面团各取 50 克，经过醒发、烘烤后制成面包。

成品对比

图 1 底视图

图 2 顶视图

图 3 内部图

图 1 从右至左产品依次为：原料混合阶段法式面包、面筋形成阶段法式面包、面筋扩展阶段法式面包、面筋完全扩展阶段法式面包、搅拌过度阶段法式面包、水化阶段（破坏阶段）法式面包，图 2、图 3 同。

成品内部图

图 1 混合阶段面团

图 2 面筋形成阶段面团

图 3 面筋扩展阶段面团

图 4 面筋完全扩展阶段面团

图 5 搅拌过度面团

图 6 水化阶段面团

图示产品内部图依次为：原料混合阶段法式面包、面筋形成阶段法式面包、面筋扩展阶段法式面包、面筋完全扩展阶段法式面包、搅拌过度阶段法式面包、水化阶段（破坏阶段）法式面包。

传统法式面包不同搅拌状态下的烘烤成品对比

顺序	阶段	表皮颜色	高度	表皮厚度	内部组织	形状	香气
1	原料混合阶段	上表皮上色不均匀且浅；底部边缘发白	较矮	硬且厚	紧实且硬	不规则	无麦香气，质地似馒头
2	面筋形成阶段	表皮上色不均匀且浅；底部边缘发白	略矮	硬且厚	略疏松，气孔分布不均，有超大气孔	不规则，底部有炸裂	有隐约的小麦香
3	面筋扩展阶段	表皮上色均匀、程度一般；底部边缘发白	一般	略厚，较硬	略疏松，气孔分布不均	底部有炸裂	有一定的小麦香气
4	面筋完全扩展阶段	表皮上色均匀、程度一般；底部中心与边缘处有渐变	一般	一般	疏松，气孔大小分布均匀	一般	小麦香气明显
5	搅拌过度阶段	表皮上色不均匀且浅；底部边缘发白程度略高	略矮	一般，较硬	略疏松，组织变得绵密	不规则，底部有炸裂	酵母残留气味明显
6	水化阶段（破坏阶段）	表皮上色不均匀且浅；底部边缘发白程度略高	较矮	硬且厚	紧实且硬	不规则	酵母残留气味非常明显，闻的时间稍长易引起不适

对比产品总结

面团搅拌的不同程度所形成的不同性质，在经过相同条件下的醒发和烘烤过程后，内部组织、表皮颜色、表皮硬度、香味等各方面性质都体现出不同的效果，这也充分说明搅拌对最终成品的影响。

深度问答—复杂的问题简单说：从面团的搅拌角度解述烘烤产生的各种现象

不同程度的搅拌为什么对烘烤有如此多方面的影响？

在同等（近似）的条件下制作这几种状态下的面包，产生的这些现象有的和搅拌有直接关系，有的则是搅拌工序间接影响了发酵、整形等工序，再导致相关现象的产生。

从搅拌的角度来看面包的成形的“差”现象

现象	可能与搅拌有关的原因	原因说明
底部炸裂	弹性与延伸性不匹配	面团开始具备弹性和延伸性之后，弹性过大而延伸性不够，面团进一步膨发的过程中，延伸性不足，产生炸裂
膨胀度不高	面筋网状结构不合理	面包膨胀有两方面主要原因，一是在烘烤温度升至60℃以前，面团内部酵母菌呼吸产生二氧化碳；二是在烘烤过程中，面团内部的水分变为水蒸气。这些气体储存在面团内部的主要原因就是搅拌形成的面筋网状结构能够“围阻”它们，从而形成膨胀现象。如果膨胀度不高，则与网状结构破坏或者无网状结构有关
形状	面筋网状结构不合理引起的炸裂或膨胀度不够	可结合以上两种现象综合考虑形状
表皮厚	面筋网状结构不合理引起的膨胀度不够	这个从膨发度的角度来说可能更直观。可以将面包外层当成一层“干燥无水”的表皮，越靠近外层，水分蒸发的越快，温度越高，面包的中心温度最低。当面团体积越大时，外层离中心越远，外层组织最疏松，表层也就越薄
内部组织不均匀	面筋网状结构不合理与后续工序共同产生的作用	内部组织不但与搅拌有直接关系，醒发和整形对其的影响也很大。可以把搅拌看成面团内部结构的“雏形”，后期的一系列工序在这个基础上进行改造和塑形，并最终在烘烤阶段“定型”。“雏形”的结构越合理，后续的制作成功的概率越高，如果“雏形”不合理，甚至“不成型”，那后面挽救可能就比较困难
没有麦香气，甚至产生不适气味	面筋网状结构不合理引起的酵母菌生长环境被破坏	酵母菌发酵不但与温度、相对湿度等外部环境有关系，还与面团内部的“微观”环境有关系。面筋网状结构越好，酵母菌就会生长的越舒适；面筋结构不合理则会引起酵母菌发酵过度或者不发酵

怎么更快的明确不同搅拌状态形成的面包质量?

以法式面包为例，图示中左边为完全扩展阶段（第四阶段）的面包，右边为扩展阶段（第三阶段）的面包，用手按压两种不同的面包（对半切开），虽然表皮都较脆，但是用几乎相等的力去按压面团，能明显感觉到完全扩展阶段（第四阶段）的表皮更薄更脆，内部也更松软，闻起来有很好的麦香气，没有酵母残留气味，这些综合的效果就是一款较好的法式面团的基本特征。

第三阶段和第四阶段对比图

第二种搅拌方式——含油搅拌

产品的搅拌说明：对搅拌后期加入油脂的布里欧修面团的搅拌全过程进行解析，用搅拌前加入油脂的丹麦面团制作进行辅助说明。

1. 材料的添加

搅拌后期加入油脂——代表产品：布里欧修

图 1 加入面粉

图 2 加入糖

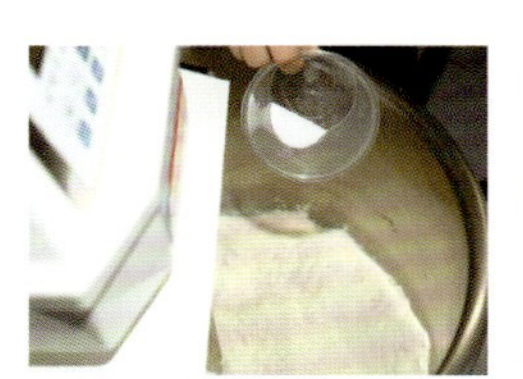

图 3 加入盐

图 4 加入蛋液

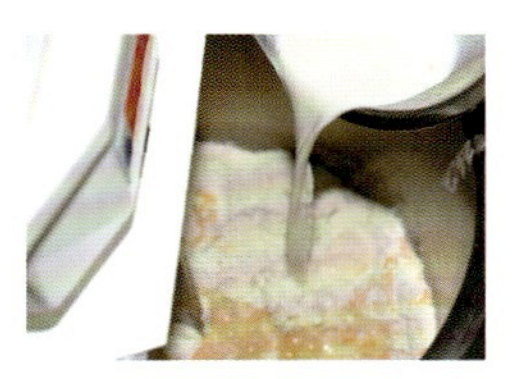

图 5 加入牛奶

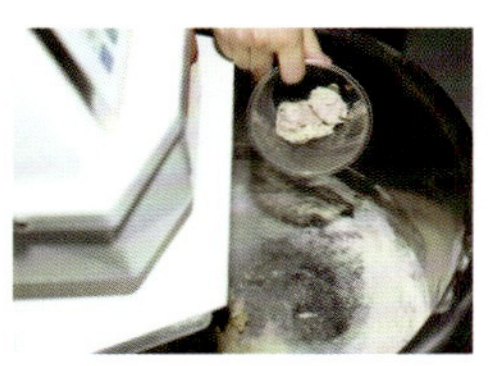

图 6 加入鲜酵母

图 7 加入黄油

布里欧修面团的材料添加顺序

顺序	材料名称	说明
1	面粉	T 系列白面粉、山茶花等蛋白质含量偏高的面粉
2	糖	以蔗糖为主，有时也会辅助使用麦芽系列产品
3	盐	前期加入，避免与酵母类产品接触（同理，也可最后加入）
4	蛋液	丰富口感和组织，同时充当水的作用
5	牛奶	丰富口感和组织，增加面包色泽，同时充当水的作用
6	酵母	本书中都采用鲜酵母，在搅拌开始后再加入，避免与糖和盐直接接触
7	黄油	黄油的加入方式与材料比有关，一般量多在后期加入，量少可在前期加入

深度问答—复杂的问题简单说：论材料添加的“规则”（含油搅拌）

糖、蛋液与牛奶分别对面团制作起到什么样的作用?

全蛋

全蛋（含蛋壳）的水分含量约为67%，所以选择使用蛋液的主要作用之一是充当媒介——水，牛奶等含有大量水分的材料都有这个功效。同时全蛋液具有优良的乳化性，能很好地将油类材料、水和其他材料均匀分布，能促使制品的组织更加细腻，疏松可口，同时能保持一定的水分，使产品更加柔软。

乳制品

乳制品（经过热处理）中含有大量的蛋白质，其中酪蛋白和乳蛋白对烘焙产品制作起着非常重要的作用。酪蛋白可以提高面团的吸水率，其量越大，面团的吸水率越高；乳蛋白可以增强面筋，防止长时间搅拌而引起的搅拌过度和发酵过度，并且能改善面包的发酵组织状态。此外，乳制品还具有抗淀粉老化、帮助食品上色等作用。

糖

糖的主要作用在酵母部分中有重点讲述，详见“深度问答——复杂的问题简单说——论酵母菌‘吃啥’？”糖除了作为酵母菌的“主食”之外，残留的糖分存在于面团中，对后期产品上色与膨发都有积极的作用。但是加糖的面团，搅拌时间就会延长，因为糖是吸水物质，而面筋形成也是需要水分的，在面团混合之后，糖与面筋互相“争夺”水分，所以会使搅拌的时间延长。

以上三种物质，都可以为面包提供更多的营养物质，使产品具有更丰富的口味，同时对产品表面上色、组织细腻都有提升的作用，是甜面包、丹麦、布里欧修等面包常用的食材。

酵种在含油类面包配方制作中是不是没有必要加入？

可以这么讲，但是加入也是可以的。传统欧式面包制作需要酵种来突出风味，这种风味是指小麦、谷物等原始风味。而含油类面包中的配方较复杂，乳制品较多，谷物风味已经十分难以突出了，所以可以不使用酵种。但是为了产品发酵等其他方面的考虑，也可以加入，只不过酵种的作用就变得十分微弱。

3 搅拌后期选择在什么时候加入油脂类材料？

在扩展阶段向完全扩展阶段发展的过程中。

所含油类的面团，是不是最好都在搅拌后期加入油脂？

并不都是，也有在搅拌前期加入油脂的面团制作。

搅拌后半段加油脂适合柔软类型的面包制作，一般配方中蛋液的比例也比较高；搅拌开始时就加入油脂一般适合在柔软面包与硬质面包之间的面包类型制作。如果配方中的水性材料或者乳脂性材料已经过多了，那么就需要考虑黄油后加法，这样可以进一步减少搅拌的时间。如果配方中的油脂类材料较少，那么在前期加入也是可以的，因为少量的油脂对整体搅拌产生的影响并不大。

通常情况下，布里欧修一般采用在搅拌后半段加入黄油，丹麦多采用前期就加入油脂的搅拌方法。

5 除了鲜酵母以外，水为什么是最后加的材料？

面包制作中，所使用的材料大部分都具有吸水性，如果先加入水，其他材料顺次加入时，会因各自的吸水性和吸水速度不同而产生类似“先到喝饱水，后到喝少水”的效果。同时，部分材料加入水中后，会形成“疙瘩”，互相粘连，后期混合时难度会提升。

2. 含油面团搅拌过程中的缸壁变化

与传统法式面包制作中的“分次加水”类似，除了六个基本阶段以外，含油面团的制作中也有一个加入黄油的时机变化。一般是在搅拌进行到面筋扩展阶段之后、面筋完全扩展之前的某一个时机中加入黄油。

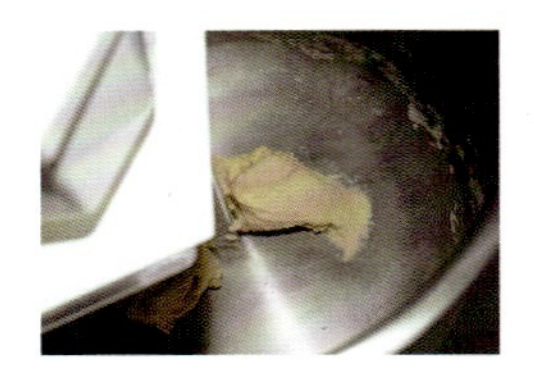

图 1 原料混合阶段

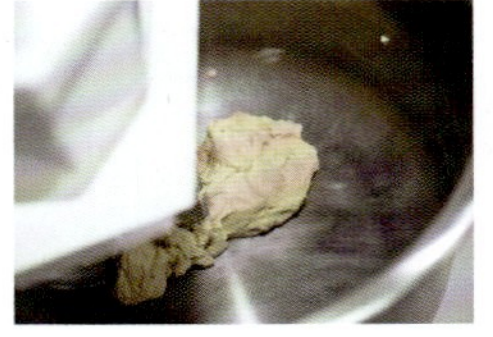

图 2 面筋形成阶段

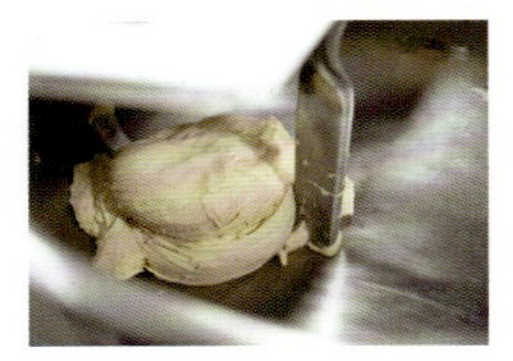

图 3 面筋扩展阶段

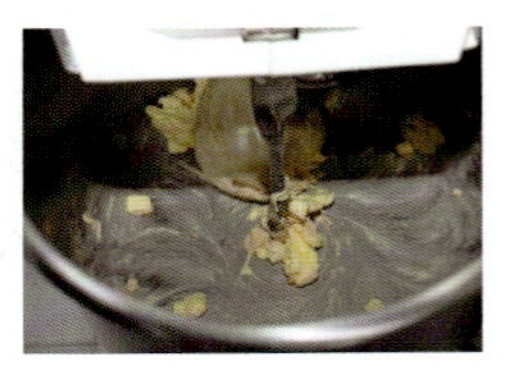

图 4 加入黄油

图 5 加黄油后面筋完成扩展阶段

图 6 搅拌过度阶段

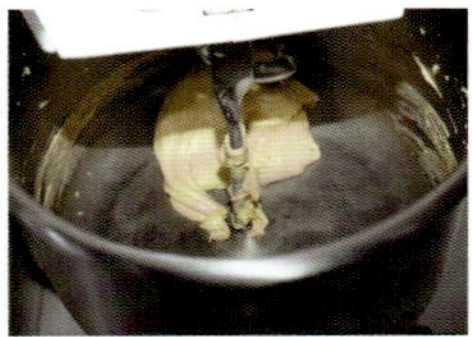

图 7 水化阶段（破坏阶段）

布里欧修面团在搅拌中的缸内变化

顺序	阶段	说明
1	原料混合阶段	缸壁上还有面粉沾粘，由于鸡蛋成分较多，面团呈现黄色
2	面筋形成阶段	缸壁有变光滑的趋势，面团表面开始呈现光亮感，面团开始“变白”
3	面筋扩展阶段	缸壁变得光滑，面团变得更紧实
4	面筋完全扩展阶段	因为黄油的加入，黄油开始与扩展阶段的面团混合，面缸内更加光滑，面团表面最后变得更加有光泽
5	搅拌过度阶段	面团开始坍塌，缸壁内开始粘连面团组织，面团表面发黄、出油，缸壁经过摩擦产生的升温现象明显
6	水化阶段（破坏阶段）	面团已经坍塌，缸壁经过摩擦，温度变得更高，缸内出现酸败味，面团发黄，表面出油

深度问答—复杂的问题简单说：论面团在缸内上的变化

黄油为什么要在面筋扩展阶段至面筋完全扩展阶段的过程中加入？

黄油是一种可塑性油脂，即其会在外力搅拌的过程中改变形状。同时黄油属于油脂类材料，含有大量的疏水基，其会隔离水分。如果在前期加入面团中，黄油限制面筋网络与水的快速结合，阻碍面筋网络的形成，使搅拌时间变长。如果在面筋网络已经逐步完善的过程中加入黄油，黄油会快速地延展在面筋蛋白网络结构中及其淀粉粒子之间，找准“自己的位置”，在这之前，面筋蛋白网络与淀粉粒子各自已获取了一定量的水分，不用再通过大量的搅拌来获取水分来构架自己的组织。

需要提醒的是，并不是所有含油类面团的搅拌都需要在后半段再加入油脂，如果油脂含量较少，在前期加入也是可以的，因为少量的油脂对大量的面粉与水的结合不会产生很大的影响。

在搅拌过程中，缸壁的温度变化很大吗?

这个需要根据面团搅拌的时间来看。与传统欧式面包只含基础材料的搅拌相比，含油类面团的搅拌材料复杂，搅拌时间会明显延长，同时面团进入搅拌过度阶段和水化阶段的时间都会延长，尤其是到后期，面团的温度是明显增大的。所以也有很多面包师傅会在缸壁外侧用冷的毛巾进行降温，因为过高的温度对面团发酵会起到非常大的影响，同时含有黄油的面团，也要注意黄油会因为温度过高而产生软化过度的现象，对面团成形产生非常不利的影响。

3. 面团搅拌的 6 个阶段的拉伸与弹性变化

同只含基本材料的面团搅拌相比，含油类面团的搅拌时间要长很多。

拉伸度对比：从搅拌过程中的面团中取出适量面团，双手均匀用力使面团向两边拉伸。

面团搅拌（后加油）

图 1 原料混合阶段

图 2 面筋形成阶段

图 3 面筋扩展阶段

图 4 面筋完全扩展阶段（加黄油后）

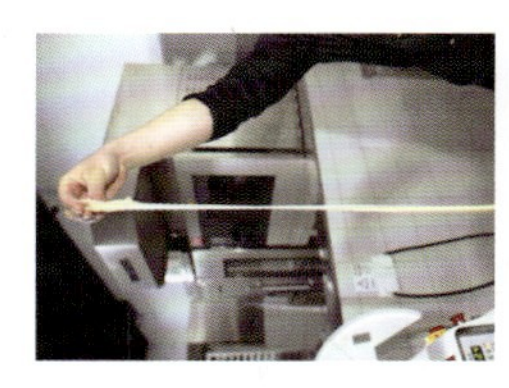

图 5 搅拌过度阶段

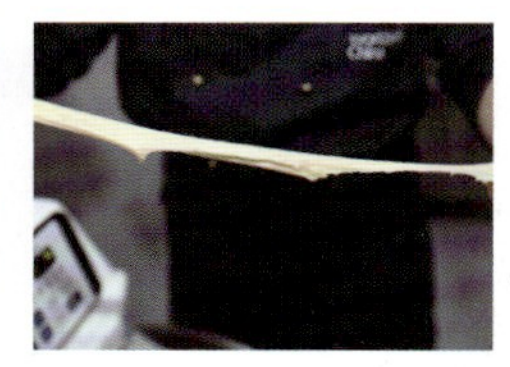

图 6 水化阶段（破坏阶段）

面团搅拌（前加油）

图 1 原料混合阶段

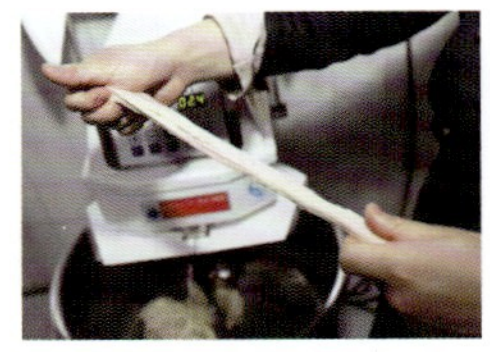

图 2 面筋形成阶段

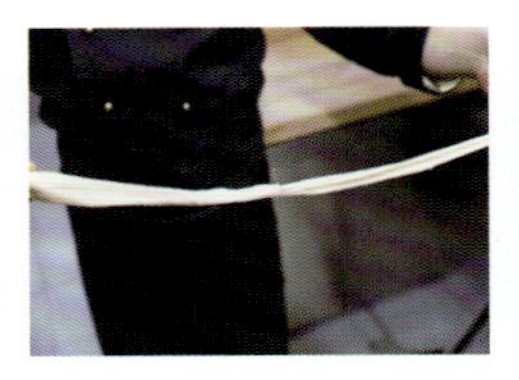

图 3 面筋扩展阶段

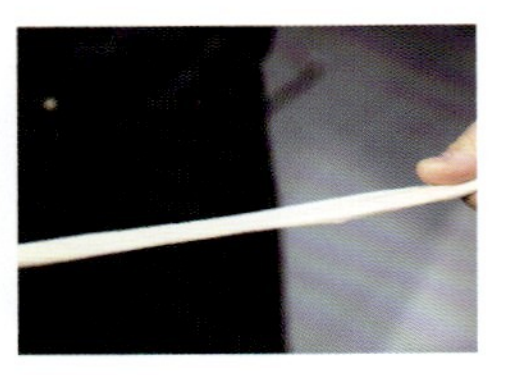

图 4 面筋完全扩展阶段

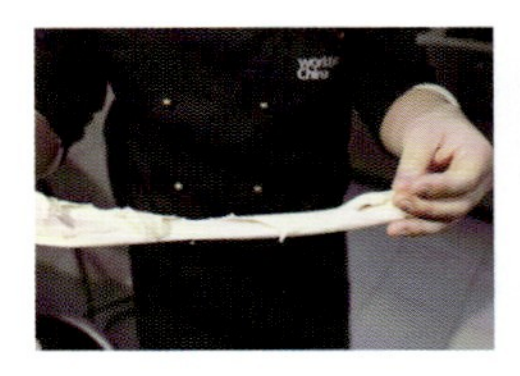

图 5 搅拌过度阶段

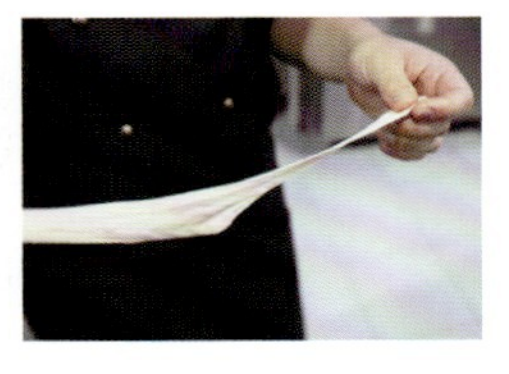

图 6 水化阶段（破坏阶段）

具体阶段说明可参照“传统法式面团搅拌中面团的拉伸度对比”。

拉伸度对比总结：

无论是前加油搅拌，还是后加油搅拌，面团都能在最后形成一个较好的拉伸长度和质量。但是搅拌时间都要比只含基础材料的搅拌时间要长很多。

面筋膜对比：搅拌的 6 个阶段的面筋膜变化，从搅拌过程中的面团中取出适量面团，双手均匀用力将面团抻出薄膜。

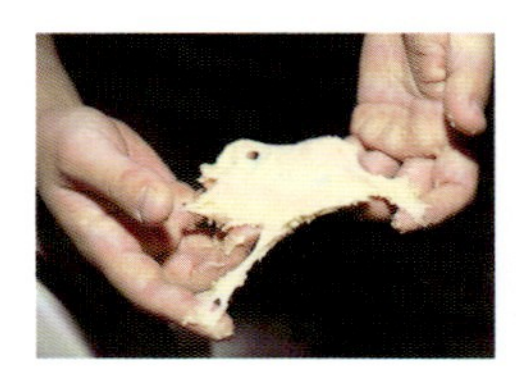

图 1 原料混合阶段

图 2 面筋形成阶段

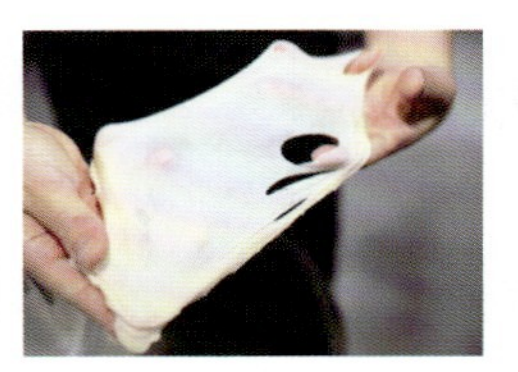

图 3 面筋扩展阶段

图 4 面筋完全扩展阶段（加黄油后）

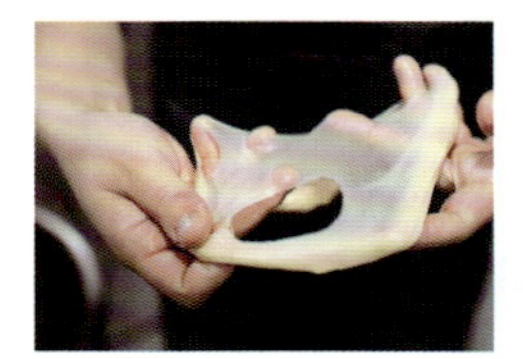

图 5 搅拌过度阶段

图 6 水化阶段（破坏阶段）

布里欧修面团搅拌中面团的筋膜变化

顺序	阶段	说明
1	原料混合阶段	没有筋膜产生
2	面筋形成阶段	开始产生筋膜，但是筋膜十分不均匀
3	面筋扩展阶段	筋膜变得均匀，能形成较薄的筋膜，但筋膜易破形成孔洞，孔洞边缘呈不规则锯齿状
4	面筋完全扩展阶段	筋膜进一步变得均匀，能看清手指纹，不易破
5	搅拌过度阶段	筋膜开始更加透明，但非常脆弱
6	水化阶段（破坏阶段）	筋膜开始出现不均匀的状态，一拉就破

面筋膜对比总结：

随着搅拌程度的加深，面团从不能抻出薄膜、到能抻出薄膜、再到不能抻出薄膜；薄膜的状态从厚至薄、再至厚，甚至不成形。因为有黄油和大量蛋液的加入，面团颜色偏黄。

与法式面团相比，含有复杂成分的配方的搅拌时间都偏长。同理，破坏面筋的时间也会很长。

深度问答—复杂的问题简单说：论含油面团中的油脂作用

油脂对面团的制作主要起着什么样的作用?

油脂在面团制作中的作用主要是根据以下几种性质来体现的。第一是起酥性，这类性质主要是能帮助成品酥脆，但是对面筋网络的形成有限制作用。第二是可塑性，是指油脂在外力的作用下可以发生变形，具有柔软性，能变形但不会自己流动。第三是润滑性，简单地说，油脂在面团中处在面筋蛋白质结构与淀粉粒子之间，油脂的润滑作用可以帮助面团内部减小摩擦，更加便于面团发生膨胀和延伸，增大面包的体积。并且由于油脂在两者之间，油脂也可以防止淀粉中的水分向面筋蛋白质结构中移动，保持淀粉中的水分，继而延缓淀粉的老化，延长面包的保存期。

以上几点说明油脂能改变面包面团的物理性质，在后续制作中能影响面包成品的口感与风味。

油脂对面包成品具有哪些实际作用?

油脂的可塑性可以使油脂与面团一起延伸，在膨发状态下依然能使制品呈现层状组织，这种现象在丹麦面团制作中尤为突出，在烘烤过程中的润滑性也可以帮助面团更好的膨发，同时其也具备一定融合气体的能力，可以进一步使产品在烘焙中因为气体膨胀而产生酥松感。

每种油脂都带有自己独特的香味，可以通过烘焙，在高温环境下产生一系列物理和化学性质的改变，产生多样的香味变化。

本书产品搅拌过程中用到的动物性黄油，可以用其他油脂代替吗?

可以。因为动物性黄油中天然成分居多，营养价值和芳香气味都较好，所以本书中多数黄油使用的是这种黄油。实际使用中可以用人造奶油（人造黄油）来替代，事实上很多面包师也是如此制作的，因为这样可以大大地降低制作难度，同时降低成本。

人造奶油，又称麦淇淋，是以氢化油为主要材料再配以乳制品、乳化剂等材料制作而成的，其软硬度调整性大大优于动物性黄油，加工性能和乳化性能极好，尤其是在丹麦面团的折叠黄油环节上。动物性黄油在使用前要特别注意其软硬度和温度的调整，即便如此，在实际制作中出现失败的可能性依然是很高的。

在成分上来说，人造黄油的油脂含量范围区间与动物性黄油类似，一般都在 80% 左右，但人造黄油的油脂含量最大可以达到 99% 以上，所以人造黄油的风味带有很多可能性。

4. 不同的搅拌状态对应的不同的发酵效果

对比产品说明：由原料混合阶段、面筋形成阶段、面筋扩展阶段、面筋完全扩展阶段、搅拌过度阶段、水化阶段（破坏阶段）六个阶段的面团各取 50 克，经过基础醒发后形成的面团。

图 1、图 2 中，从右至左产品依次为：原料混合阶段布里欧修面团、面筋形成阶段布里欧修面团、面筋扩展阶段布里欧修面团、面筋完全扩展阶段布里欧修面团、搅拌过度阶段布里欧修面团、水化阶段（破坏阶段）布里欧修面团。

图 1 发酵完成的面团

图 2 搅拌完成的面团

对比产品总结

不同的搅拌程度所形成的面筋网络结构对于面团的发酵有着不同的呈现效果：在初期形状不规整的情况下，经过一段时间的发酵后，面团形状发生了很大的改变，其中面筋完全扩展阶段的布里欧修面团发酵形成的面团形状最“圆”。

深度问答—复杂的问题简单说：搅拌对发酵的影响

为什么面筋完全扩展阶段的面团在经过发酵过程后，面团会变得更圆？

达到面筋完全扩展阶段的面团的延伸性和弹性的综合性能在一个较好的状态，在酵母菌发酵过程中，面团开始膨胀并向外部扩展，弹性和延伸性相互制约又相互成长，所以面团呈现较圆润的形态。如果弹性和延伸性不匹配，就有可能形成部分延伸过大或者部分收缩过大的状态，综合体现在表面上就是面团外形不圆。

[4] 发酵

基础发酵

基础发酵发生在搅拌过程之后，是面包制作的关键性环节，其主要目的是使面团经过一系列生物化学变化，产生多种物质，改善面团质地和加工性能，丰富产品风味，使面团膨发，同时能使面团的物理性质达到更好的状态。

在这一过程中，多种物质都发生了变化。

* 糖的变化

基础发酵的过程是一个复杂的变化。酵母菌在各种酶的综合作用下，将面团中的糖分解，生成二氧化碳、酒精。在这期间，面团中大部分的多糖、双糖、单糖，都会对应各自不同的酶，供酵母菌直接或者间接“食用”（具体可参照 P17 论酵母菌“吃啥”）。

* 淀粉的变化

淀粉是由葡萄糖分子聚合而成的，是面团中的主要物质，也是糖类的“大宝库”，其中面粉中的受损淀粉（每种面粉中的含量是不一样的）能在面团发酵过程中产生分解。

在面粉中存在着天然的淀粉酶，即 α －淀粉酶与 β －淀粉酶，两种酶的作用产物是不同的。首先是 α －淀粉酶使受损淀粉发生分解，生成小分子糊精，糊精再在 β －淀粉酶的作用下生成麦芽糖，麦芽糖再在酵母菌分泌酶的作用下生成葡萄糖，最终为酵母生长所需。

* 面筋网络结构的变化

面团在经过搅拌之后，形成一个较合理的面筋蛋白网络结构。在发酵过程中，酵母菌产生大量的二氧化碳气体，这些气体在面筋网络组织中形成气泡并不断膨胀，使得面筋薄膜开始伸展，产生相对移动，使面筋蛋白之间结合的更加充分。但是如果发酵过度，气体膨胀的力度超过了面筋网络结构合适的界限，那么面筋就会被撕断，网络结构变得非常脆弱，面团发酵就达不到预期效果。如果发酵不足，面筋网络没有达到很好的延伸，蛋白质之间没有充分的结合，那么面团的柔软性等物理性质就达不到最好状态。

* 面团内部其他菌种的变化

发酵过程中，除了酵母菌大量繁殖外，其他微生物也会进行繁殖，其中主要有乳酸发酵、醋酸发酵等，适度的菌种繁殖对面包风味产生积极影响，但是量不能过多，过多的酸会使面团产生恶臭气。

产酸菌种多来自产品制作材料、产品使用工具等，所以要注意直接接触器物等工具的清洁与消毒，尤其是在酵种制作环节中。

基础发酵的基础工艺

* 盛放工具

盛放面团的工具常称为周转箱，面团在放入之前，需要在周转箱中擦上一层薄油或者喷上一层脱模油；面团放入之后，需要将面团的表面整理光滑。盛放工具的大小要与面团的大小相配合，即不能将小面团放入过大的箱子里，否则面团有可能因为重力作用而四散坍塌，而不能很好地膨胀；也不能将大面团放入过小的箱子中，因为面团会向四周膨胀，挤压容器。

* 置放环境

酵母菌以及其他菌种的生长对温度十分敏感，醋酸菌和乳酸菌的适宜生长温度在35 ~ 38℃，为了避免温度达到这一区间，并且使温度达到适合酵母菌生长的温度，所以一般理想的发酵温度要控制在26 ~ 28℃。

从酵母菌产气和持气能力来看，酵母菌的生长温度也不宜过高。在稍高温度下，酵母菌能在短时间内产生大量的气体，这些气体的量超出了面团的保持能力，也就是面团的持气能力降低、发酵耐力变差。在稍低温度下，酵母菌产气能力变弱，发酵能力低，需要长时间的发酵才能达到所需的面团质地。所以发酵时间与发酵温度有着非常密切的关系。

同时，面包发酵过程中也需要注意相对湿度的问题，如果相对湿度过低，面团表面由于水分的蒸发而干燥结皮，影响酵母菌的膨胀，继而对产品外观产生影响，一般情况下相对湿度保持在70% ~ 80%。

深度问答—复杂的问题简单说：什么是相对湿度?

空气中实际所含水蒸气密度和同温度下饱和水蒸气密度的百分比值，被称为空气的“相对湿度”，比如说，27℃下空气的饱和水蒸气（特定空间的水以气、液二态同时存在）密度为 a，而醒发环境中设置的水蒸气密度为 b，$b/a \times 100\%$ 即为醒发空间的相对湿度。

* 基础发酵的注意要点

翻面是指面团发酵到一定时间后，重新拾起面团，将四周面团再次向中间部位折起，使面团内部的部分二氧化碳气体放出，使面团的整体体积有一定的减小。

深度问答—复杂的问题简单说：翻面对面包制作有什么具体的影响?

（1）使面团内外的温度更加均匀、一致。一般是每 30 ~ 40 分钟进行一次翻面。

（2）增加面团的纵向筋度。一般的打面过程是增加面团的横向筋度，而翻面则增加面团的纵向筋度，使面团的筋度上下延伸。

（3）给酵母菌更好的环境。酵母的发酵需要空气和养分，翻面可以给酵母菌更换环境，提供更好的生存条件。

深度问答—复杂的问题简单说：怎么看发酵是否完成?

面团在经过发酵这一个复杂的过程后，会使面团的整体质地达到最佳状态。检查面团发酵是否完成的较简单方法是手触法：用手轻轻按压面团，在面团上形成一个小洞，手指离开，观看面团的状态。

面团坍塌，表面产生许多大气泡。

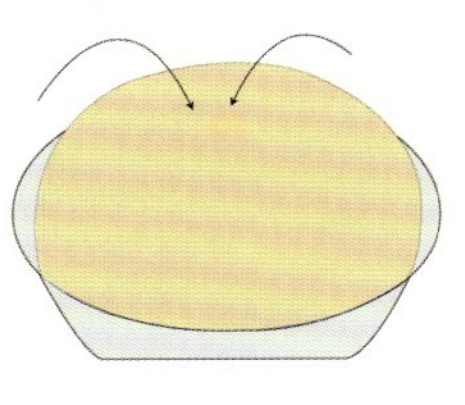

发酵过度

面团有复原趋势，面洞变小。

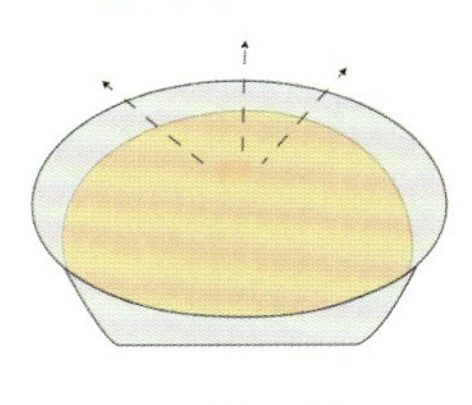

发酵不足

面洞虽稍有缩小，但大体可以保持原状。

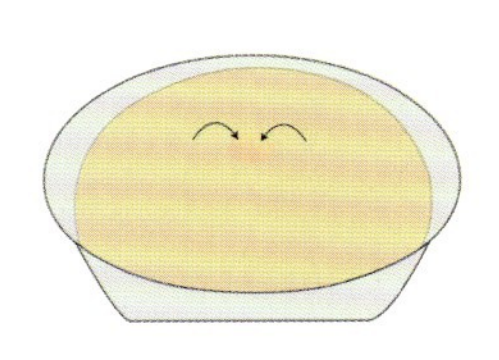

发酵正常

图中所示为用手在主面团中央按压，面团表面形成的面洞的变化。

除此之外，也可以通过“闻”来简单确认，如果面团发酵略带一点酸味且不刺鼻、不浓郁，则说明发酵程度正好；如果面团酸味较大，则说明发酵过度；如果面团没有酸味产生，则说明发酵不足，还需进一步发酵。

最后发酵（醒发）

最后发酵是面团在烘烤之前的最后一次发酵，也称醒发。面团在经过整形之后，已经具备一定的形状，最终发酵可以使面团内部因为整形而产生的“紧张状态”得到松弛，使面筋组织得到进一步增强，改善面团组织内部结构，使组织分布更加均匀、疏松，同时，最后发酵可以帮助面团进一步积累发酵产物，使面团产生更多更丰富的物质来增添成品风味，达到面包所需要的体积。

* 盛放工具

各种面团在经过整形后，置于醒发室中发酵，为了使整形面团的外形不会发生形变，内部组织更加疏松，一般都需要承载工具，工具的使用取决于面包的制作需求。

1. 烤盘

将成形的面包放于烤盘中，也称烤盘式烘烤，大多针对 40 ~ 60 克的面团制作，此类面包摆放需要注意间距，避免面团发酵后的彼此粘连。一般多采取对称或者等间距式的摆放。例如下图：

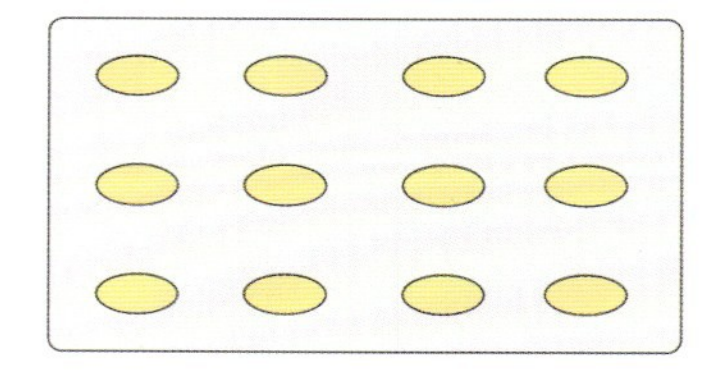

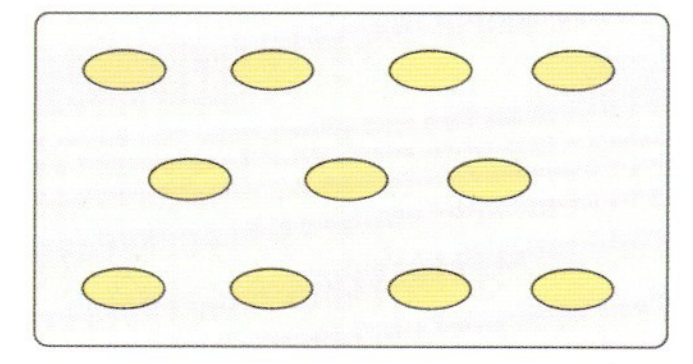

2. 模具

面包模具常用于造型面包和吐司的制作，将面团整形完成后放入模具中，进行最后发酵，使面团的发酵生长与模具样式先匹配，最终影响面团的烘烤成形。

3. 发酵布

面团可以放在发酵布上进行最后发酵，多适用于欧式面团等硬质面团制作，防粘的同时也可以方便移动面团。选择时宜挑选帆布、麻布等不起毛、不掉毛的发酵布材质。发酵布也可以随意变换形状，可以固定面包的形状，使面团的外形更加圆润，帮助面包发酵的温度更加稳定等。常见的法棍制作就用到了“山字形”折叠。

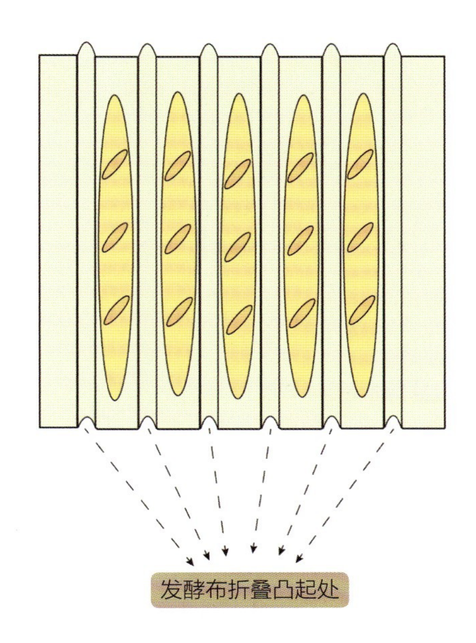

* 置放环境

与基础醒发类似，最后发酵时同样需要考虑面团所处的温度和湿度，需要注意的是含油量大的面团对发酵温度有一定的控制，否则过高的温度会融化面团中的油脂。

* 最后发酵的注意要点

1. 根据基础醒发的结果调整最后发酵

在最后发酵过程中，时间和温度同样是发酵需要考虑的重要因素。但因为最后发酵是面团制作的最后发酵阶段，所以面团烘烤成形的内部组织结构等与其有非常大的影响。如果前期基础发酵过程中面团醒发不足，那么就可以在最后发酵阶段延长发酵时间，使面团内部组织达到合理结构。但是如果前期已经发酵过度的面团，后期就无法使用并制作了，可以用于老面团制作。

2. 根据面筋程度调整最后发酵

在实际使用中，每个面团的使用材料，尤其是面粉的使用，对后期的面团物理性质影响巨大，其中搅拌起着很大的决定作用，其次发酵可以对面筋组织进行补充和加强，最后发酵作为面筋结构补充的“最后关卡”，要对面团整体的物理性质（弹性、延伸性、韧性等）做尽可能的调整。如果是拥有较强面筋网络结构的面团醒发不充分，后期膨胀就很可能不成功；如果是较差的面筋网络结构的面团醒发太充分，再进行烘烤时就容易进一步膨胀而产生破裂。所以最后发酵需要根据面筋程度，综合前期搅拌和基础发酵的结果以及烘烤可能出现的结果进行发酵考虑。

[5] 面包的整形

面包整形在面包制作工序中占有重要的地位，其直接决定了面包的成形样式，在成形过程中，也会给面团内部一个新的秩序和结构。

分割

关键词：快、准确

分割是面包成形的第一步，主要是采用切割工具将大面团切割成适合的小面团，在切割时要利落，避免来回拉扯损坏面团筋度；同时在面团分割时，面团中的酵母菌的产气活动依然在进行，所以分割要快，避免时间过长而引起面团内部发生更多的膨胀，影响面团后期的造型。

预整形

关键词：标准、快

面团在经过分割之后，分割工具形成的切口对面团内部的面筋网络结构是有一定的伤害的，如果不对“伤口”进行及时“救治”，面团内部的面筋网络就不够牢固，在酵母菌产气时会产生不良后果。

一般在分割之后，面团都需要一个预整形的过程，预整形的形状基本上以圆形为主。圆形的面团将切口重新融合入面团中，面团表皮形成一个有秩序的“皮膜”，内部组织也有一个新的秩序与方向，在后期中间醒发时能及时恢复面团物理性质。为了后期整形的统一，预整形的形状要标准化，否则后期成品的统一成形就有一定的难度。

中间醒发

关键词：松弛

中间醒发发生在预整形之后、面包正式成形前。其主要目的是松弛。

面团在经过分割与预整形之后，面团的内部组织处于一个较紧张的状态，不利于后期整形时面团的塑形。为了使面团恢复柔软、便于延伸，所以面团需要“休息”一段时间，这是面团需要松弛的主要原因。

在松弛的过程中，酵母菌依然在进行繁殖活动，松弛时也能增大面团的体积，调整内部的组织。

面团成形与装饰

关键词：面团的合适的综合物理性质

面团在经过分割、预整形和中间醒发后，面团的物理性质，即弹性、延伸性、韧性等需要达到一个合适的状态，才能更好的完成面团造型，尤其是特殊造型的面团，其物理综合性质需要松弛很长的时间才能达到标准，所以有时也会采取低温松弛一夜的方式来进行缓解。

面团成形的方式有很多种，常用的手法也多变，如滚、搓、捏、擀、拉、折叠、卷、切、割等，有些面团制作采取多种方式与手法相互配合的方式进行。

[6] 烘烤

面包的烘烤是面包制作的最后一个工序。

烘烤的三种传热方式

面团放入烤箱中，通过传导、对流和辐射三种传热方式，从“生”到“熟”，是面包制作的关键环节。

1. 传导

传导是指热量从温度高的地方向温度低的部位移送，达到热量平衡的物理过程。在面包制作中，热源通过烤箱传递给面团表面，再慢慢传至面团中心，是面包制作中最主要的受热方式。

直接热传导

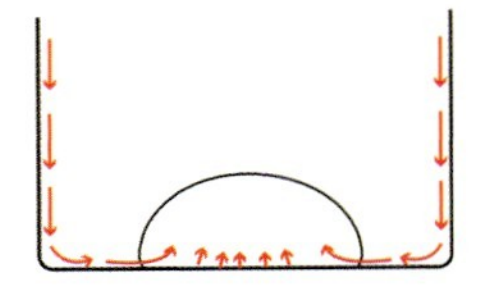

2. 对流

对流是只针对液体与气体的热的传导现象，气体或者液体分子通过受热产生膨胀与移动，进行热的传导。自然条件下的对流存在于每种烤箱中，但是风炉中有强制对流的装置，这种炉子会帮助能量较高的气体或者液体分子向能量低的部位快速转移与传递，使产品快速熟化。所以一般情况下，使用风炉烘烤的产品要比平炉时间短一些或者温度低一些。

传导下的对流

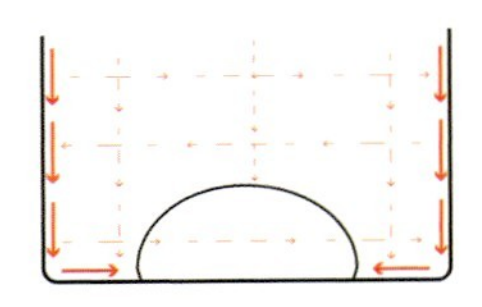

3. 辐射

辐射是指物体以电磁波方式向外传递能量的物理过程，远红外线烤箱就是利用电磁波的方式进行热辐射。

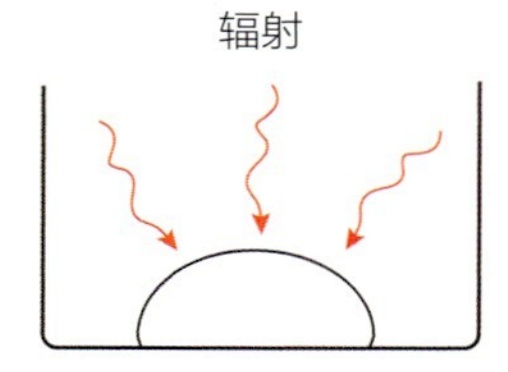

深度问答—复杂的问题简单说：哪种烘焙的传热方式对面包烘烤的影响最大？

三种传热方式在面包烘烤中都存在。

因为每种物体都可以进行热辐射，只是辐射的能量大小不同而已；即便没有强制吹风装置，烤箱内部也存在自然对流，会产生对流传热；只要存在温度差，传导就能进行，不过在固体中，热传导是最直接的，在液体和气体中，传导与对流同时进行。

在一般情况下，传导是面团最主要的受热方式；对流能加快面包的熟制时间；辐射（除远红外线等以辐射为主要加热方式的烤箱外）对面团制作起辅助作用。

面包外部的变化

1. 面包外形

面包的外部定型与面包的烘烤方式有着直接的关系，如直接烘烤（落地烤）、烤盘烘烤、模具烘烤。面团的承载工具直接影响面团的膨胀方向，进而影响面团的进一步定型。

“我可以自由生长，无所束缚。”

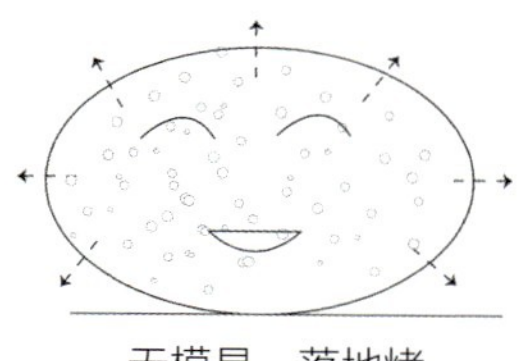

无模具，落地烤

无模具面团的烘烤

“四周阻挡，我选择向上生长。”

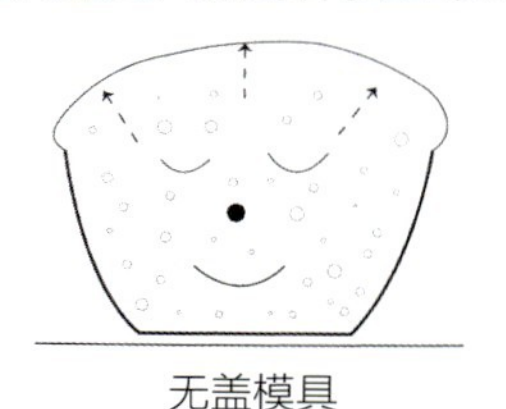

无盖模具

无盖模具的面团烘烤

“我被困住了。”

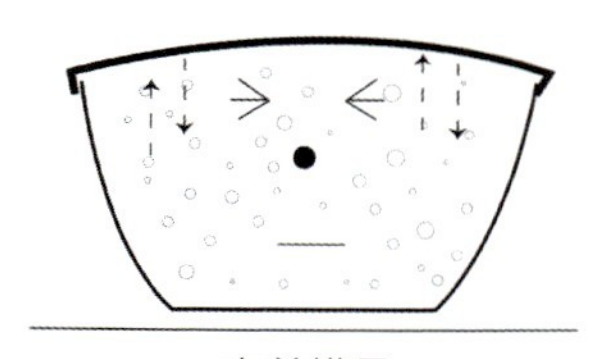

有盖模具

有盖模具的面团烘烤

在这个过程中，关注面包膨胀的主要时机，需注意面包膨胀的主要原因。

①面团在之前工序制作中积累的气体。面团在发酵阶段存储的气体已经把面团的体积“撑”到一定的地步了。

②面团在入炉后，内部温度未达到酵母菌的灭活温度，酵母菌依然会大量产气。面包面团

在进入烤箱之后，面团温度慢慢上升，达到 40℃左右时，酵母菌产气能力达到最强，面团继续膨胀；达到 40 ~ 60℃时，面团的产气能力逐渐下降；过了 60℃之后，酵母菌开始死亡，停止产气。

③面团内部的水蒸气受热膨胀。面团中的温度慢慢升高的过程中，内部的水分开始受热蒸发，一般在 80℃的时候，水蒸气的蒸发进入最活跃期，之后，面团内部的多余水分由于量变少，水分蒸发就变得缓慢。

所以在酵母菌死亡之前，面团中之前工序积累的气体与入炉后急速产出的气体、面团内部产生的水蒸气等多种因素共同影响了面团的膨胀体积。

一般在面团入炉之后的 5 分钟左右，面团的进一步膨胀是能够明显看到的，面团的体积达到最大值。之后，面团体积逐步稳定。

在面包面团逐步定形的过程中，应需关注并控制上火和下火温度，如果上火温度过高，会造成面包表面表皮过早定型，限制面包的进一步膨胀，易造成面包的表皮开裂、面包体积过小等后果。

2. 面包的表皮

面包表皮的形成

除多层面包外，一个完整的无层面团整体的材料组成均匀，在入炉后，烤箱内部的热量由外及里的在面团整体中传导，表层的水分通过蒸发逐渐消失，直至完全失去。在最外层无水时，“表皮”会继续向内部“占领区域”，直至烘烤完成，形成肉眼可见的表皮。

对于多层面包来说，如丹麦，虽然面团外表也会有一层表皮，但是由于内部层数较多，内部水分也沿着每层的边沿处向外迅速蒸发，所以多层类产品的失水量较普通类面团要大，表皮层也不明显。

面包表皮的色泽产生

随着烘烤的进行，面包表皮的颜色会呈现从原始面团色慢慢转变成黄色、金色、褐色、深褐甚至出现黑色的过程，这种变化主要来自于非酶褐变反应。

深度问答—复杂的问题简单说：面包中的非酶褐变反应

什么是非酶褐变反应?

非酶褐变是指不需要酶的作用而产生的褐变，主要有焦糖化反应和美拉德反应两类。焦糖化是在食品加工过程中，在高温的条件下促使含糖产品产生的褐变，反应条件是高温、高糖浓度；美拉德反应，又称羰氨反应，是指含有氨基的化合物（氨基酸或者蛋白质）与含有羰基的化合物（还原糖类）之间发生反应并产生褐变的过程。

② 非酶褐变反应是怎么作用在面包表皮变化的?

在初期阶段中，面团所承受的温度不是很高，糖类因焦糖化反应产生的褐变不是很明显。面包的表皮颜色主要与美拉德反应有关。美拉德反应物质来自“氨基化合物 + 还原糖”（常见的还原性糖见 P17“吃的原料哪里来？”中的常见的糖类材料表），根据氨基化合物种类与还原糖的种类的不同，褐变反应形成的外观表现也不同。比如说在面包制作中常会在表皮刷层蛋液，这是因为鸡蛋中的蛋白质与葡萄糖或者转化糖相结合时，产生的色彩变化美观且有光泽，如果只是面团内的面筋蛋白与转化糖相结合，褐变的颜色就没有前者好看。

非酶褐变的另一大类——焦糖化反应的发生条件需要很高的温度。160 ~ 170℃，面团表面的还原性糖类就开始产生焦糖化，颜色开始由白变黄，170 ~ 180℃开始由黄变褐，其中的甜味越来越淡，苦味越来越重。

面包的内部的变化

1. 烘烤中的淀粉糊化

淀粉在常温下是不溶于水的，在烘烤加热至 55 ~ 65℃时，淀粉粒开始大量的吸水膨润，淀粉的物理性质发生明显的变化，在继续高温膨润后，淀粉粒子会发生破裂，形成糊状溶液，这个过程被称为淀粉的糊化。糊化的淀粉颗粒分散，增大面团内部的黏性，此时的淀粉称为 α - 淀粉，在此之前的淀粉处于未糊化状态，被称为 β - 淀粉。所以可以简单地概括说，淀粉的糊化就是 β - 淀粉转变成 α - 淀粉的过程。

深度问答—复杂的问题简单说：面团中淀粉的变化

淀粉的糊化对面包的制作有什么实际作用?

淀粉在处于糊化状态时，呈分散性质的糊化溶液，这个状态下的面团内部黏性非常大，在温度继续升高的情况下，糊化状态下的水分开始被蒸发，分散的淀粉粒子逐渐失去水分，淀粉能够在面团中固定在某一位置上，稳定面包内部的组织结构，帮助并促使面包内部成形。所以淀粉的糊化是面包内部结构形成的重要起点之一。

β－淀粉与 α－淀粉可以互相转化吗?

在淀粉糊化的过程中，β－淀粉转变成 α－淀粉；面包烘烤完成后，面包储存在常温状态下，α－淀粉会再转变为 β－淀粉，这个过程也被称为 α－淀粉的老化过程。所以在面包制作中使用的面包改良剂中常会有一定量的 α－淀粉酶，主要是为了减缓面包老化的进程。

延伸：两种淀粉对应的淀粉酶问题

在烘烤过程中，面团温度升至 55℃之前，内部的酵母会加速淀粉酶的活力，使淀粉加速转化为糖，使面团变得更加柔软。

在小麦面粉中，α－淀粉、β－淀粉都有自己对应的酶。这两种酶都可以将淀粉转化为麦芽糖，不同的是，β－淀粉酶对热不稳定，在烘烤阶段所起的作用不大，主要在烘烤之前发挥作用。α－淀粉酶在 70℃左右也能进行水解，所以 α－淀粉酶在面团烘烤过程中对面包质量有一定的积极影响。

但是 β－淀粉酶在小麦粉中的含量要比 α－淀粉酶高很多，大部分面粉中，α－淀粉酶含量都少，所以可以在面包制作中加入一些含有较多 α－淀粉酶的材料来补充，比如说麦芽精、麦芽粉，还有一些特定的麦芽糖浆。

需要注意的是，并不是淀粉酶越多越好，过多的淀粉酶也会使淀粉链发生不适宜的断裂，那么面团之间相互的力量就变得非常薄弱，面团就很难达到或者达不到所需的搅拌状态。正常状态下的淀粉会吸水膨润，与面筋网络结构相互支撑，使组织变得稳固，也增大了组织的弹力。

2. 烘焙中的面筋凝固与蛋白质变性

伴随着面团内部的淀粉糊化，蛋白质于 60℃左右会产生变性，发生凝固现象，超过 80℃左右时，面团内部的蛋白质与蛋白质合成的面筋网络结构就完全凝固，有助于面团内部组织的形成与稳定。

CHAPTER 03

辫子面包

股辫介绍

本部分讲述辫子面包，涉及多种类型的辫子编制，包含单股辫与多股辫、高辫与平辫以及温斯顿结。

辫子面包的历史由来已久，相传在古希腊时期，罗马地区就有做辫子面包的习俗。辫子面包在各个宗教中也有很多种寓意，比如说犹太人会在安息日（圣日）当天吃Challah，即白面包，并会用Challah做出不同的股辫来表达敬意，常见的有三股辫，其分别象征真理、和平和美好。

辫子编制看似繁琐复杂，其实过程中多数都是重复动作，多次练习记住编制顺序，即可得心应手。

因含发酵程序，所以酵母产气的影响对辫子面包的成形有一定的影响，面团不宜发酵过长时间，避免面团产生过多的气泡，不然经过烘烤后产生鼓泡，影响外部美观；面团也不宜发酵的过大，体积膨胀过大，后期烘烤易引起产品坍塌。

辫子面团在进行股辫相交时，不宜缠绕过紧，不然在后期烘烤时，面团向外膨胀容易造成炸裂现象。在编制股辫时，力度、松紧都要一致，避免成品密度不一，烘烤时受热不均匀。同时，在一般情况下，股辫的股数越多，烘烤的温度降低，烘烤用的时间延长。

股辫整形阶段的准备

面团在经过和面、基础发酵、分割与预整形、中间醒发后，进入最后的整形阶段。在编制之前，需经过一些准备过程。

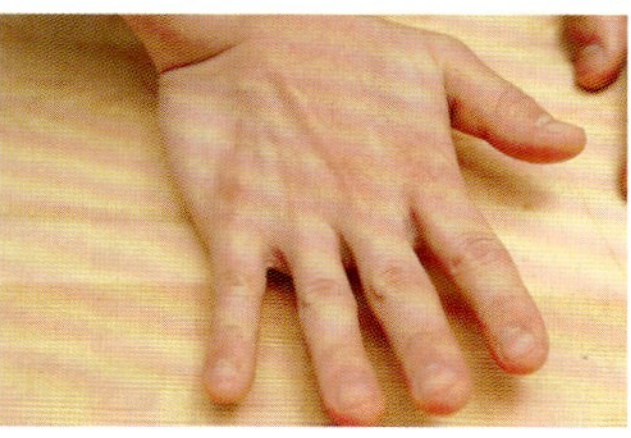

按 取松弛好的面团放于桌面上，手掌张开，用掌心部位将面团按压成扁平状。

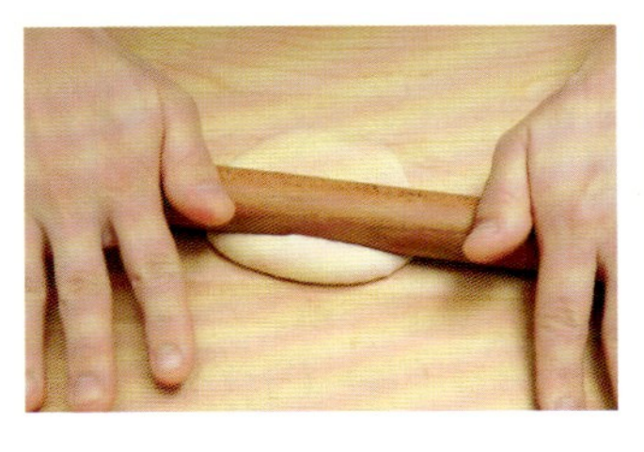

擀 用擀面杖将面团擀开成面皮状。

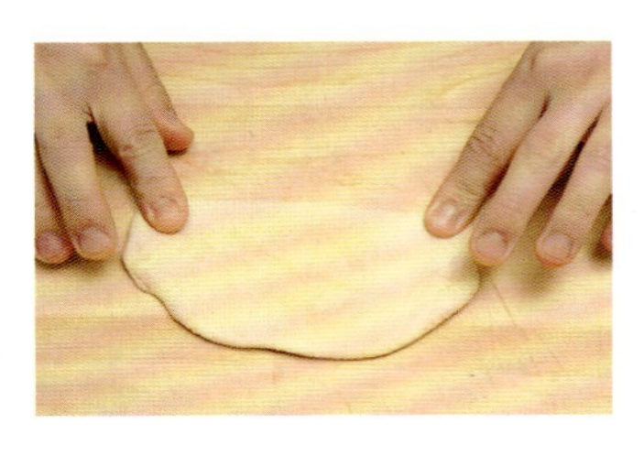

卷 将面皮一端拉开，与桌面平行。从另一端向底端卷去，至完成。

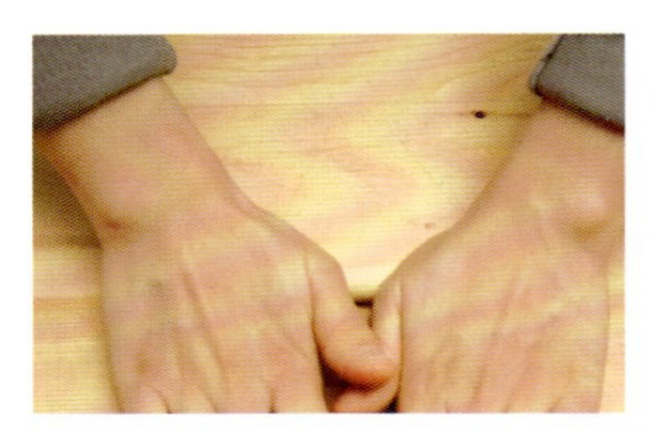
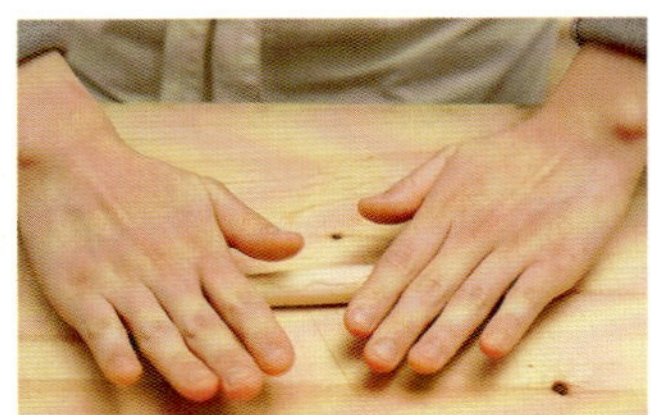

搓 双手张开放在条状面团中心处，上下滚动面团，并向两边均匀用力、延伸，使条状面团均匀变长，至所需长度。

一股辫

材料总重量
577.5克

制作数量
约9个

扫码看制作视频

面团温度 > 26℃

基础醒发 > 室温（26℃），40分钟

分割 > 60克/个

中间醒发（松弛） > 室温（26℃），15分钟

最后醒发 > 温度28℃，相对湿度80%，60分钟

烘焙 > 200℃/190℃，10～12分钟

配方 / Ingredients

材　料	材料百分比（%）	重　量
T45面粉	100	250克
细砂糖	20	50克
鲜酵母	4	10克
食盐	2	5克
固体酵种	20	50克
全蛋	20	50克
牛奶	45	112.5克
黄油	20	50克
香草荚	0.1	半根

预先准备 / Preparation

1. 调节水温。
2. 将香草荚取籽后与细砂糖充分拌匀，便于后期搅拌分散。
3. 将鸡蛋充分打散并过滤，作为后期烘烤时表面的刷蛋液。
4. 固体酵种的具体做法请参照P28“固体酵种、液体酵种制作”。

制作过程 / Methods

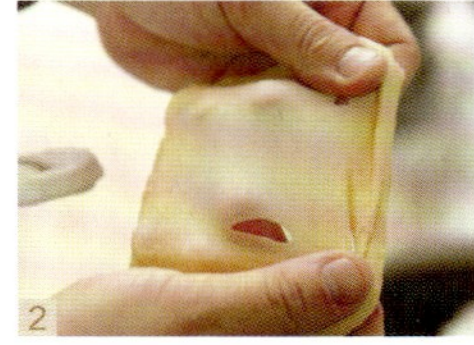

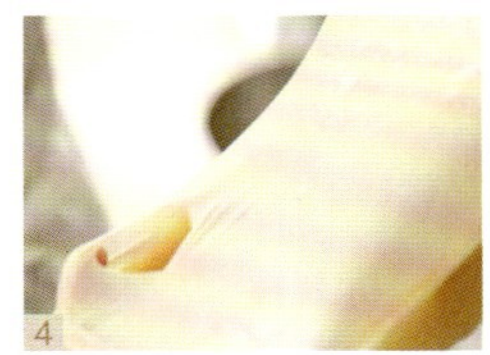

和面

1 将除黄油以外的所有材料倒入面缸中，以慢速搅拌均匀成团，无干粉状。

2 转快速搅打至面筋扩展阶段，此时面筋具有弹性及良好的延伸性，并能拉开较好的面筋膜。

3 加入黄油，以慢速搅拌均匀。

4 转快速搅打至面筋完全扩展阶段，此时面筋能拉开大片面筋膜且面筋膜薄，能清晰地看到手指纹。

基础醒发、分割

5 取出面团规整外形，盖上保鲜膜放置在室温基础发酵40分钟，取出，将其分割成60克的面团。

预整形、中间醒发（松弛）

6 预整形滚圆，盖上保鲜膜，放置在室温松弛15分钟。

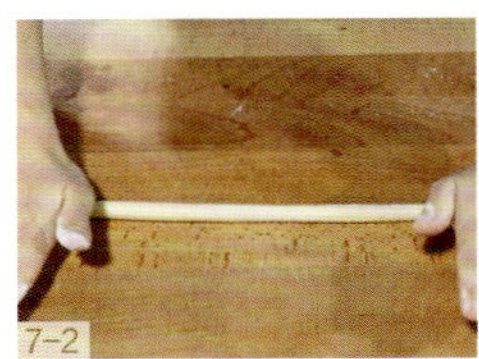

成形

7 将面团擀开，并卷起成条形，盖上保鲜膜放置冷藏松弛10分钟。

8 将其搓长，长度在40厘米左右。

9 将面团横放，大致将其分成三段，轻轻按压出节点。

10 将面团一端弯折，端口按压在1/3节点上，形成一个圆环。

11 将面团另一端穿过圆环，放在一旁。

12 将圆环反扭，并使下端再形成一个小圆环。

13 将放置一旁的一端绕过小圆环，并将端头按压在圆环上。

最后醒发

14 放入醒发箱，以温度28℃、相对湿度80%发酵60分钟。

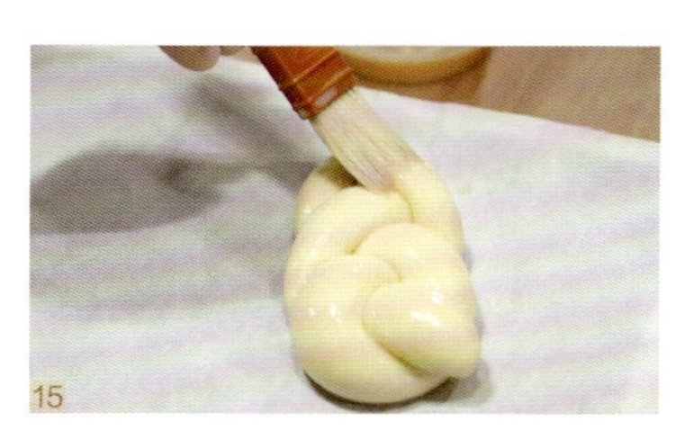

烘焙

15 在表面刷上全蛋液，以上火200℃、下火190℃入炉烘烤10～12分钟，并根据上色情况转盘烘烤，出炉震盘即可。

小贴士
NOTE

1 编制辫子时，不宜编制过紧，否则烘焙时会出现爆裂。

2 表面刷上全蛋液时要刷均匀，烘焙颜色会漂亮。

两股辫

材料总重量
1155克

制作数量
约12个

扫码看制作视频

面团温度	26℃
基础醒发	室温（26℃），40分钟
分割	45克/个，2个/组
中间醒发（松弛）	室温（26℃），15分钟
最后醒发	温度28℃，相对湿度80%，60分钟
烘焙	200℃/190℃，10～12分钟

配方 / Ingredients

材　料	材料百分比（%）	重　量
T45面粉	100	500克
细砂糖	20	100克
鲜酵母	4	20克
食盐	2	10克
固体酵种	20	100克
全蛋	20	100克
牛奶	45	225克
黄油	20	100克
香草荚	0.1	1根

预先准备 / Preparation

1. 调节水温。
2. 将香草荚取籽后与细砂糖充分拌匀，便于后期搅拌分散。
3. 将鸡蛋充分打散并过滤，作为后期烘烤时表面的刷蛋液。
4. 固体酵种的具体做法请参照P28“固体酵种、液体酵种制作”。

制作过程 / Methods

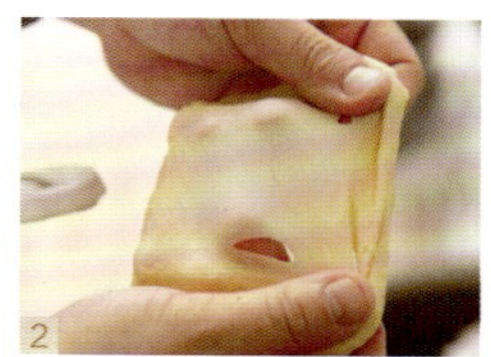

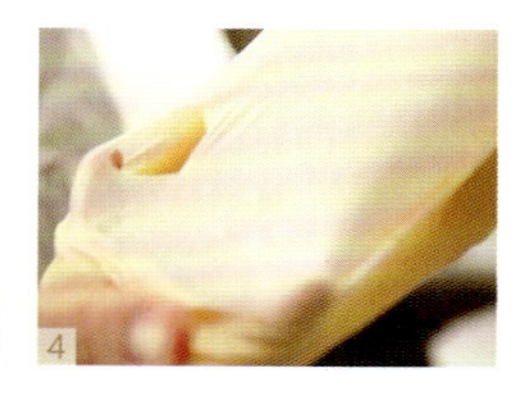

和面

1. 将除黄油以外的所有材料倒入面缸中，以慢速搅拌均匀成团，无干粉状。
2. 转快速搅打至面筋扩展阶段，此时面筋具有弹性及良好的延伸性，并能拉开较好的面筋膜。
3. 加入黄油，以慢速搅拌均匀。
4. 转快速搅打至面筋完全扩展阶段，此时面筋能拉开大片面筋膜且面筋膜薄，能清晰地看到手指纹。

基础醒发、分割

5 取出面团规整外形，盖上保鲜膜放置在室温基础发酵40分钟，取出，将其分割成45克的面团。

预整形、中间醒发（松弛）

6 预整形滚圆，盖上保鲜膜，放置在室温松弛15分钟。

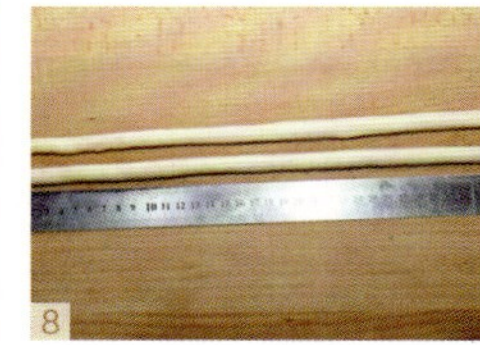

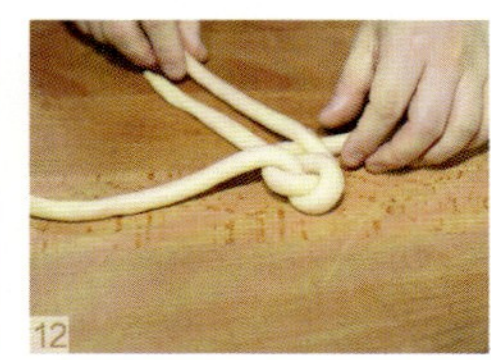

成形

7 将面团擀开，并卷起成条形，盖上保鲜膜放置冷藏松弛10分钟。
8 将其搓长，长度在40厘米左右。
9 取两条呈“X字形”交叉摆放，相交垂直。
10 取左上角一端围绕交叉点向右下方弯折，从左侧起标记每段面团所在位置依次为1～4号位。
11 将4号位面团与3号位面团相交（3号位面团在上方），前者落在2号位，后者落在4号位。
12 将1号位面团相交在2号位面团上，落在2号位上。
13 重复“步骤11”～“步骤12”，至将面团编制完成至收尾，捏紧尾端。

最后醒发

14 放入醒发箱，以温度28℃、相对湿度80%发酵60分钟。

烘焙

15 在表面刷上全蛋液，以上火200℃、下火190℃入炉烘烤10～12分钟，并根据上色情况转盘烘烤，出炉震盘即可。

面团温度	>	26℃
基础醒发	>	室温（26℃），40分钟
分割	>	45克/个，3个1组
中间醒发（松弛）	>	室温（26℃），15分钟
最后醒发	>	温度28℃，相对湿度80%，60分钟
烘焙	>	200℃/190℃，10～12分钟

三股辫

材料总重量
1155克

制作数量
约8个

扫码看制作视频

配方 / Ingredients

材　料	材料百分比（%）	重　量
T45面粉	100	500克
细砂糖	20	100克
鲜酵母	4	20克
食盐	2	10克
固体酵种	20	100克
全蛋	20	100克
牛奶	45	225克
黄油	20	100克
香草荚	0.1	1根

预先准备 / Preparation

1 调节水温。
2 将香草荚取籽后与细砂糖充分拌匀，便于后期搅拌分散。
3 将鸡蛋充分打散并过滤，作为后期烘烤时表面的刷蛋液。
4 固体酵种的具体做法请参照P28“固体酵种、液体酵种制作”。

制作过程 / Methods

1

2

3

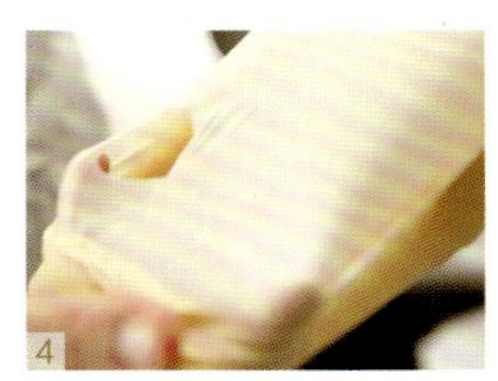
4

和面

1 将除黄油以外的所有材料倒入面缸中，以慢速搅拌均匀成团，无干粉状。
2 转快速搅打至面筋扩展阶段，此时面筋具有弹性及良好的延伸性，并能拉开较好的面筋膜。
3 加入黄油，以慢速搅拌均匀。
4 转快速搅打至面筋完全扩展阶段，此时面筋能拉开大片面筋膜且面筋膜薄，能清晰地看到手指纹。

基础醒发、分割

5 取出面团规整外形，盖上保鲜膜放置在室温基础发酵40分钟，取出，将其分割成45克的面团。

预整形、中间醒发（松弛）

6 预整形滚圆，盖上保鲜膜，放置在室温松弛15分钟。

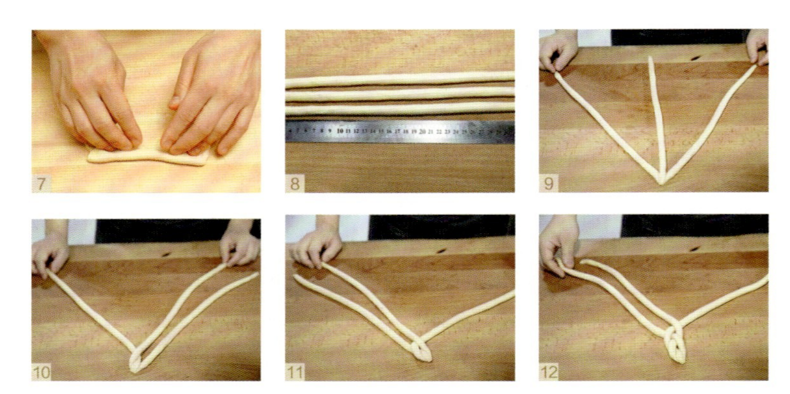

成形

7 将面团擀开，并卷起成条形，盖上保鲜膜放置冷藏松弛10分钟。
8 将其搓长，长度在38厘米左右。
9 取三条面团，将一端相交于一点，另一端散开。左起将面团所在位置依次标记为1～3号位。
10 将3号位面团与2号位面团交换位置（前者在交叉上方）。
11 将1号位面团与2号位面团交换位置（前者在交叉上方）。
12 重复“步骤10”～“步骤11”，将面团进行编制完成。

最后醒发

13 将三端捏紧收尾，放入醒发箱，以温度28℃、相对湿度80%发酵60分钟。

烘焙

14 表面刷上全蛋液，以上火200℃、下火190℃入炉烘烤10～12分钟，并根据上色情况转盘烘烤，出炉震盘即可。

四股高辫

材料总重量
1155克

制作数量
约6个

扫码看制作视频

面团温度	26℃
基础醒发	室温（26℃），40分钟
分割	45克/个，4个/组
中间醒发（松弛）	室温（26℃），15分钟
最后醒发	温度28℃，相对湿度80%，60分钟
烘焙	190℃/180℃，13～15分钟

配方 / Ingredients

材　料	材料百分比（%）	重　量
T45面粉	100	500克
细砂糖	20	100克
鲜酵母	4	20克
食盐	2	10克
固体酵种	20	100克
全蛋	20	100克
牛奶	45	225克
黄油	20	100克
香草荚	0.1	1根

预先准备 / Preparation

1 调节水温。
2 将香草荚取籽后与细砂糖充分拌匀，便于后期搅拌分散。
3 将鸡蛋充分打散并过滤，作为后期烘烤时表面的刷蛋液。
4 固体酵种的具体做法请参照P28“固体酵种、液体酵种制作”。

制作过程 / Methods

1

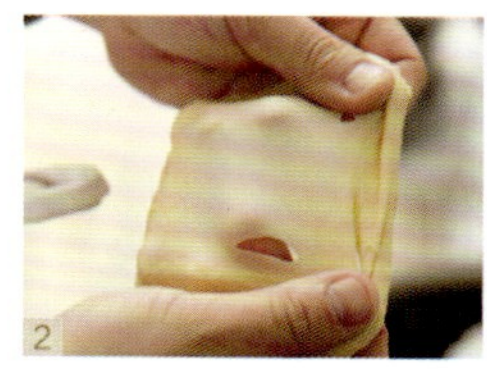

2

3

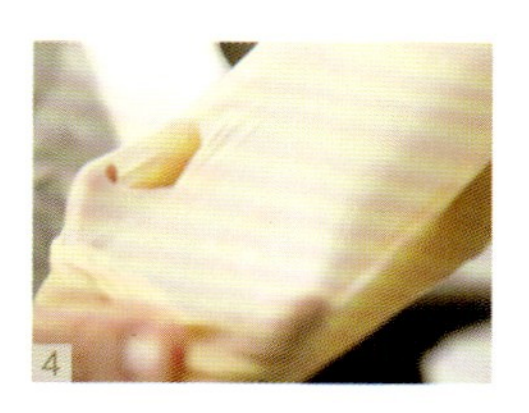

4

和面

1 将除黄油以外的所有材料倒入面缸中，以慢速搅拌均匀成团，无干粉状。
2 转快速搅打至面筋扩展阶段，此时面筋具有弹性及良好的延伸性，并能拉开较好的面筋膜。
3 加入黄油，以慢速搅拌均匀。
4 转快速搅打至面筋完全扩展阶段，此时面筋能拉开大片面筋膜且面筋膜薄，能清晰地看到手指纹。

基础醒发、分割

5 取出面团规整外形，盖上保鲜膜放置在室温基础发酵40分钟，取出，将其分割成45克的面团。

预整形、中间醒发（松弛）

6 预整形滚圆，盖上保鲜膜，放置在室温松弛15分钟。

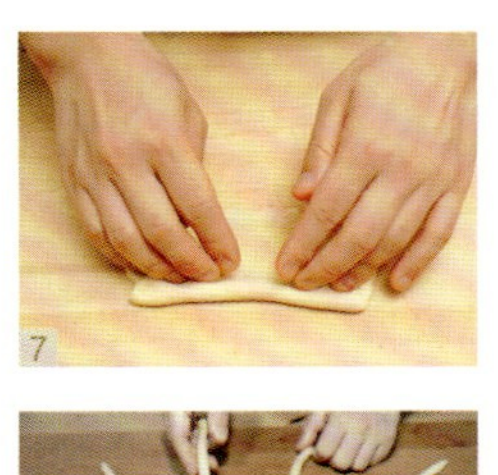

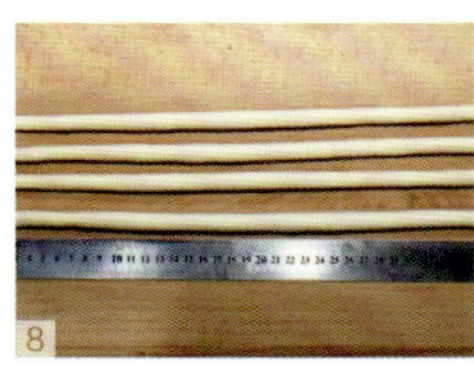

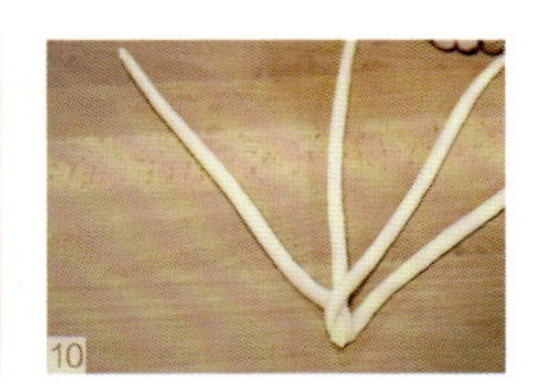

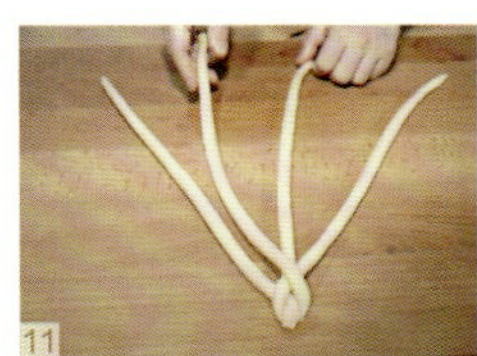

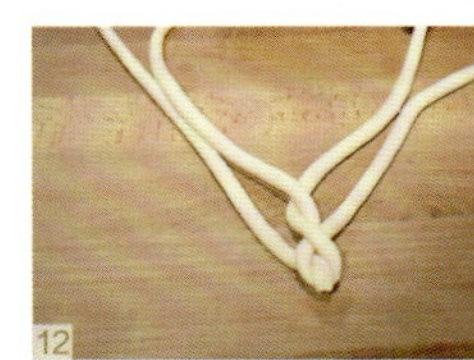

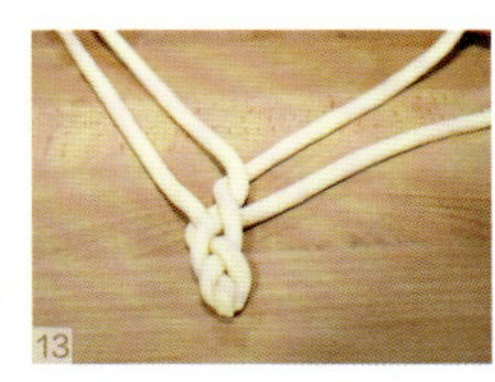

成形

7 将面团擀开，并卷起成条形，盖上保鲜膜放置冷藏松弛10分钟。

8 将其搓长，长度在38厘米左右。

9 取四条面团，将一端相交于一点，另一端散开。左起将面团所在位置依次标记为1～4号位。

10 将4号位面团提起放置在2号位置。

11 将1号位面团提起放置在3号位置。

12 将2号位面团与3号位面团相交一次互换位置。

13 重复“步骤10”～“步骤12”，将面团进行编制完成。

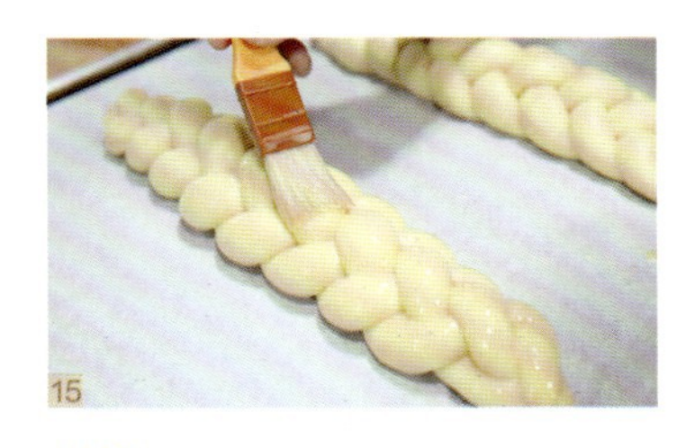

最后醒发

14 将面团两端捏紧，放入醒发箱，以温度28℃、相对湿度80%发酵60分钟。

烘烤

15 表面刷上全蛋液，以上火190℃、下火180℃入炉烘烤13～15分钟，并根据上色情况转盘烘烤，出炉震盘即可。

四股平辫

面团温度	> 26℃
基础醒发	> 室温（26℃），40分钟
分割	> 45克/个，4个/组
中间醒发（松弛）	> 室温（26℃），15分钟
最后醒发	> 温度28℃，相对湿度80%，60分钟
烘焙	> 190℃/180℃，13～15分钟

材料总重量
1155克

制作数量
约6个

扫码看制作视频

配方 / Ingredients

材　料	材料百分比（%）	重　量
T45面粉	100	500克
细砂糖	20	100克
鲜酵母	4	20克
食盐	2	10克
固体酵种	20	100克
全蛋	20	100克
牛奶	45	225克
黄油	20	100克
香草荚	0.1	1根

预先准备 / Preparation

1 调节水温。
2 将香草荚取籽后与细砂糖充分拌匀，便于后期搅拌分散。
3 将鸡蛋充分打散并过滤，作为后期烘烤时表面的刷蛋液。
4 固体酵种的具体做法请参照P28“固体酵种、液体酵种制作”。

制作过程 / Methods

1

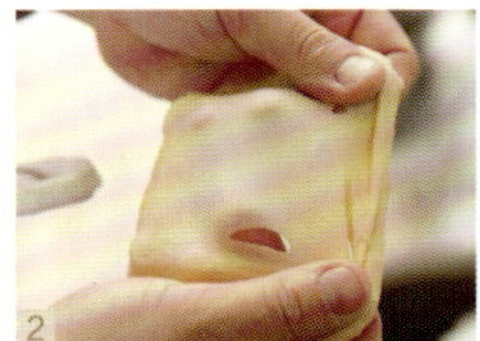
2

3

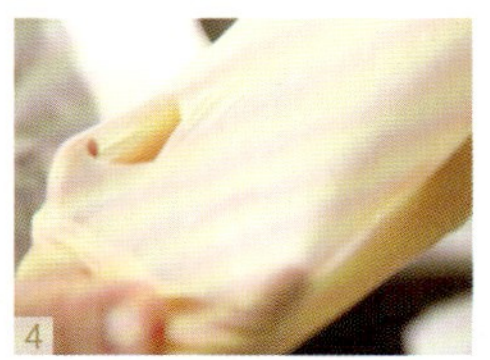
4

和面

1 将除黄油以外的所有材料倒入面缸中，以慢速搅拌均匀成团，无干粉状。
2 转快速搅打至面筋扩展阶段，此时面筋具有弹性及良好的延伸性，并能拉开较好的面筋膜。
3 加入黄油，以慢速搅拌均匀。
4 转快速搅打至面筋完全扩展阶段，此时面筋能拉开大片面筋膜且面筋膜薄，能清晰地看到手指纹。

5

6

基础醒发、分割

5 取出面团规整外形，盖上保鲜膜放置在室温基础发酵40分钟，取出，将其分割成45克的面团。

预整形、中间醒发（松弛）

6 预整形滚圆，盖上保鲜膜，放置在室温松弛15分钟。

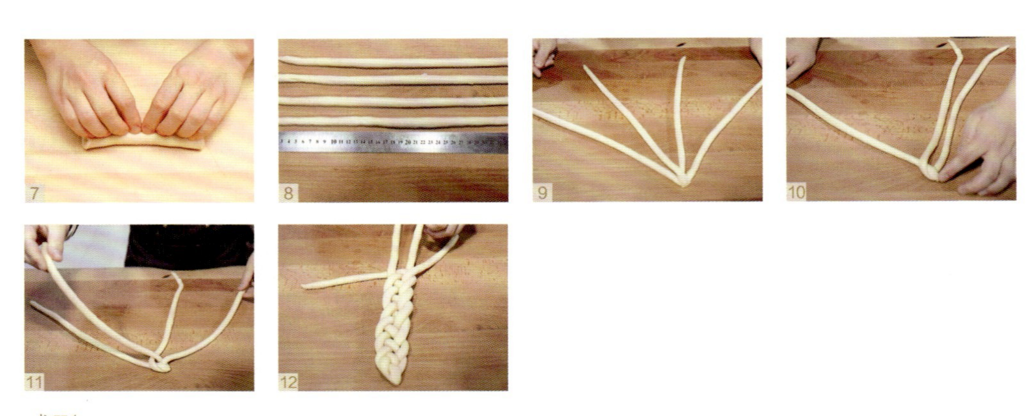

7 8 9 10 11 12

成形

7 将面团擀开，并卷起成条形，盖上保鲜膜放置冷藏松弛10分钟。

8 将其搓长，长度在38厘米左右。

9 取四条面团，将一端相交于一点，另一端散开。左起将面团所在位置依次标记为1～4号位。

10 将4号位面团提起放置在3号位置上。

11 将1号位面团提起，穿过2号位面团的下方，放在3号位置上。

12 重复“步骤10”～“步骤11”，将面团进行编制完成。

13

14

最后醒发

13 将面团两端捏紧，放入醒发箱，以温度28℃、相对湿度80%发酵60分钟。

烘烤

14 表面刷上全蛋液，以上火190℃、下火180℃入炉烘烤13～15分钟，并根据上色情况转盘烘烤，出炉震盘即可。

五股辫

材料总重量
1155克

制作数量
约5个

扫码看制作视频

面团温度	26℃
基础醒发	室温（26℃），40分钟
分割	45克/个，5个/组
中间醒发（松弛）	室温（26℃），15分钟
最后醒发	温度28℃，相对湿度80%，60分钟
烘焙	190℃/180℃，15～17分钟

配方 / Ingredients

材　料	材料百分比（%）	重　量
T45面粉	100	500克
细砂糖	20	100克
鲜酵母	4	20克
食盐	2	10克
固体酵种	20	100克
全蛋	20	100克
牛奶	45	225克
黄油	20	100克
香草荚	0.1	1根

预先准备 / Preparation

1. 调节水温。
2. 将香草荚取籽后与细砂糖充分拌匀，便于后期搅拌分散。
3. 将鸡蛋充分打散并过滤，作为后期烘烤时表面的刷蛋液。
4. 固体酵种的具体做法请参照P28“固体酵种、液体酵种制作”。

制作过程 / Methods

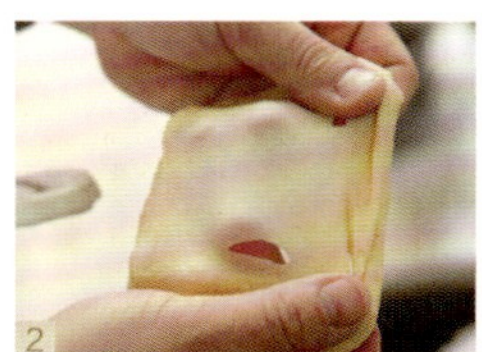

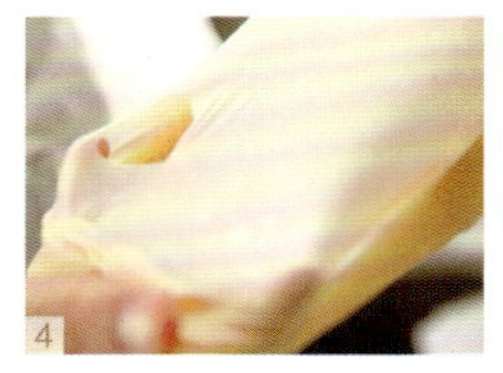

和面

1. 将除黄油以外的所有材料倒入面缸中，以慢速搅拌均匀成团，无干粉状。
2. 转快速搅打至面筋扩展阶段，此时面筋具有弹性及良好的延伸性，并能拉开较好的面筋膜。
3. 加入黄油，以慢速搅拌均匀。
4. 转快速搅打至面筋完全扩展阶段，此时面筋能拉开大片面筋膜且面筋膜薄，能清晰地看到手指纹。

5

6

基础醒发、分割

5 取出面团规整外形，盖上保鲜膜放置在室温基础发酵40分钟，取出，将其分割成45克的面团。

预整形、中间醒发（松弛）

6 预整形滚圆，盖上保鲜膜，放置在室温松弛15分钟。

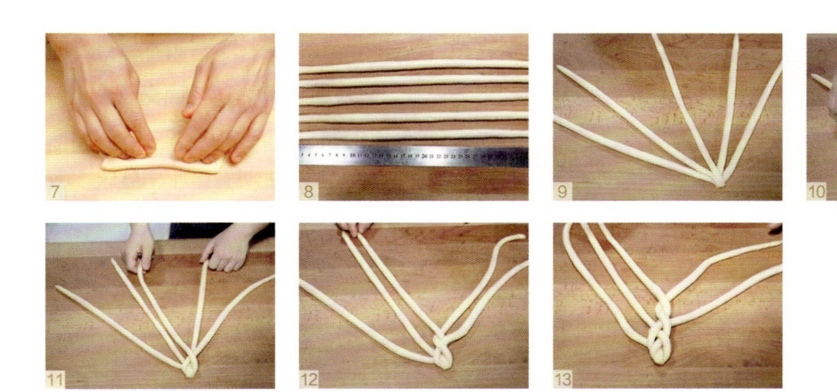

7 8 9 10 11 12 13

成形

7 将面团擀开，并卷起成条形，盖上保鲜膜放置冷藏松弛10分钟。
8 将其搓长，长度在38厘米左右。
9 取五条面团，将一端相交于一点，另一端散开。左起将面团所在位置依次标记为1～5号位。
10 将5号位面团提起放置在2号位置上。
11 将1号位面团提起放置在3号位置上。
12 将2号位面团与3号位面团相交一次互换位置。
13 重复“步骤10”～“步骤12”，至将面团编制完成至收尾阶段。

14

15

最后醒发

14 将四端捏紧收尾，放入醒发箱，以温度28℃、相对湿度80%发酵60分钟。

烘烤

15 表面刷上全蛋液，以上火190℃、下火180℃入炉烘烤15～17分钟，并根据上色情况转盘烘烤，出炉震盘即可。

六股辫

材料总重量
1155克

制作数量
约4个

扫码看制作视频

面团温度	>	26℃
基础醒发	>	室温（26℃），40分钟
分割	>	45克/个，6个/组
中间醒发（松弛）	>	室温（26℃），15分钟
最后醒发	>	温度28℃，相对湿度80%，60分钟
烘焙	>	190℃/180℃，15～18分钟

配方 / Ingredients

材　料	材料百分比（%）	重　量
T45面粉	100	500克
细砂糖	20	100克
鲜酵母	4	20克
食盐	2	10克
固体酵种	20	100克
全蛋	20	100克
牛奶	45	225克
黄油	20	100克
香草荚	0.1	1根

预先准备 / Preparation

1 调节水温。

2 将香草荚取籽后与细砂糖充分拌匀，便于后期搅拌分散。

3 将鸡蛋充分打散并过滤，作为后期烘烤时表面的刷蛋液。

4 固体酵种的具体做法请参照P28“固体酵种、液体酵种制作”。

制作过程 / Methods

1

2

3

4

和面

1 将除黄油以外的所有材料倒入面缸中，以慢速搅拌均匀成团，无干粉状。

2 转快速搅打至面筋扩展阶段，此时面筋具有弹性及良好的延伸性，并能拉开较好的面筋膜。

3 加入黄油，以慢速搅拌均匀。

4 转快速搅打至面筋完全扩展阶段，此时面筋能拉开大片面筋膜且面筋膜薄，能清晰地看到手指纹。

基础醒发、分割

5 取出面团规整外形，盖上保鲜膜放置在室温基础发酵40分钟，取出，将其分割成45克的面团。

预整形、中间醒发（松弛）

6 预整形滚圆，盖上保鲜膜，放置在室温松弛15分钟。

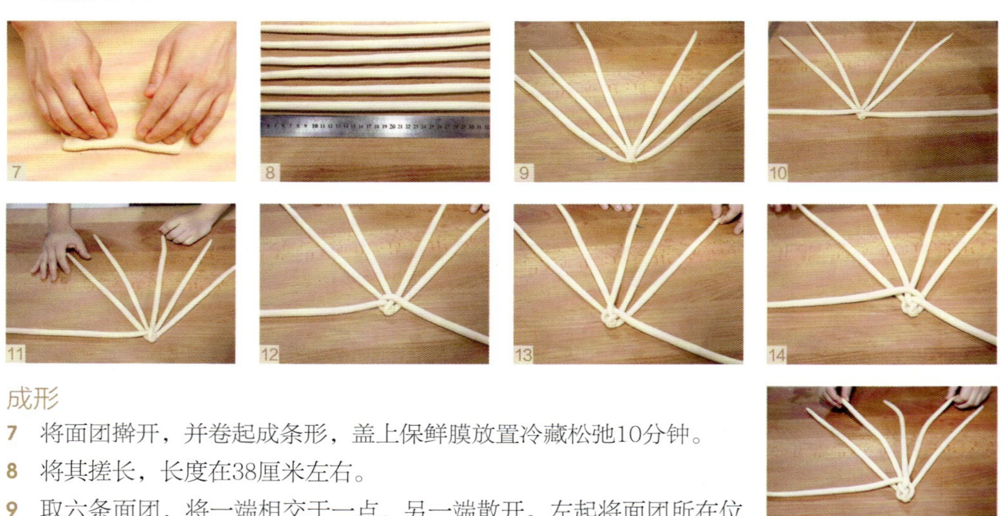

成形

7 将面团擀开，并卷起成条形，盖上保鲜膜放置冷藏松弛10分钟。

8 将其搓长，长度在38厘米左右。

9 取六条面团，将一端相交于一点，另一端散开。左起将面团所在位置依次标记为1～6号位。

10 将1号位面团与6号位面团相交一次，互换位置。

11 将1号位面团提起放置在3号位置上。

12 将5号位面团提起放置在1号位置上。

13 将6号位面团提起放置在4号位置上。

14 将2号位面团提起放置在6号位置上。

15 重复“步骤11”～“步骤14”，将面团进行编制完成。

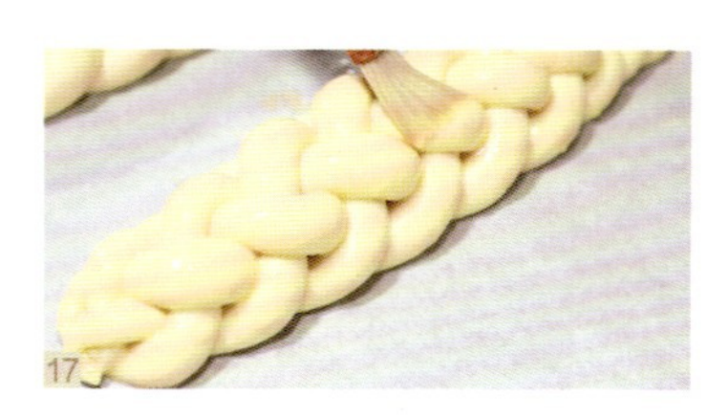

最后醒发

16 将四端捏紧收尾，放入醒发箱，以温度28℃、相对湿度80%发酵60分钟。

烘烤

17 表面刷上全蛋液，以上火190℃、下火180℃入炉烘烤15～18分钟，并根据上色情况转盘烘烤，出炉震盘即可。

七股辫

材料总重量
1155克

制作数量
约3个

扫码看制作视频

面团温度	>	26℃
基础醒发	>	室温（26℃），40分钟
分割	>	45克/个，7个/组
中间醒发（松弛）	>	室温（26℃），15分钟
最后醒发	>	温度28℃，相对湿度80%，60分钟
烘焙	>	190℃/180℃，16～18分钟

配方 / Ingredients

材　料	材料百分比（%）	重　量
T45面粉	100	500克
细砂糖	20	100克
鲜酵母	4	20克
食盐	2	10克
固体酵种	20	100克
全蛋	20	100克
牛奶	45	225克
黄油	20	100克
香草荚	0.1	1根

预先准备 / Preparation

1 调节水温。

2 将香草荚取籽后与细砂糖充分拌匀，便于后期搅拌分散。

3 将鸡蛋充分打散并过滤，作为后期烘烤时表面的刷蛋液。

4 固体酵种的具体做法请参照P28“固体酵种、液体酵种制作”。

制作过程 / Methods

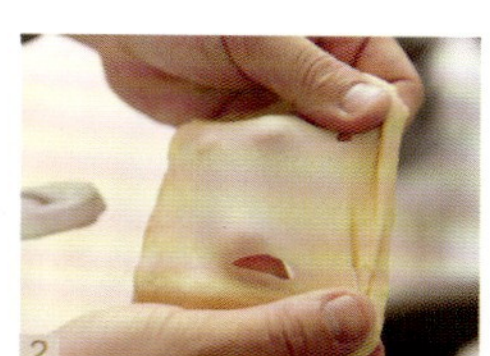

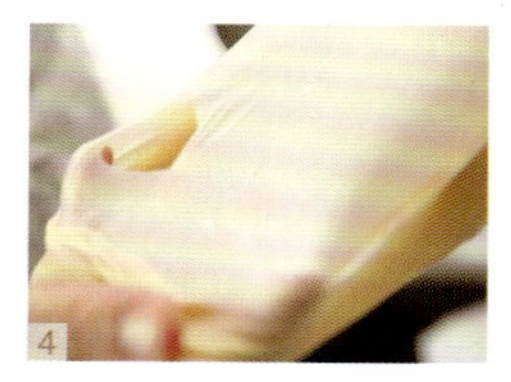

和面

1 将除黄油以外的所有材料倒入面缸中，以慢速搅拌均匀成团，无干粉状。

2 转快速搅打至面筋扩展阶段，此时面筋具有弹性及良好的延伸性，并能拉开较好的面筋膜。

3 加入黄油，以慢速搅拌均匀。

4 转快速搅打至面筋完全扩展阶段，此时面筋能拉开大片面筋膜且面筋膜薄，能清晰地看到手指纹。

基础醒发、分割

5 取出面团规整外形，盖上保鲜膜放置在室温基础发酵40分钟，取出，将其分割成45克的面团。

预整形、中间醒发（松弛）

6 预整形滚圆，盖上保鲜膜，放置在室温松弛15分钟。

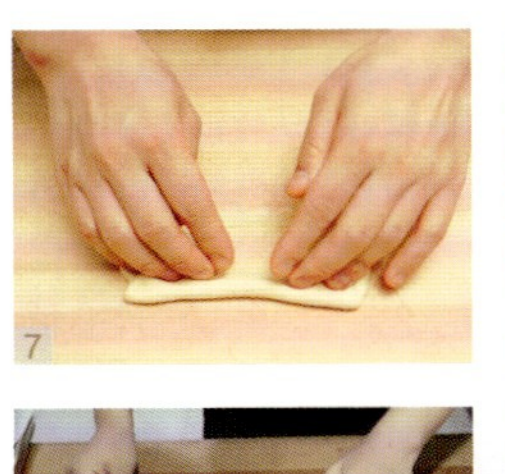

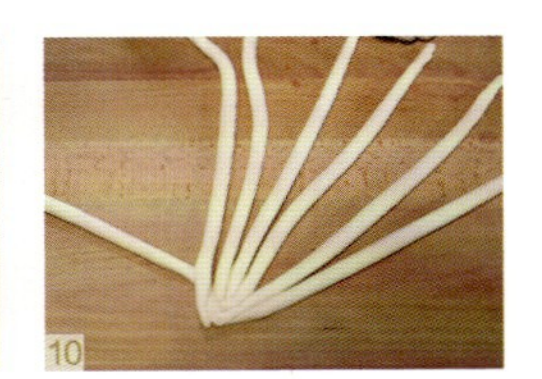

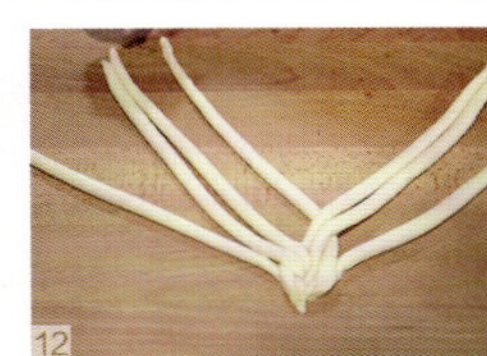
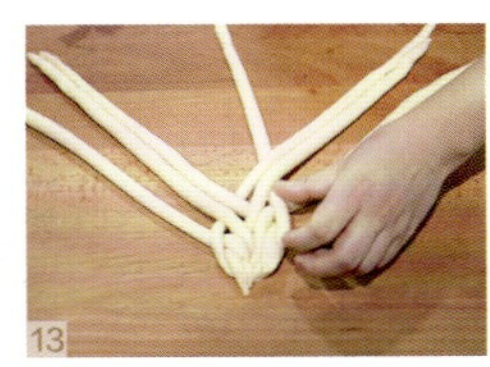

成形

7 将面团擀开，并卷起成条形，盖上保鲜膜放置冷藏松弛10分钟。

8 将其搓长，长度在38厘米左右。

9 取七条面团，将一端相交于一点，另一端散开。左起将面团所在位置依次标记为1～7号位。

10 将7号位面团提起放置在6号位置上。

11 将4号位和5号位面团同时提起放置在5号位和6号位上。

12 将3号位和4号位面团同时提起放置在2号位和3号位上。

13 重复“步骤10”～“步骤12”，将面团进行编制完成。

最后醒发

14 将四端捏紧收尾，放入醒发箱，以温度28℃、相对湿度80%发酵60分钟。

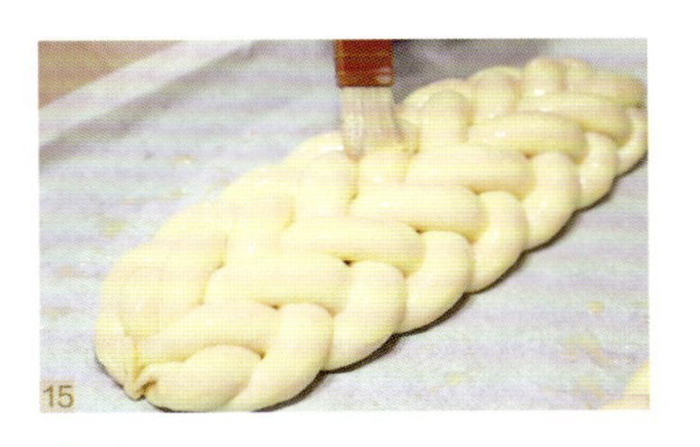

烘烤

15 表面刷上全蛋液，以上火190℃、下火180℃入炉烘烤16～18分钟，并根据上色情况转盘烘烤，出炉震盘即可。

八股辫

材料总重量
1155克

制作数量
约3个

扫码看制作视频

面团温度	26℃
基础醒发	室温（26℃），40分钟
分割	45克/个，8个/组
中间醒发（松弛）	室温（26℃），15分钟
最后醒发	温度28℃，相对湿度80%，60分钟
烘焙	180℃/170℃，18～20分钟

配方 / Ingredients

材　料	材料百分比(%)	重　量
T45面粉	100	500克
细砂糖	20	100克
鲜酵母	4	20克
食盐	2	10克
固体酵种	20	100克
全蛋	20	100克
牛奶	45	225克
黄油	20	100克
香草荚	0.1	1根

预先准备 / Preparation

1 调节水温。

2 将香草荚取籽后与细砂糖充分拌匀，便于后期搅拌分散。

3 将鸡蛋充分打散并过滤，作为后期烘烤时表面的刷蛋液。

4 固体酵种的具体做法请参照P28“固体酵种、液体酵种制作”。

制作过程 / Methods

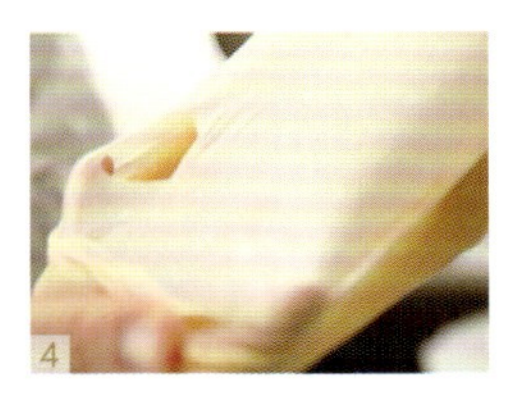

和面

1 将除黄油以外的所有材料倒入面缸中，以慢速搅拌均匀成团，无干粉状。

2 转快速搅打至面筋扩展阶段，此时面筋具有弹性及良好的延伸性，并能拉开较好的面筋膜。

3 加入黄油，以慢速搅拌均匀。

4 转快速搅打至面筋完全扩展阶段，此时面筋能拉开大片面筋膜且面筋膜薄，能清晰地看到手指纹。

基础醒发、分割

5 取出面团规整外形，盖上保鲜膜放置在室温基础发酵40分钟，取出，将其分割成45克的面团。

预整形、中间醒发（松弛）

6 预整形滚圆，盖上保鲜膜，放置在室温松弛15分钟。

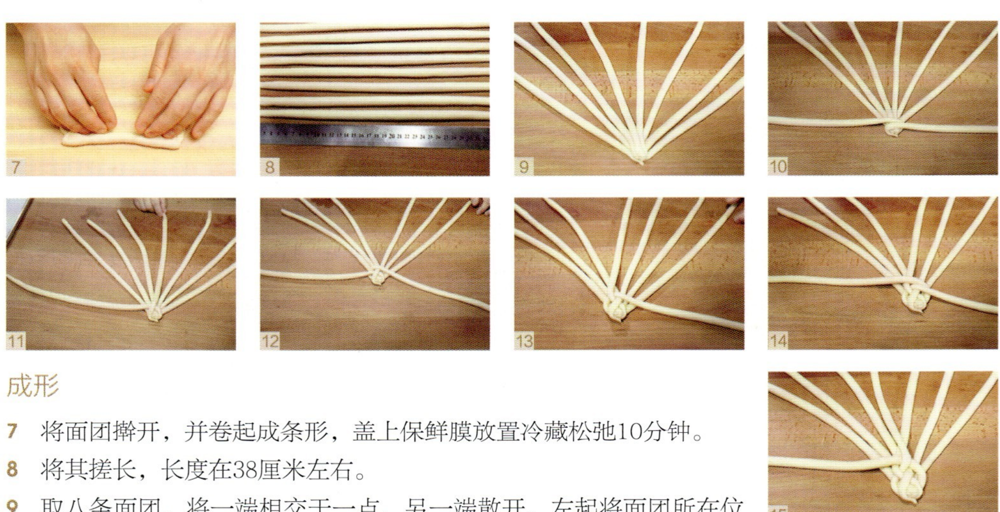

成形

7 将面团擀开，并卷起成条形，盖上保鲜膜放置冷藏松弛10分钟。

8 将其搓长，长度在38厘米左右。

9 取八条面团，将一端相交于一点，另一端散开。左起将面团所在位置依次标记为1～8号位。

10 将1号位面团和8号位面团同时提起，互换位置。

11 将1号位面团提起放置在4号位置上。

12 将7号位面团提起放置在1号位置上。

13 将8号位面团提起放置在5号位置上。

14 将2号位面团提起放置在8号位置上。

15 重复“步骤11” ～ “步骤14”，将面团进行编制完成。

最后醒发

16 将四端捏紧收尾，放入醒发箱，以温度28℃、相对湿度80%发酵60分钟。

烘烤

17 表面刷上全蛋液，以上火180℃、下火170℃入炉烘烤18～20分钟，并根据上色情况转盘烘烤，出炉震盘即可。

九股辫

材料总重量
1155克

制作数量
约2个

扫码看制作视频

面团温度	>	26℃
基础醒发	>	室温（26℃），40分钟
分割	>	45克/个，9个/组
中间醒发（松弛）	>	室温（26℃），15分钟
最后醒发	>	温度28℃，相对湿度80%，60分钟
烘焙	>	180℃/170℃，18～20分钟

配方 / Ingredients

材　料	材料百分比（%）	重　量
T45面粉	100	500克
细砂糖	20	100克
鲜酵母	4	20克
食盐	2	10克
固体酵种	20	100克
全蛋	20	100克
牛奶	45	225克
黄油	20	100克
香草荚	0.1	1根

预先准备 / Preparation

1 调节水温。
2 将香草荚取籽后与细砂糖充分拌匀，便于后期搅拌分散。
3 将鸡蛋充分打散并过滤，作为后期烘烤时表面的刷蛋液。
4 固体酵种的具体做法请参照P28“固体酵种、液体酵种制作”。

制作过程 / Methods

1

2

3

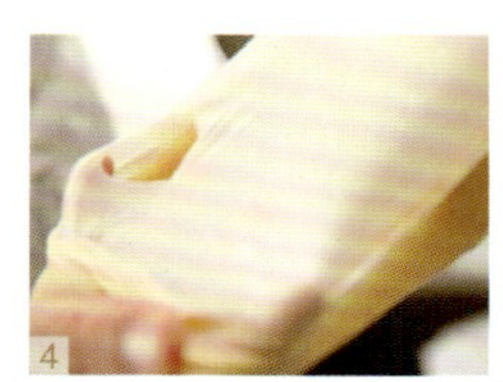

4

和面

1 将除黄油以外的所有材料倒入面缸中，以慢速搅拌均匀成团，无干粉状。
2 转快速搅打至面筋扩展阶段，此时面筋具有弹性及良好的延伸性，并能拉开较好的面筋膜。
3 加入黄油，以慢速搅拌均匀。
4 转快速搅打至面筋完全扩展阶段，此时面筋能拉开大片面筋膜且面筋膜薄，能清晰地看到手指纹。

5

基础醒发、分割

5 取出面团规整外形，盖上保鲜膜放置在室温基础发酵40分钟，取出，将其分割成45克的面团。

6

预整形、中间醒发（松弛）

6 预整形滚圆，盖上保鲜膜，放置在室温松弛15分钟。

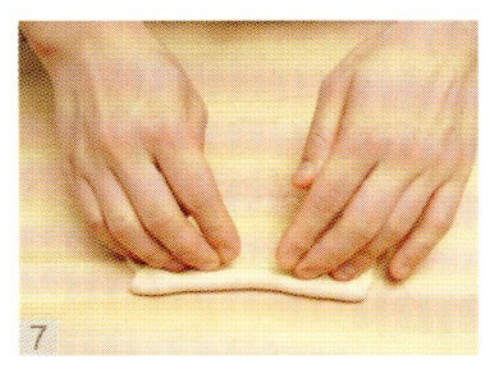
7

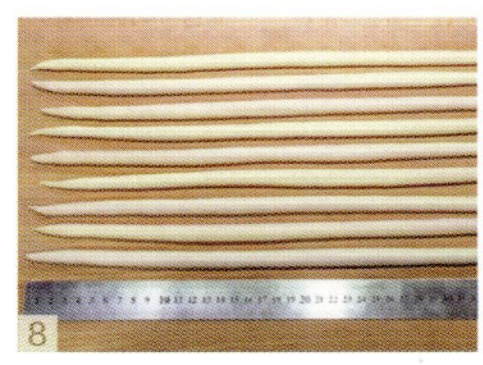
8

9

10-1

10-2

11

12

成形

7 将面团擀开，并卷起成条形，盖上保鲜膜放置冷藏松弛10分钟。

8 将其搓长，长度在38厘米左右。

9 取9条面团，将一端相交于一点，另一端散开。左起将面团所在位置依次标记为1～9号位。

10 将5号位、6号位及7号位面团看作一体，同时提起，与9号位面团相交一次，前者落在6至8号位，后者落在5号位。

11 将3号位、4号位及5号位面团看作一体，同时提起，与1号位面团相交一次，前者落在2至4号位，后者落在5号位。

12 重复“步骤10”～“步骤11”，将面团进行编制完成。

13

最后醒发

13 将四端捏紧收尾，放入醒发箱，以温度28℃、相对湿度80%发酵60分钟。

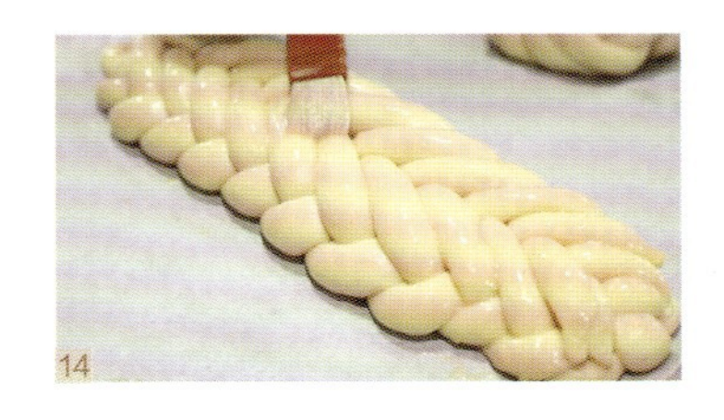
14

烘烤

14 表面刷上全蛋液，以上火180℃、下火170℃入炉烘烤18～20分钟，并根据上色情况转盘烘烤，出炉震盘即可。

温斯顿结

材料总重量
1155克

制作数量
约4个

扫码看制作视频

面团温度 > 26℃

基础醒发 > 室温（26℃），40分钟

分割 > 45克/个，6个/组

中间醒发（松弛） > 室温（26℃），15分钟

最后醒发 > 温度28℃，相对湿度80%，60分钟

烘焙 > 170℃/170℃，22~25分钟

配方 / Ingredients

材　料	材料百分比（%）	重　量
T45面粉	100	500克
细砂糖	20	100克
鲜酵母	4	20克
食盐	2	10克
固体酵种	20	100克
全蛋	20	100克
牛奶	45	225克
黄油	20	100克
香草荚	0.1	1根

预先准备 / Preparation

1 调节水温。

2 将香草荚取籽后与细砂糖充分拌匀，便于后期搅拌分散。

3 将鸡蛋充分打散并过滤，作为后期烘烤时表面的刷蛋液。

4 固体酵种的具体做法请参照P28“固体酵种、液体酵种制作”。

制作过程 / Methods

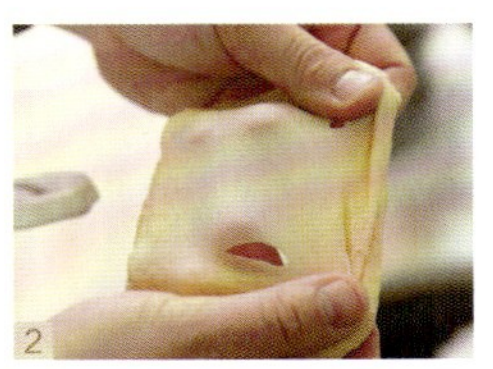

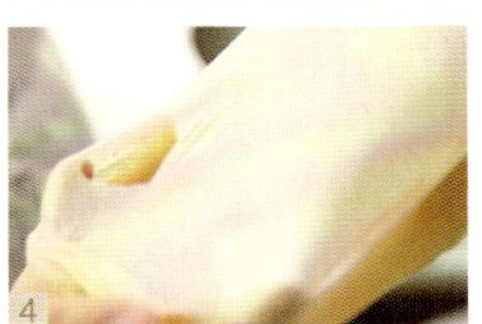

和面

1 将除黄油以外的所有材料倒入面缸中，以慢速搅拌均匀成团，无干粉状。

2 转快速搅打至面筋扩展阶段，此时面筋具有弹性及良好的延伸性，并能拉开较好的面筋膜。

3 加入黄油，以慢速搅拌均匀。

4 转快速搅打至面筋完全扩展阶段，此时面筋能拉开大片面筋膜且面筋膜薄，能清晰地看到手指纹。

基础醒发、分割

预整形、中间醒发（松弛）

5 取出面团规整外形，盖上保鲜膜放置在室温基础发酵40分钟，取出，将其分割成45克的面团。

6 预整形滚圆，盖上保鲜膜，放置在室温松弛15分钟。

成形

7 将面团擀开，并卷起成条形，盖上保鲜膜放置冷藏松弛10分钟。
8 将其搓长，长度在60厘米左右。
9 取6条，每3根首尾相并为一组，再将两组呈“X”形交叉摆放，相交垂直。
10 将右上角一端围绕交叉点向左下方弯折，从左侧起标记每组面团所在位置依次为1~4号位。
11 将1号位面团与2号位面团相交一次（2号位面团在上方），前者落在3号位上，后者落在1号位上。
12 将4号位面团搭在3号位面团上，交换位置。
13 重复“步骤11”~“步骤12”，至将面团编制完成至收尾阶段，捏紧尾端。
14 将尾端往顶端部位弯折卷起。

最后醒发

15 修整整体外观，使整体更圆。放入醒发箱，以温度28℃、相对湿度80%发酵60分钟。

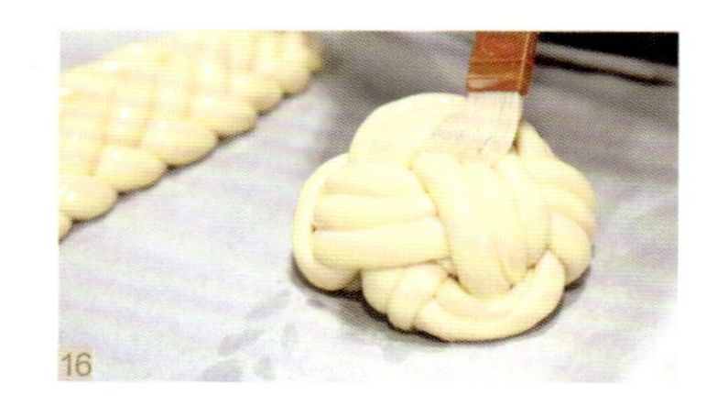

烘烤

16 表面刷上全蛋液，以上火170℃、下火170℃入炉烘烤22~25分钟，并根据上色情况转盘烘烤，出炉震盘即可。

CHAPTER 04

布里欧修

布里欧修介绍

布里欧修是法国传统面包，含油量较大，外皮金黄酥脆，内部超级柔软，常作为点心来食用。布里欧修的制作历史已经非常久远，最初只采用低价的黄油制品、鸡蛋和面粉制作而成，是一款非常平民的食物。后期经过改良，增加了馅料，配料多样化。原味的布里欧修可以很明显地感受到黄油的乳脂香味，含有馅料的布里欧修则会带给食用者蛋糕般的享受。

在布里欧修的制作过程中，用油量越大，对应的制作难度就越大，口味也会更加香醇。面团的搅拌是制作好布里欧修面包的重中之重，难点也较多，不易把控，尤其是对其面团筋度的把控需要格外注意。

详细的搅拌过程与细节注意点请参照理论部分P45“第二种搅拌方式——含油搅拌”。

覆盆子酥饼
果仁布里欧修

 材料总重量
1245克

 制作数量
约22个

巧克力酥饼

 材料总重量
267克

 制作数量
约22个

材 料	重 量
黄油	90克
糖粉	85克
可可粉	12克
T45面粉	80克

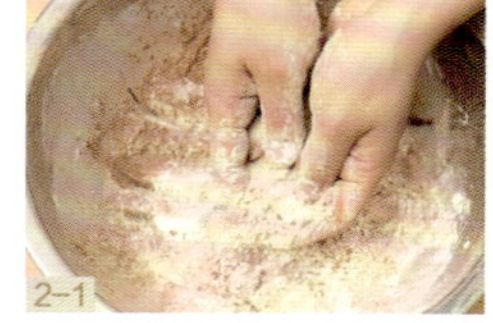

制作步骤

1 将糖粉、可可粉和T45面粉过筛混匀。

2 加入黄油搓至均匀即可。

覆盆子果仁馅

 材料总重量
880克

 制作数量
约22个

材 料	重 量
黄油	100克
食盐	1克
细砂糖	90克
蜂蜜	90克
葡萄糖浆	90克
覆盆子粉	20克
扁桃仁（熟）	70克

材 料	重 量
腰果（熟）	70克
去皮绿开心果碎	70克
草莓干	70克
杏子干	70克
葡萄干	70克
蔓越莓干	70克

准备工作

将扁桃仁和腰果用上火150℃、下火150℃烘焙15分钟，冷却。再将所有果干切成果干碎备用。

制作步骤

1 将黄油加热融化。
2 加入食盐、细砂糖、蜂蜜和葡萄糖浆一起加热融化，冒小泡。
3 转小火，加入所有果干碎拌至均匀。
4 关火，加入覆盆子粉拌至均匀，冷却即可使用。

面包制作

配方 / Ingredients

材　料	材料百分比（%）	重　量
T45面粉	100	500克
细砂糖	20	100克
鲜酵母	4	20克
食盐	2	10克
固体酵种	20	100克
蛋黄	28	140克
牛奶	35	175克
黄油	40	200克
香草荚	0.1	1根

装饰原料 / Decorative materials

防潮糖粉	适量
蜂蜜	适量
去皮绿开心果碎	适量

预先准备 / Preparation

1 调节水温。
2 将香草荚取籽后与细砂糖充分拌匀，便于后期搅拌分散。
3 制作馅料冷却备用。
4 准备模具：星形模具。
5 模具中喷入食品脱模油。

面团温度 > 24℃
基础醒发 > 室温（26℃），60分钟
分割 > 55克/个
中间醒发（松弛） > 室温15分钟
最后醒发 > 温度（28℃），相对湿度80%，60分钟
烘焙 > 210℃/200℃，12～15分钟

制作过程 / Methods

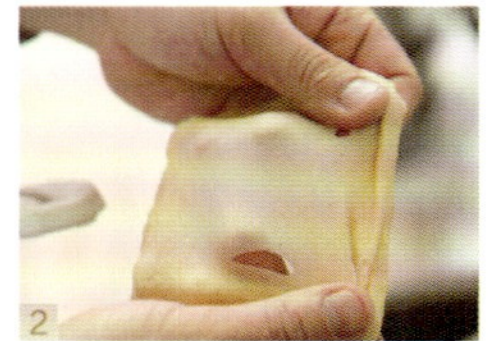

和面

1 将除黄油以外的所有材料倒入面缸中，以慢速搅拌均匀成团，无干粉状。
2 转快速搅打至面筋扩展阶段，此时面筋具有弹性及良好的延伸性，并能拉开较好的面筋膜。
3 加入黄油，以慢速搅拌均匀。
4 转快速搅打至面筋完全扩展阶段，此时面筋能拉开大片面筋膜且面筋膜薄，能清晰地看到手指纹。

基础醒发、分割

5 取出面团规整外形，盖上保鲜膜放置在室温基础发酵60分钟，取出将其分割成55克的面团。

预整形、中间醒发（松弛）

6 预整形滚圆，盖上保鲜膜放置在室温松弛15分钟。

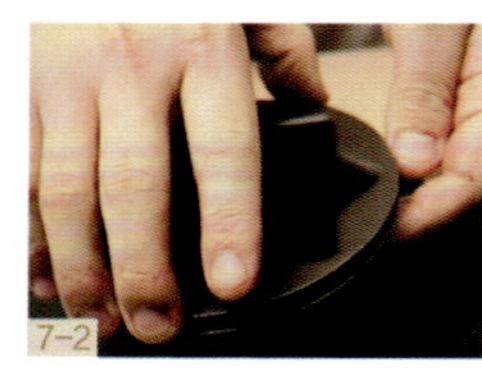

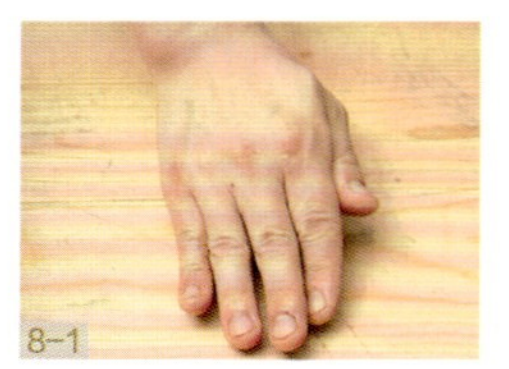

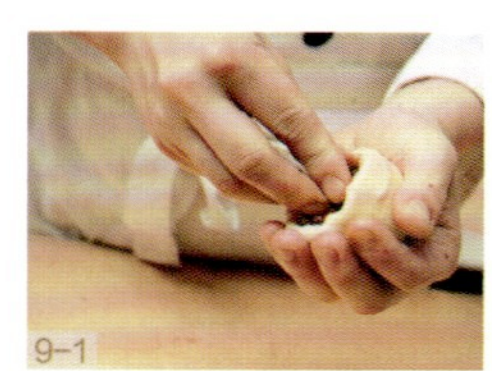

成形

7 在星型模具中放入16克的巧克力酥饼，取另一个星型模具压于表面，使巧克力酥饼变平整。
8 取出一个面团，手掌微微凹陷，把面团压至中间稍厚、两边较薄。
9 将面团放于手中，并将手半握并包入40克覆盆子果仁馅，将接口处边缘面团捏紧。
10 接口朝上，放入有巧克力酥饼的星形模具中。

最后醒发

11 放入醒发箱，以温度28℃、相对湿度80%发酵60分钟。

烘焙

12 表面压上烤盘，以上火210℃、下火200℃入炉烘烤12～15分钟，出炉震盘冷却。

成品装饰

13 准备防潮糖粉、蜂蜜、去皮绿开心果碎。

14 取出冷却的面包，在底部边缘刷上一圈适量蜂蜜。

15 沾上一圈去皮绿开心果碎。

16 表面放上模具并筛上一层防潮糖粉进行装饰即可。

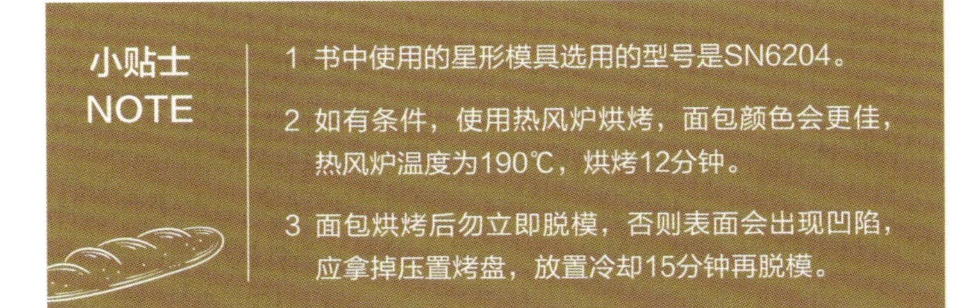

小贴士 NOTE

1 书中使用的星形模具选用的型号是SN6204。

2 如有条件，使用热风炉烘烤，面包颜色会更佳，热风炉温度为190℃，烘烤12分钟。

3 面包烘烤后勿立即脱模，否则表面会出现凹陷，应拿掉压置烤盘，放置冷却15分钟再脱模。

蒙布朗柚子布里欧修

材料总重量
1245克

制作数量
约20个

蒙布朗柚子馅

材料总重量
417克

制作数量
约20个

材 料	重 量
T45面粉	155克
糖粉	125克
黄油	58克
泡打粉	2克
全蛋	60克
柚子汁	20克

制作步骤

将所有原料全部搅拌均匀（成泥状），装入裱花袋备用。

准备工作

将T45面粉和泡打粉过筛，准备裱花袋。

面包制作

配方 / Ingredients

材 料	材料百分比（%）	重 量
T45面粉	100	500克
细砂糖	20	100克
鲜酵母	4	20克
食盐	2	10克
固体酵种	20	100克
蛋黄	28	140克
牛奶	35	175克
黄油	40	200克
香草荚	0.1	1根

装饰原料 / Decorative materials

蜂蜜柚子酱	200克
丹麦边料	220克
糖粉	适量

预先准备 / Preparation

1 调节水温。
2 将香草荚取籽后与细砂糖充分拌匀，便于后期搅拌分散。
3 制作馅料备用。
4 准备模具：自制弯月形模具。
5 模具中裁剪同等大小的烘焙纸，并围入模具中。
6 模具中喷入食品脱模油。
7 将鸡蛋充分打散并过滤，作为后期烘烤时表面的刷蛋液。

面团温度	> 24℃
基础醒发	> 室温（26℃），60分钟
分割	> 20克/个
中间醒发（松弛）	> 室温（26℃），10分钟
最后醒发	> 温度（28℃），相对湿度80%，60分钟
烘焙	> 190℃/190℃，12～15分钟

制作过程 / Methods

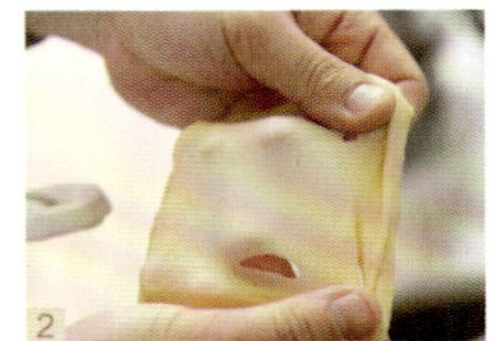

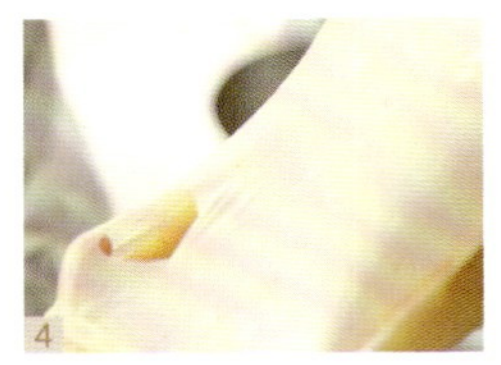

和面

1 将除黄油以外的所有材料倒入面缸中，以慢速搅拌均匀成团，无干粉状。
2 转快速搅打至面筋扩展阶段，此时面筋具有弹性及良好的延伸性，并能拉开较好的面筋膜。
3 加入黄油，以慢速搅拌均匀。
4 转快速搅打至面筋完全扩展阶段，此时面筋能拉开大片面筋膜且面筋膜薄，能清晰地看到手指纹。

基础醒发、分割

5 取出面团规整外形，盖上保鲜膜放置在室温基础发酵60分钟，取出将其分割成20克的面团。

预整形、中间醒发（松弛）

6 预整形滚圆，盖上保鲜膜放置在室温松弛10分钟。

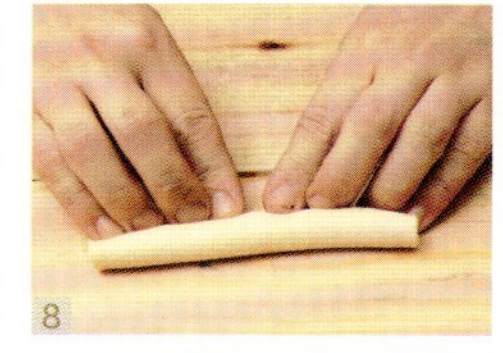
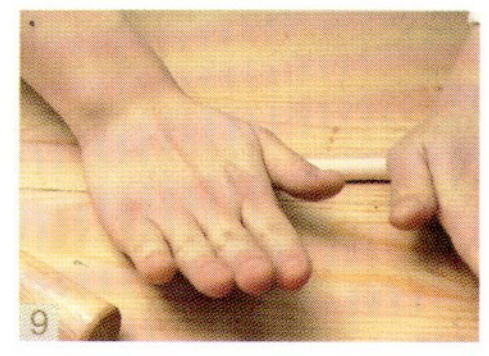
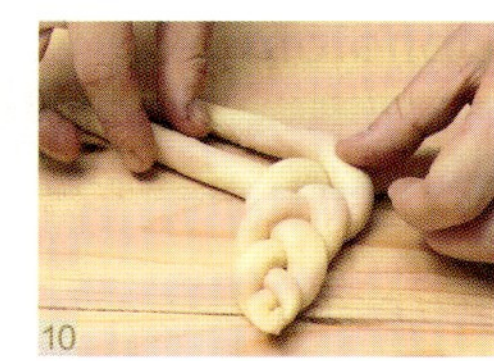
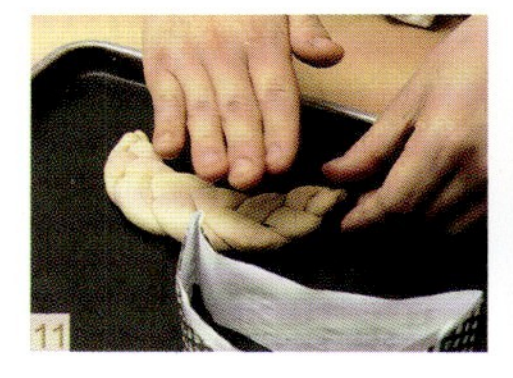

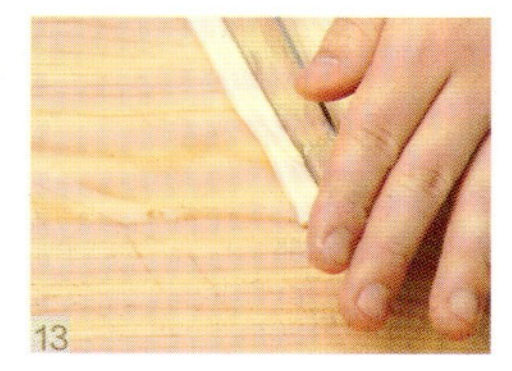

成形

7 取出面团，并将其擀开。
8 将面团卷起成条状。
9 将条状面团搓长至16厘米。
10 编制成三股辫（辫法参照P75三股辫）。
11 将三股辫弯成月形。
12 并放入围有裁剪同等大小的烘焙纸自制弯月形模具中。
13 取一块丹麦边料（厚度为0.4厘米），切成宽度为1厘米，长度为16厘米的长条。
14 取两长条拧卷在一起。
15 弯放置在面团上。

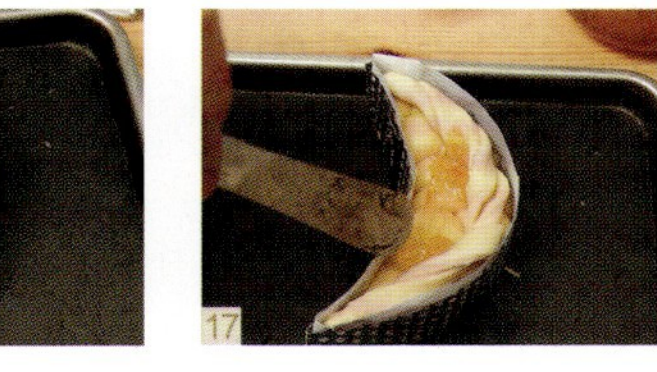
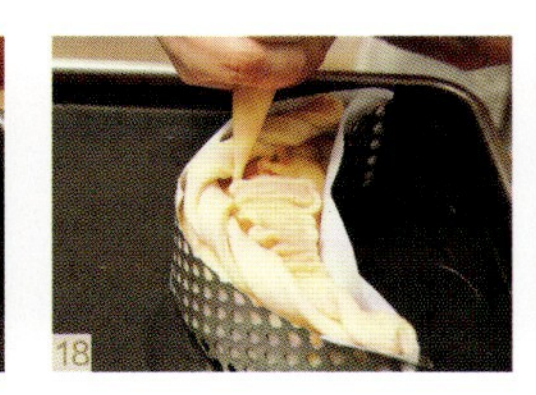

最后醒发

16 放入醒发箱，以温度28℃、相对湿度80%发酵60分钟。

烘焙

17 取出刷上全蛋液，表面涂抹上10克蜂蜜柚子酱（丹麦面上不用涂抹）。
18 表面挤上一层蒙布朗柚子馅（丹麦面上不用挤）。
19 表面筛上两次糖粉，以上火190℃、下火190℃入炉烘烤12～15分钟，出炉震盘立即脱模冷却。

小贴士 NOTE

1 书中使用的自制弯月形模具可选用SN3582型代替。
2 冷藏保存的蒙布朗柚子馅使用时须提前放在常温回软，避免冷藏过硬而导致挤不出来。
3 注意上火不宜过高，否则导致表面上色。

牛奶玫瑰布里欧修

材料总重量
1245克

制作数量
约22个

花纹面糊

材料总重量
321.5克

制作数量
约22个

材料	重量
蛋白	75克
葡萄糖浆	22.5克
糖粉	67克
T55面粉	82克
黄油	75克
黑色色淀	适量

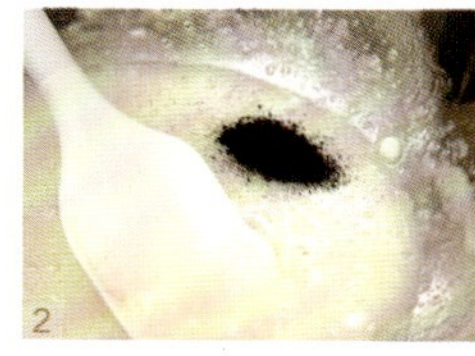

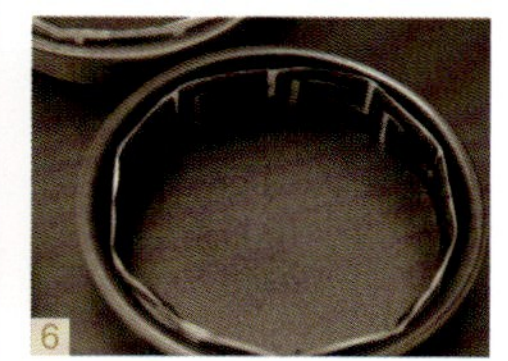

制作步骤

1 将蛋白、糖粉和葡萄糖浆充分搅拌均匀。

2 加入黑色色淀充分拌匀。

3 加入过筛T55面粉充分拌匀，不宜搅拌过度，以免起筋。

4 加入隔水融化的黄油充分拌匀。

5 平铺于花纹矽利康模具中，抹整齐，表面盖上烘焙纸并以上火140℃、下火150℃烘焙8分钟。

6 倒扣取出，裁剪成和圆形模具大小一致，放入模具中备用。

准备工作

低筋粉过筛、黄油隔水（45℃）融化、烤箱预热（上火140℃、下火150℃）、花纹矽利康模具（三能）、圆形模具。

焦糖奶油

材料总重量
577克

制作数量
约22个

材　料	重　量
细砂糖	115克
牛奶（温）	340克
鸡蛋	67克
蛋黄	20克
玉米淀粉	30克
盐之花	5克

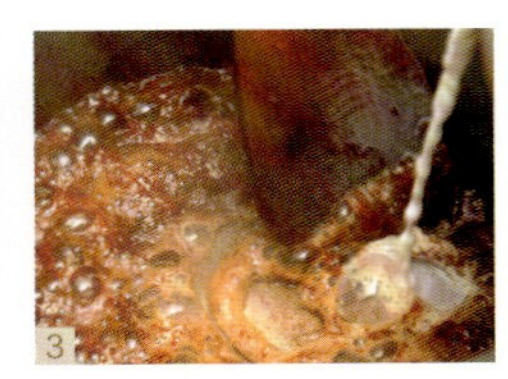

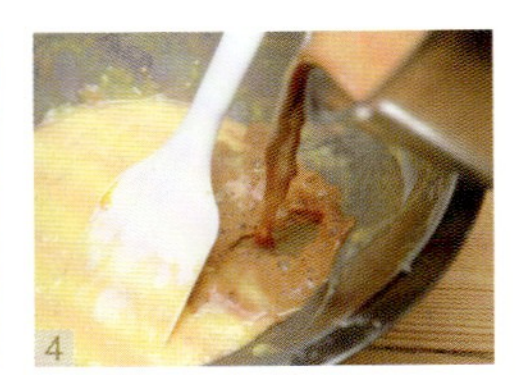

制作步骤

1. 先将鸡蛋、蛋黄、玉米淀粉和1/3的牛奶充分拌匀。
2. 细砂糖小火加热至焦糖色。
3. 加入2/3的温牛奶（45℃）（使用冷牛奶加入时会导致焦糖飞溅，以免烫伤），中火加热搅拌至冒大泡。
4. 将步骤3倒一半至1步骤中充分拌匀。
5. 将步骤4倒回步骤3并以中火加热搅拌至浓稠状。
6. 装入裱花袋中，挤入15连布丁模并挤满，放入冰箱冷冻30分钟（冻硬）。

准备工作

裱花袋、15连布丁模（三能）。

牛奶米

材料总重量
395克

制作数量
约22个

材　料	重　量
牛奶	330克
细砂糖	20克
大米	35克
黄油	10克

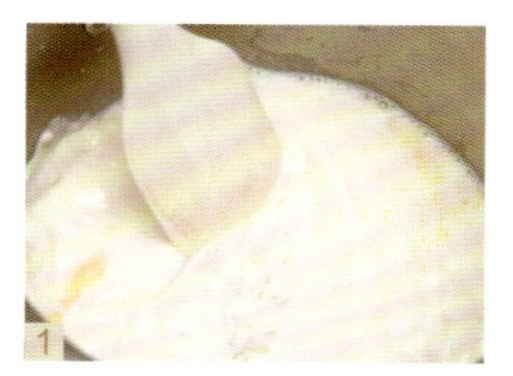

制作步骤

1 将所有材料倒入锅中加热。
2 小火慢慢熬至浓稠状（需要时搅拌一下，以免糊底）。
3 装入裱花袋，并挤满至15连半球模中，放入冰箱冷冻30分钟（冻硬）。

准备工作

准备裱花袋、15连半球模。

面包制作

配方 / Ingredients

材　料	材料百分比（%）	重　量
T45面粉	100	500克
细砂糖	20	100克
鲜酵母	4	20克
食盐	2	10克
固体酵种	20	100克
蛋黄	28	140克
牛奶	35	175克
黄油	40	200克
香草荚	0.1	1根

装饰原料 / Decorative materials

杏仁条	220克
玫瑰花碎	适量
蜂蜜	适量

预先准备 / Preparation

1 调节水温。
2 将香草荚取籽后与细砂糖充分拌匀，便于后期搅拌分散。
3 制作馅料，冷却备用。
4 准备模具：圆形模具。
5 模具中喷入食品脱模油。
6 模具中围上烘焙好的花纹边。
7 将鸡蛋充分打散并过滤，作为后期烘烤时表面的刷蛋液。

面团温度 ＞ 24℃
基础醒发 ＞ 室温（26℃），60分钟
分割 ＞ 55克/个
中间醒发（松弛） ＞ 室温（26℃），15分钟
最后醒发 ＞ 温度28℃，相对湿度80%，60分钟
烘焙 ＞ 200℃/200℃，12～13分钟

制作过程 / Methods

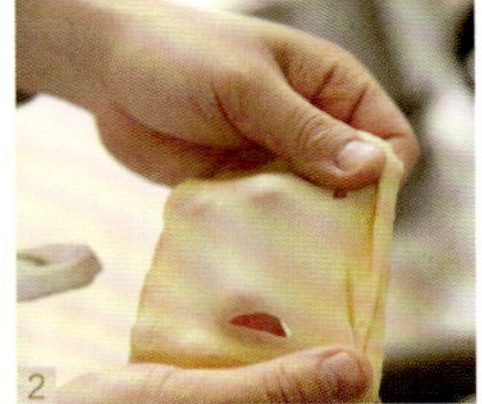

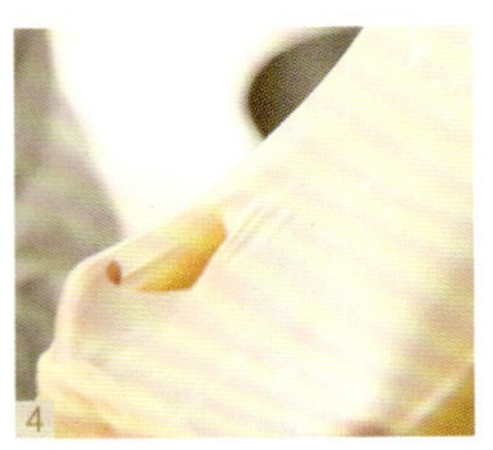

和面

1 将除黄油以外的所有材料倒入面缸中，以慢速搅拌均匀成团，无干粉状。
2 转快速搅打至面筋扩展阶段，此时面筋具有弹性及良好的延伸性，并能拉开较好的面筋膜。
3 加入黄油，以慢速搅拌均匀。
4 转快速搅打至面筋完全扩展阶段，此时面筋能拉开大片面筋膜且面筋膜薄，能清晰地看到手指纹。

基础醒发、分割

5 取出面团规整外形，盖上保鲜膜放置在室温基础发酵60分钟，取出将其分割成55克的面团。

预整形、中间醒发（松弛）

6 预整形滚圆，盖上保鲜膜放置在室温松弛15分钟。

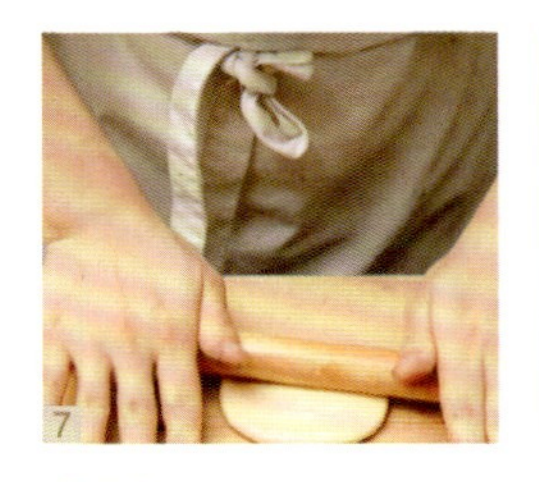
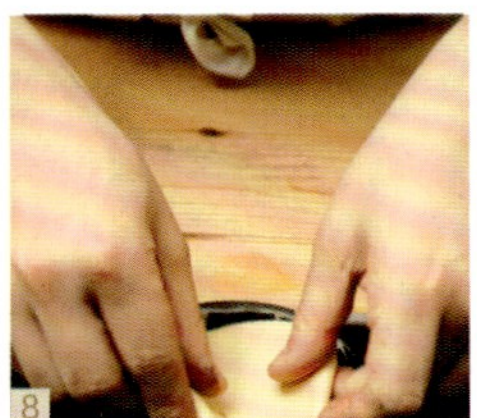

成形

7 取出面团，并将其擀开。
8 将面团擀至直径为10厘米的圆形，并放入围有花纹边的圆形模具中。

最后醒发

9 放入醒发箱，以温度28℃、相对湿度80%发酵60分钟，取出刷上全蛋液。

烘焙

10 取出焦糖奶油馅，压入发好的面团中。

11 沾上一层杏仁条，以上火200℃、下火200℃入炉烘烤12～13分钟，出炉震盘立即脱模冷却。

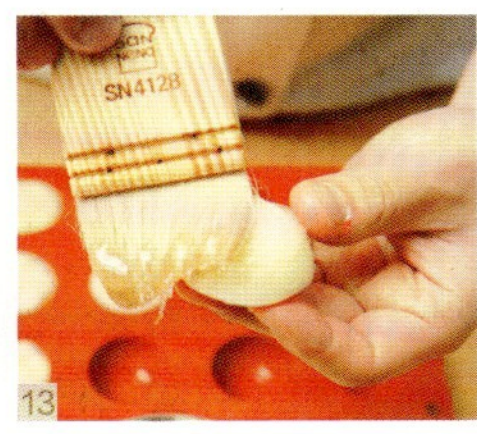

成品装饰

12 准备蜂蜜和玫瑰花碎。

13 取出冷冻牛奶米，表面刷上蜂蜜。

14 在冷冻牛奶米上裹一层玫瑰花碎。

15 取出冷却的面包，将“步骤14”放入中心位置即可。

小贴士 NOTE

1 书中使用的圆形模具选用的是SN6201型。

2 花纹面糊不宜烘焙过干，否则易断。

3 玫瑰花碎要使用食品级的。

清新柠檬布里欧修

材料总重量
1255克

制作数量
约20个

柠檬薄荷酒

材　料	重　量
柠檬果茸	70克
水	55克
薄荷叶	10克
青柠	1个
香草荚	1根
薄荷酒	50克

制作步骤

将所有原料全部充分拌匀，密封放置冷藏过夜（冷藏一夜后，风味最佳）。

准备工作

薄荷叶切末，青柠刨屑。

柠檬薄荷扁桃膏

材料总重量
262克

制作数量
约20个

材　料	重　量
蛋白	80克
细砂糖	80克
玉米淀粉	40克
扁桃仁粉	60克
薄荷叶	10片
青柠	半个

1

2

3

制作步骤

1　蛋白和细砂糖充分搅拌均匀。
2　加入薄荷叶和青柠皮屑充分搅拌均匀。
3　加入玉米淀粉和扁桃仁粉充分搅拌均匀并放入冰箱冷藏保存。

准备工作

薄荷叶切成末，青柠刨屑。

面包制作

配方 / Ingredients

材　料	材料百分比(%)	重　量
T45面粉	100	500克
细砂糖	20	100克
鲜酵母	4	20克
食盐	2	10克
固体酵种	20	100克
蛋黄	28	140克
柠檬薄荷酒	37	185克
黄油	40	200克

装饰原料 / Decorative materials

糖粉	适量

预先准备 / Preparation

1 调节水温。
2 柠檬薄荷酒提前制作好冷藏过夜。
3 制作馅料冷藏备用。
4 准备模具：花朵形面包模具。
5 模具中喷入食品脱模油。

面团温度 > 24℃
基础醒发 > 室温（26℃），60分钟
分割 > 55克/个
中间醒发（松弛） > 室温（26℃），15分钟
最后醒发 > 温度28℃，相对湿度80%，60分钟
烘焙 >200℃/200℃，12~14分钟

制作过程 / Methods

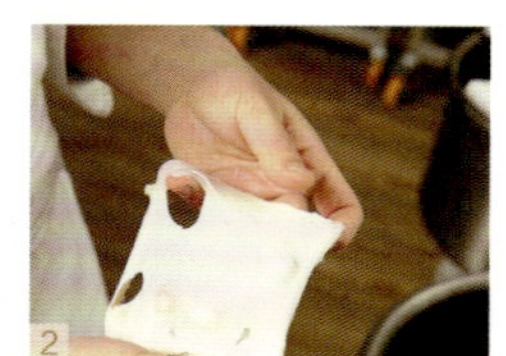

和面

1 将除黄油以外的所有材料倒入面缸中，以慢速搅拌均匀成团，无干粉状。
2 转快速搅打至面筋扩展阶段，此时面筋具有弹性及良好的延伸性，并能拉开较好的面筋膜。
3 加入黄油，以慢速搅拌均匀。
4 转快速搅打至面筋完全扩展阶段，此时面筋能拉开大片面筋膜且面筋膜薄，能清晰地看到手指纹。

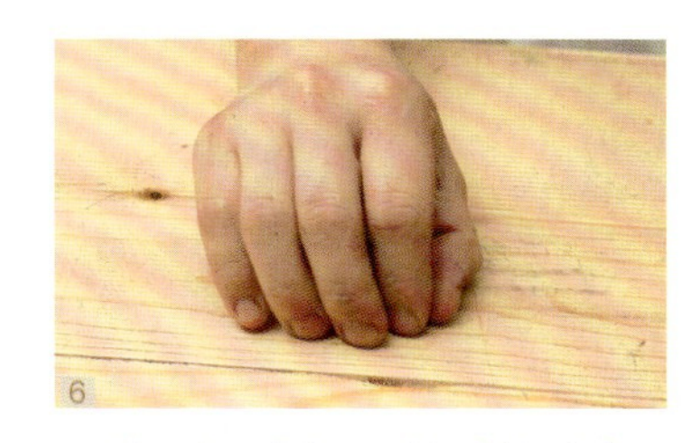

基础醒发、分割

5 取出面团规整外形，盖上保鲜膜放置在室温基础发酵60分钟，取出将其分割成55克的面团。

预整形、中间醒发（松弛）

6 预整形滚圆，盖上保鲜膜放置在室温松弛15分钟。

成形

7 取出面团，重新滚圆，并放入花朵形面包模具中。

最后醒发

8 放入醒发箱，以温度28℃、相对湿度80%发酵60分钟。

烘焙

9 表面挤上一圈柠檬薄荷扁桃膏。

10 在表面筛上一层糖粉，以上火200℃、下火200℃入炉烘烤12～14分钟，出炉震盘立即脱模冷却即可。

小贴士 NOTE

1 书中使用的花朵形面包模具选用的是耐热型塑料模，也可使用八星菊花模SN6805代替。

2 上火不宜过高，否则表面会上色过重影响美观。

双色莓莓奶酪布里欧修

材料总重量
1245克

制作数量
约20个

莓莓奶酪馅

材料总重量
745克

制作数量
约20个

材　料	重　量
奶油奶酪	550克
糖粉	120克
新鲜树莓	35克
蔓越莓干碎	40克
香草荚	1根

1

2-1

2-2

制作步骤

1　将奶油奶酪和糖粉充分搅拌均匀。

2　加入树莓果酱和蔓越莓干碎搅拌均匀即可。

面包制作

配方 / Ingredients

材　料	材料百分比（%）	重　量
T45面粉	100	500克
细砂糖	20	100克
鲜酵母	4	20克
食盐	2	10克
固体酵种	20	100克
蛋黄	28	140克
牛奶	35	175克
黄油	40	200克
香草荚	0.1	1根

可可面团

材料	重量
原色面团	622克
可可粉	25克
牛奶	15克

装饰原料 / Decorative materials

蜂蜜	适量
去皮绿开心果碎	适量

面团温度	24℃
基础醒发	室温（26℃），40分钟
擀压	0.3厘米
中间醒发（松弛）	冷藏25分钟
最后醒发	温度28℃，相对湿度80%，50分钟
烘焙	210℃/200℃，12~15分钟

预先准备 / Preparation

1 调节水温。
2 将香草荚取籽后与细砂糖充分拌匀，便于后期搅拌分散。
3 制作馅料备用。
4 准备模具：4寸咕咕洛夫模具，3种圆形压模直径分别为2.5厘米、4.5厘米、9厘米。
5 模具中喷入食品脱模油。

制作过程 / Methods

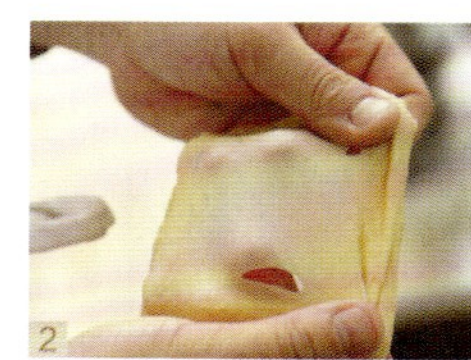

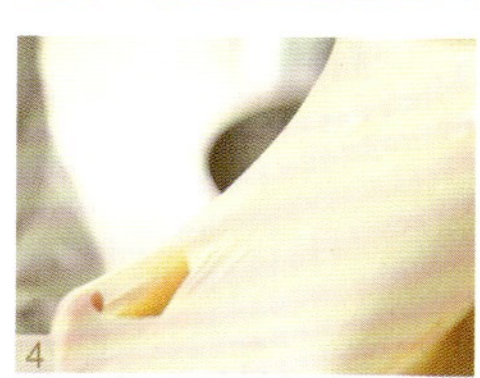

和面

1 原色面团制作：将除黄油以外的所有材料倒入面缸中，以慢速搅拌均匀成团，无干粉状。
2 转快速搅打至面筋扩展阶段，此时面筋具有弹性及良好的延伸性，并能拉开较好的面筋膜。
3 加入黄油，以慢速搅拌均匀。
4 转快速搅打至面筋完全扩展阶段，此时面筋能拉开大片面筋膜且面筋膜薄，能清晰地看到手指纹。
5 可可面团制作：取622克的原色面团，与可可粉和牛奶混合均匀。

6-1

6-2

基础醒发、擀压

6 取出面团规整外形，分别盖上保鲜膜放置在室温基础发酵40分钟，分别将面团擀压至0.3厘米（两块面团厚薄须一致）。

7

中间醒发（松弛）

7 盖上保鲜膜放置冷藏松弛25分钟。

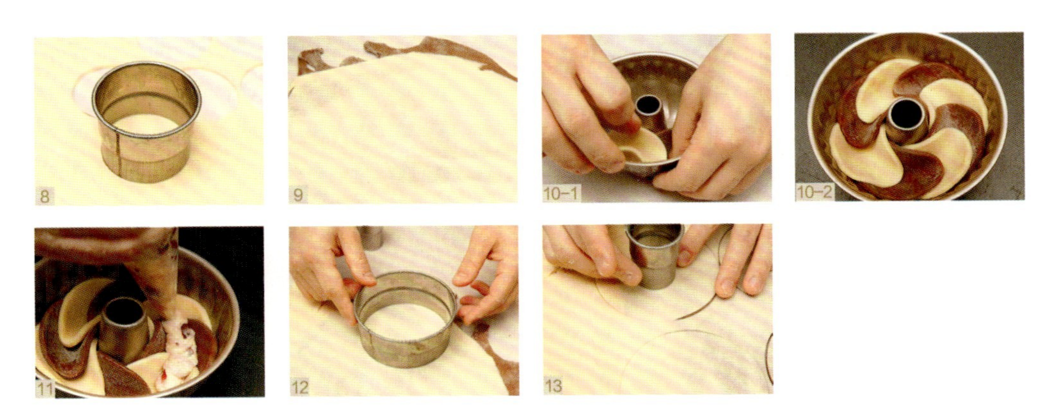
8 9 10-1 10-2 11 12 13

成形

8 将面团取出，用直径为4.5厘米的圆形压模分别压成圆片，并放入冰箱冷藏15分钟。
9 将剩余的废面团重新擀压至0.3厘米，放入冰箱冷藏15分钟。
10 取出圆片，两色依次互叠放入4寸咕咕洛夫模具中（原色和可可面团分别4片为一组）。
11 挤入30克莓莓奶酪馅。
12 取出废面团，用直径为9厘米的圆形压模压成圆片。
13 在圆片中心用直径为2.5厘米的圆形压模压出空心。

最后醒发

14 将圆片盖在模具中进行封底，并放入醒发箱，以温度28℃、相对湿度80%发酵50分钟。

烘焙

15 在面包模具上方压上烤盘，以上火210℃、下火200℃入炉烘烤12～15分钟，出炉震盘立即脱模冷却即可。

烘焙

16 准备蜂蜜和去皮绿开心果碎。

17 取出冷却的面包，在底部边缘刷上一圈适量蜂蜜。

18 沾上一圈去皮绿开心果碎。

小贴士
NOTE

1 书中使用的咕咕洛夫模具选用的型号是WK9033。

2 面团成形时，室温温度不宜过高，否则会影响面团成形。

3 在有条件的情况下，可以使用热风炉烘烤，这样颜色会更佳，热风炉温度为180℃，烘烤12分钟。

4 面包烘烤切勿过度上色，否则成品感官效果差。

洋梨坚果布里欧修

材料总重量
1245克

制作数量
约22个

洋梨坚果馅

材料总重量
855克

制作数量
约22个

材　料	重　量
黄油	20克
细砂糖	80克
洋梨丁	600克
去皮绿开心果碎	30克
扁桃仁碎（熟）	50克
腰果碎（熟）	20克
蔓越莓干	55克

制作步骤

1 黄油加热至融化。

2 加入细砂糖煮至冒泡。

3 加入洋梨丁小火慢慢煮至水分变稠收干，梨丁呈半透明状。

4 关火，加入扁桃仁碎和腰果碎充分拌匀。

5 加入蔓越莓干和去皮绿开心果碎充分拌匀。

6 平铺于凤梨酥模具中，放入冰箱冷冻冻硬即可。

准备工作

将扁桃仁和腰果用上火150℃、下火150℃烘焙12分钟，冷却后切成果仁碎。另准备直径为4.5厘米的凤梨酥模具。

杏仁脆条

材料总重量
179克

制作数量
约22个

材料	重量
杏仁条	155克
细砂糖	9克
水	5克
葡萄糖浆	10克

1

2

3

4-1

4-2

制作步骤

1 将水、细砂糖和葡萄糖浆一起煮至冒泡。

2 关火，加入杏仁条充分拌匀。

3 平铺在烤盘上，用上火150℃、下火150℃烘焙至金黄色。

4 冷却后将其掰成颗粒状即可。

准备工作

预热烤箱（上火150℃、下火150℃）。

面包制作

配方 / Ingredients

材料	材料百分比（%）	重量
T45面粉	100	500克
细砂糖	20	100克
鲜酵母	4	20克
食盐	2	10克
固体酵种	20	100克
蛋黄	28	140克
牛奶	35	175克
黄油	40	200克
香草荚	0.1	1根

装饰原料 / Decorative materials

糖粉	适量

面团温度	24℃
基础醒发	室温（26℃），60分钟
分割	55克/个
中间醒发（松弛）	室温（26℃），15分钟
最后醒发	温度28℃，相对湿度80%，60分钟
烘焙	190℃/200℃，12～13分钟

预先准备 / Preparation

1 调节水温。
2 将香草荚取籽后与细砂糖充分拌匀，便于后期搅拌分散。
3 制作馅料，冷却备用。
4 准备模具：圆形模具。
5 模具中喷入食品脱模油。
6 将鸡蛋充分打散并过滤，作为后期烘烤时表面的刷蛋液。

制作过程 / Methods

1

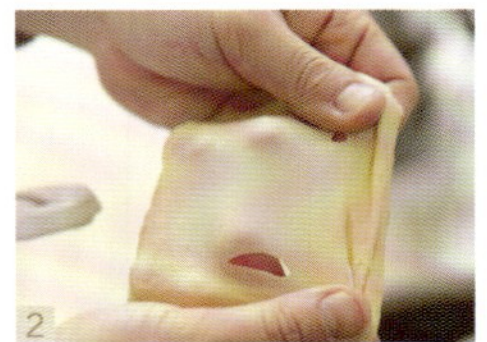
2

3

4

和面

1 将除黄油以外的所有材料倒入面缸中，以慢速搅拌均匀成团，无干粉状。
2 转快速搅打至面筋扩展阶段，此时面筋具有弹性及良好的延伸性，并能拉开较好的面筋膜。
3 加入黄油，以慢速搅拌均匀。
4 转快速搅打至面筋完全扩展阶段，此时面筋能拉开大片面筋膜且面筋膜薄，能清晰地看到手指纹。

5

基础醒发、分割

5 取出面团规整外形，盖上保鲜膜放置在室温基础发酵60分钟，取出将其分割成55克的面团。

6

预整形、中间醒发（松弛）

6 预整形滚圆，盖上保鲜膜放置在室温松弛15分钟。

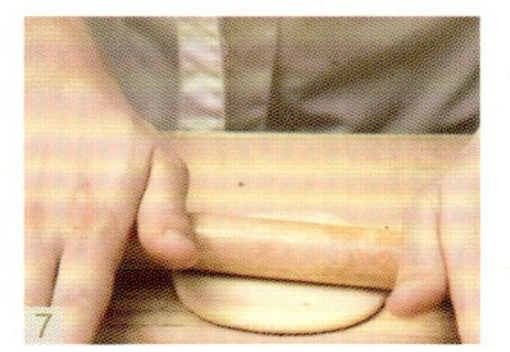

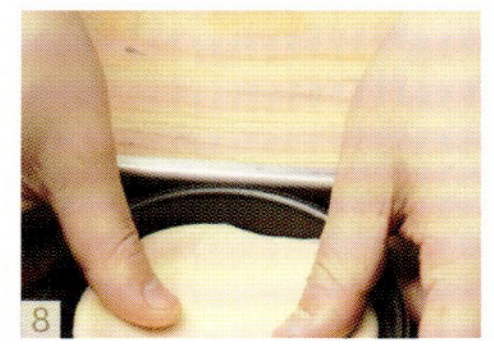

成形

7 取出面团，并将其擀开。

8 将面团擀至直径为10厘米的圆形，并放入圆形模具中。

最后醒发

9 放入醒发箱，以温度28℃、相对湿度80%发酵60分钟。

烘焙

10 取出方形洋梨坚果馅，压入发好的面团中。

11 馅料边缘面团刷上全蛋液。

12 沾上一层杏仁条脆，以上火190℃、下火200℃入炉烘烤12～13分钟，出炉震盘，立即脱模冷却。

成品装饰

13 准备防潮糖粉。

14 取出冷却的面包，表面盖上一个直径为4.5厘米的筛粉模具。

15 在面包表面筛上一层防潮糖粉进行装饰即可。

小贴士 NOTE

1 书中使用的圆形模具选用的型号是SN6201。

2 上火不宜过高，否则杏仁条脆会烘焙过度而导致口感变苦。

CHAPTER 05

丹麦面包

丹麦面团介绍

世界上很多国家和地区都在做丹麦面包，种类也是千变万化，其中特点较为明显的有美国、日本和欧洲地区。欧洲地区的丹麦面包的制作方法较为传统，口味多以原味的牛角包和巧克力包为主，同时也喜欢加入各种馅料辅助食用，样式也新颖多变。美国的丹麦则偏甜许多，有的甚至在我们吃来都觉得甜的发腻了，风味也很多变，口感类似软质面包，馅料以奶油类居多。日本的面包制作技术承于欧洲和美国，所以有它们共同的特点，同时在发展的过程中，也加入自己本国的特色食材。

在丹麦面包的材料组成方面，这几个国家和地区各有其规律性，尤其在面团使用和折叠黄油的使用比例上。欧洲地区使用的面团量较少，折叠黄油的量较多；美国的面团使用比例较高，折叠黄油用量比例较少；日本则是面团和折叠黄油比例相当，都较高。折叠黄油的比例越高，制作出的面包层次越多，酥松感越好，黄油的香味也就更浓。

丹麦面团的折叠方法

本书中使用的折叠方法是一次四折，再一次三折，具体折叠方式如下：

1　先将适量的面团擀开成近似长方形。

技术要点

擀开面团后，可以先将面团放入冰箱速冻（-25℃左右），急速降温，再冷藏保存。

技术目的

给面团急速降温，抑制面团发酵，同时使面团保持一定的硬度，质地接近包入黄油的质地。

2　再根据面团的大小，将包入黄油敲打至方形，将黄油片放在面团中央处。

技术要点

黄油片的宽度与面团的宽度要近似，黄油片的长度约等于面团的1/2。

技术目的

使面团更好、更完整地包裹住黄油。

3　将面团两边向中间处对折。

技术要点

可伸拉面团，使面团对接处更好的对齐。

技术目的

使面团更好、更完整地包裹住黄油。

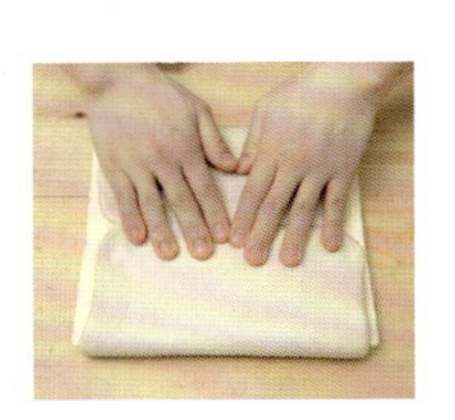

4 用刀在两边弯折处的上下各割出一个刀口。

技术要点

在面团与黄油的延伸方向的四个点上割开面团。

技术目的

在后期碾压时，使面团和黄油更好的延伸，且面团能更好、更完整地包裹住黄油。

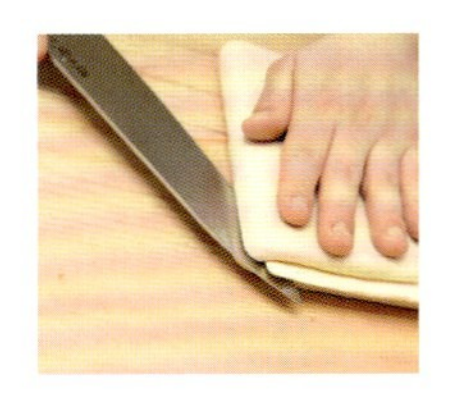

5 采用适度的力量用擀面杖按压对折的表面。

技术要点

用擀面杖在面团表面按压，需注意力度要适中，避免过大使内部黄油片断裂，避免过小达不到黏合效果。

技术目的

使面团与黄油进一步黏合。

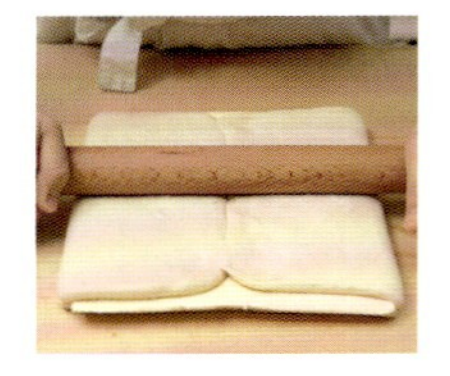

6 将面团以对折线垂直与压面口的摆放方式进入起酥机，进行擀压，成长方形面片。

技术要点

使用设备的主要原因是机器比人工能更稳定地发挥作用，擀压出来的面团厚薄一致，且组织内部均匀。

技术目的

使面团与黄油共同且有秩序地延伸。

7 进行一次四折。四折成形后的面团是四层。

技术要点

对折时找准对折点，使成形面团为四层，且对折处在面团中央。

技术目的

折叠是为了使面团与黄油产生更多层次。层次数要适中，过多或过少都会引起面团产生不适口感。

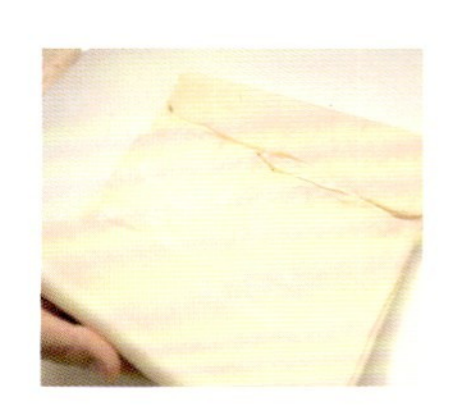

8 继续擀压，进行一次三折。三折成形后的面团是三层。放入冰箱冷藏保存，待使用时取出。

技术要点

对折时找准对折点，使成形面团为三层，且对折处在面团中央。

技术目的

对面团进行折叠，使烘烤成形后的面包拥有更合适的层次。

最终形成的面团的切面图如右图：

丹麦牛角面包

材料总重量
1155克

制作数量
约12个

面团温度 > 24℃

基础醒发 > 室温（26℃），20分钟，速冻30分钟，冷藏20分钟

擀压折叠 > 四折一次，三折一次

最后醒发 > 温度28℃，相对湿度80%，90分钟

烘焙 > 200℃/190℃，12～15分钟

配方 / Ingredients

材　料	材料百分比（%）	重　量
T45面粉	100	500克
细砂糖	13	65克
鲜酵母	4	20克
食盐	2	10克
鸡蛋	5	25克
水	33	165克
牛奶	10	50克
黄油	8	40克

包入油脂 / Grease inclusion

片状黄油	280克

预先准备 / Preparation

1. 调节水温。
2. 将香草荚取籽后与细砂糖充分拌匀，便于后期搅拌分散。
3. 将鸡蛋充分打散并过滤，作为后期烘烤时表面的刷蛋液。

制作过程 / Methods

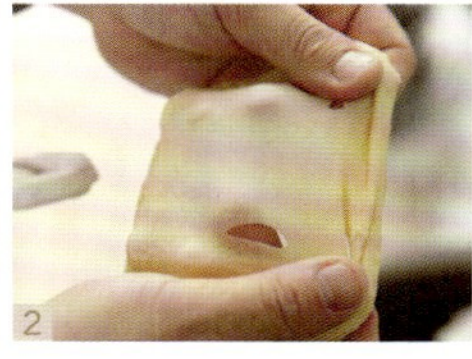

和面

1 将除片状黄油外的所有材料倒入面缸中进行搅拌。

2 搅拌至面团表面光滑，有延展性，并能拉开面膜。

基础醒发

3 将面团取出，放至室温发酵20分钟。

4 将发酵好的面团擀开放在烤盘，并放入冰箱速冻（-25℃）30分钟，再冷藏20分钟。

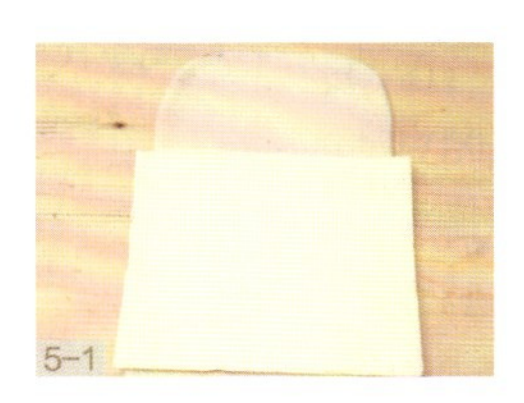

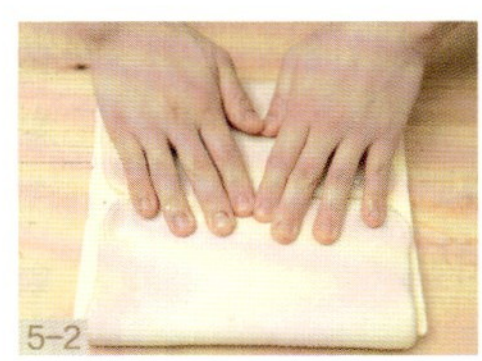

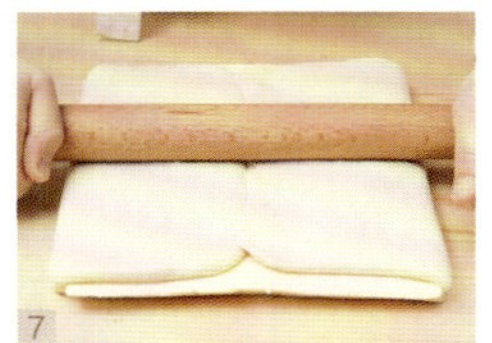

包油

5 将片状黄油敲打至22厘米×22厘米，增强油脂的延展性，将面团取出擀压至油脂的2倍大，并把油脂包入。

6 将面团两侧切开。

7 用擀面杖稍加擀压一下，使面团和油脂更贴合。

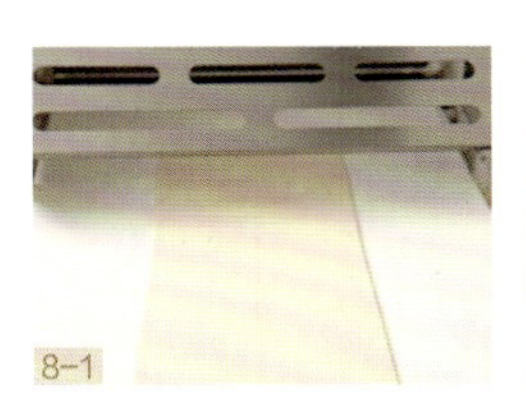

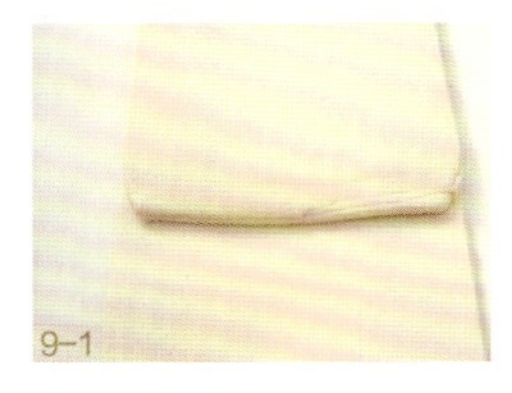

擀压起酥

8 将包好油脂的面团用开酥机进行擀压，擀压至0.5厘米厚，进行一次四折。

9 将折好的面团再进行擀压，擀压至0.6厘米厚，进行一次三折，并放入冰箱冷冻15分钟，再移至冷藏室冷藏20分钟。

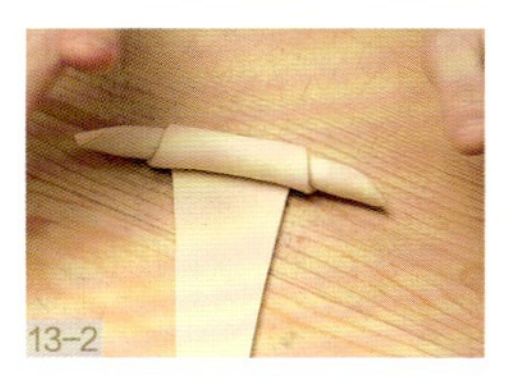

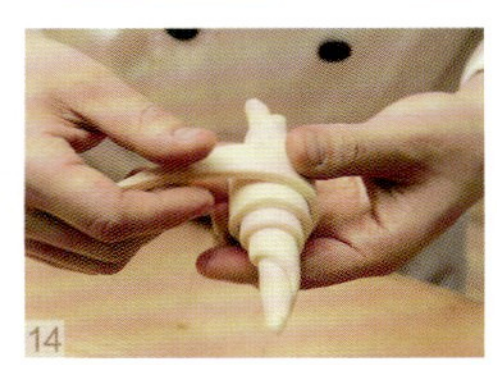

成形

10 将制好的面团擀开至0.4厘米厚，擀压一边至32厘米宽。

11 将面团边缘多余部分裁掉，并裁成10厘米×30厘米的等腰三角形（每个约78克）。

12 在面团的中间切开1厘米。

13 将面团切开向外折叠并搓开，搓长。

14 将面团卷起，切记不要卷的过紧，防止后期烘烤断裂。

15 把面团弯成牛角状。

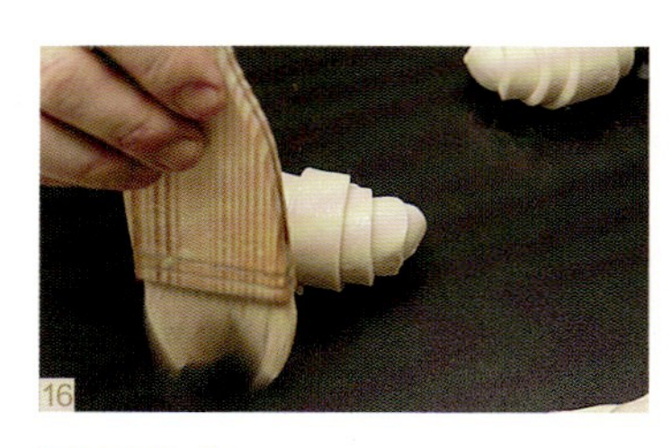

最后醒发

16 用毛刷在面包表面刷上一层蛋液（保持面团表面湿度），放入醒发箱中，以温度28℃、相对湿度80%醒发90分钟。

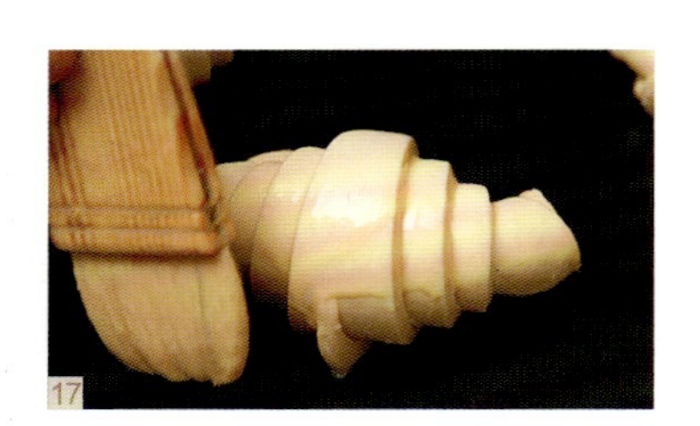

烘烤

17 取出醒发好的面包，表面再刷一层蛋液，以上火200℃、下火190℃烘烤12～15分钟。

小贴士
NOTE

1 制作起酥面团时，要保持油脂和面团的温度一致，否则会导致断油。

2 制作时，室温不宜过高，也不宜将面团放置室温过久，否则会导致面团油脂融化，影响操作。

3 成形时，速度一定要快，不宜将面团停留手中过久，手的温度会影响面团，可借助冰烤盘来进行操作。

4 醒发时温度不宜过高，否则油脂会从面团中渗出，影响出品。

5 烘焙过程中不要开炉门，否则面包会坍塌缩腰。

焦糖百慕大

材料总重量
1155克

制作数量
约18个

面团温度	24℃
基础醒发	室温（26℃），20分钟，速冻30分钟，冷藏20分钟
擀压折叠	四折一次，三折一次
最后醒发	温度28℃，相对湿度80%，90分钟
烘焙	200℃/190℃，12～15分钟

枫树果仁馅

材料总重量
562克

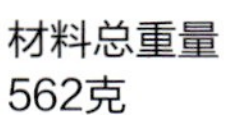
制作数量
约18个

材 料	重 量
细砂糖	150克
葡萄糖浆	60克
水	75克
淡奶油	105克

材 料	重 量
枫树糖浆	22克
绿开心果碎（去皮）	75克
榛子碎（熟）	75克

1

2

3

4

制作步骤

1 将细砂糖、葡萄糖浆和水一起加热至沸腾。
2 加入淡奶油和枫树糖浆，继续加热，搅拌至冒大泡。
3 加入绿开心果碎（去皮）和榛子碎（熟），充分搅拌均匀。
4 倒入8连硅胶模具中，放入冰箱冷冻至凝固即可。

准备工作

将榛子用上火150℃、下火150℃烘焙12分钟，冷却后切碎。

配方 / Ingredients

材 料	材料百分比（%）	重 量
T45面粉	100	500克
细砂糖	13	65克
鲜酵母	4	20克
食盐	2	10克
鸡蛋	5	25克
水	33	165克
牛奶	10	50克
黄油	8	40克

包入油脂 / Grease inclusion

片状黄油	280克

装饰原料 / Decorative materials

杏仁条	适量
糖粉	适量

预先准备 / Preparation

1 调节水温。
2 将香草荚取籽后与细砂糖充分拌匀，便于后期搅拌分散。
3 将鸡蛋充分打散并过滤，作为后期烘烤时表面的刷蛋液。
4 制作馅料，冷却备用。
5 准备模具：圆形模具。
6 模具中喷入食品脱模油。

制作过程 / Methods

1

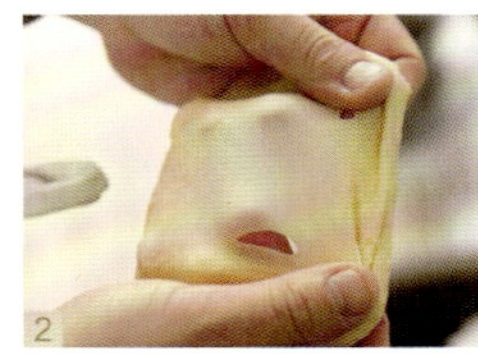
2

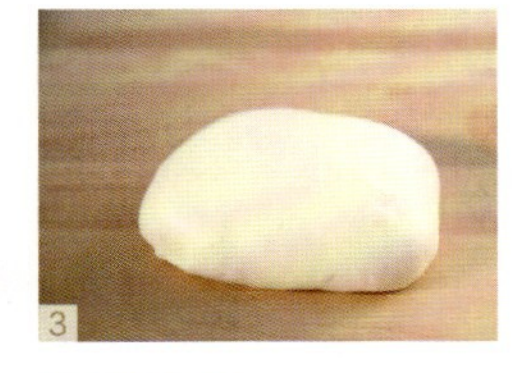
3

4

和面

1 将除片状黄油外的所有材料倒入面缸中进行搅拌。
2 搅拌至面团表面光滑，有延展性，并能拉开面膜。

基础醒发

3 将面团取出，放至室温发酵20分钟。
4 将发酵好的面团擀开放在烤盘，并放入冰箱速冻（-25℃）30分钟，再冷藏20分钟。

5-1

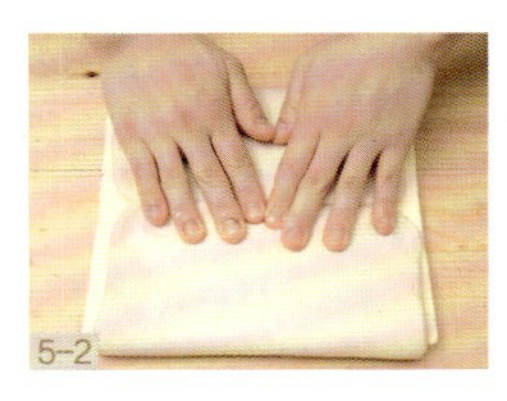
5-2

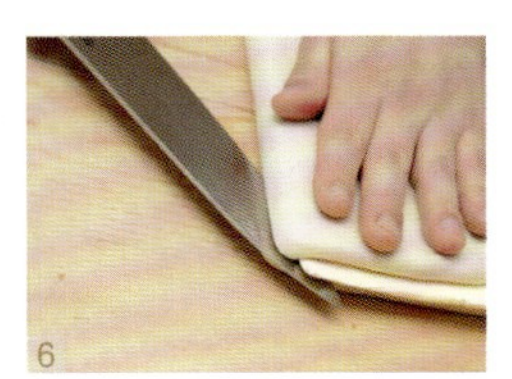
6

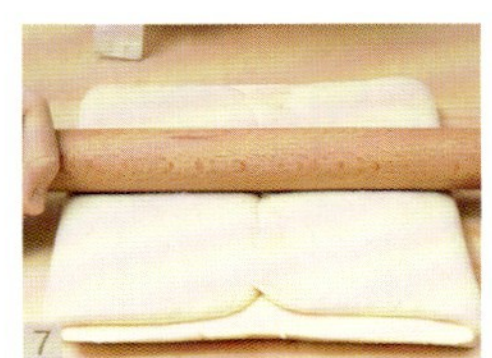
7

包油

5 将片状黄油敲打至22厘米×22厘米，增强油脂的延展性。将面团取出擀压至油脂的2倍大，并把油脂包入。
6 将面团两侧切开。
7 用擀面杖稍加擀压一下，使面团和油脂更贴合。

8-1

8-2

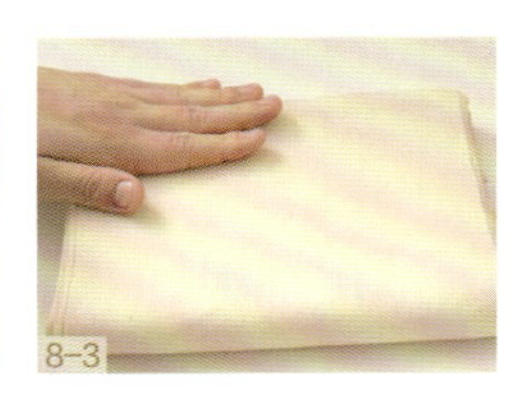
8-3

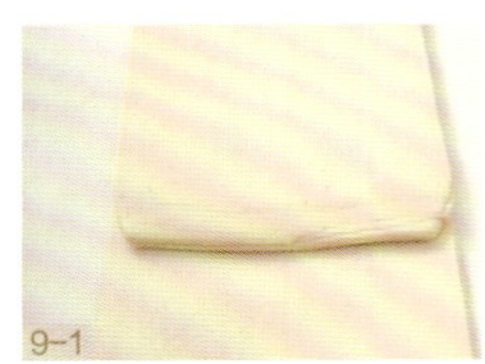
9-1

9-2

擀压起酥

8 将包好油脂的面团用开酥机进行擀压，擀压至0.5厘米厚，进行一次四折。

9 将折好的面团再进行擀压，擀压至0.6厘米厚，进行一次三折，并放入冰箱冷冻15分钟，移入冷藏室冷藏20分钟。

10

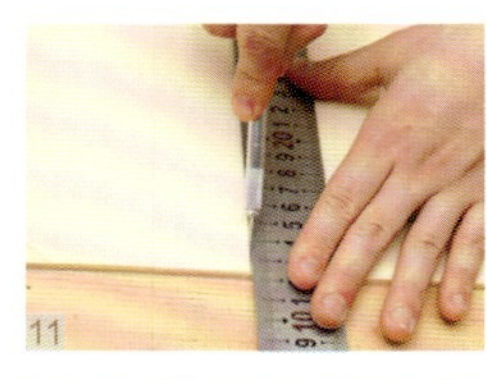
11

12

13

14-1

14-2

15

成形

10 将制好的面团擀开至0.4厘米厚，擀压一边至38厘米宽。

11 将面团边缘多余部分裁掉，并裁剪成边长12厘米的等边三角形（每个约60克）。

12 将切好的面团斜角对折并切开。

13 在切开处刷上蛋液。

14 将切开处进行交叉折叠。

15 放入圆形模具中。

16

最后醒发

16 用毛刷在面包表面刷上一层蛋液（保持面团表面湿度），放入醒发箱中，以温度28℃、相对湿度80%醒发90分钟。

烘烤

17 取出醒发好的面包，表面再刷一层蛋液。

18 将制好的馅料放入发好的面团中。

19 在面团边角处放上少许杏仁条，以上火200℃、下火190℃烘烤12～15分钟。

装饰

20 出炉冷却后，在一边筛上糖粉进行装饰（另一边可用刮板遮挡）即可。

小贴士
NOTE

1 书中使用圆形模具选用的是SN6201型。

2 制作起酥面团时，要保持油脂和面团的温度一致，否则会导致断油。

3 制作时，室温不宜过高，也不宜将面团放置室温过久，否则会导致面团油脂融化，影响操作。

4 成形时，速度一定要快，不宜将面团停留手中过久，手的温度会影响面团，可借助冰烤盘来进行操作。

5 醒发时温度不宜过高，否则油脂会从面团中渗出，影响出品。

6 烘焙过程中不要开炉门，否则面包会坍塌缩腰。

可颂

面团温度	24℃
基础醒发	室温（26℃），20分钟，速冻30分钟，冷藏20分钟
擀压折叠	四折一次，三折一次
最后醒发	温度28℃，相对湿度80%，90分钟
烘焙	200℃/190℃，12～15分钟

材料总重量
1155克

制作数量
约12个

配方 / Ingredients

材料	材料百分比（%）	重量
T45面粉	100	500克
细砂糖	13	65克
鲜酵母	4	20克
食盐	2	10克
鸡蛋	5	25克
水	33	165克
牛奶	10	50克
黄油	8	40克

包入油脂 / Grease inclusion

片状黄油	280克

预先准备 / Preparation

1 调节水温。
2 将香草荚取籽与细砂糖充分拌匀，便于后期搅拌分散。
3 将鸡蛋充分打散并过滤，作为后期烘烤时表面的刷蛋液。

制作过程 / Methods

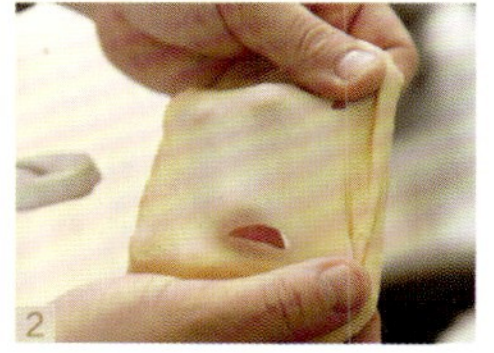

和面

1 将除片状黄油外的所有材料倒入面缸中进行搅拌。
2 搅拌至面团表面光滑，有延展性，并能拉开面膜。

基础醒发

3 将面团取出，放至室温发酵20分钟。
4 将发酵好的面团擀开放在烤盘，并放入冰箱速冻（-25℃）30分钟，再冷藏20分钟。

5-1
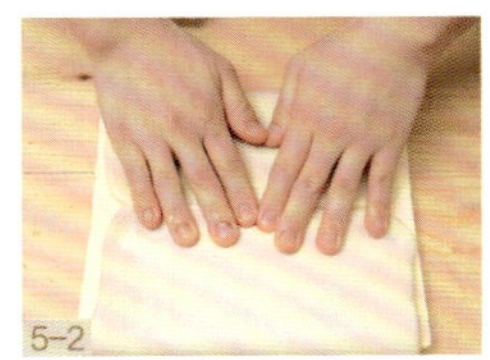
5-2

6
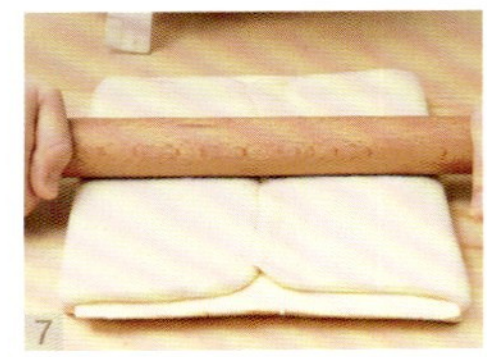
7

包油

5 将片状黄油敲打至22厘米×22厘米，增强油脂的延展性，将面团取出擀压至油脂的2倍大，并把油脂包入。

6 将面团两侧切开。

7 用擀面杖稍加擀压一下，使其面团和油脂更贴合。

8-1

8-2
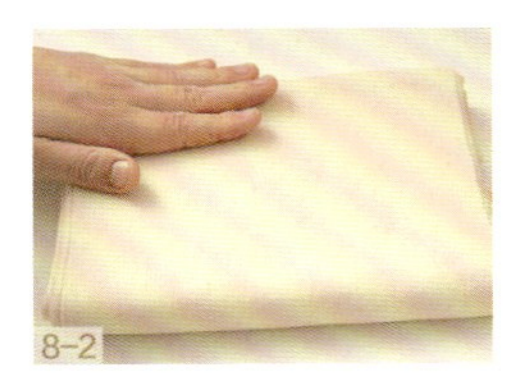
8-2
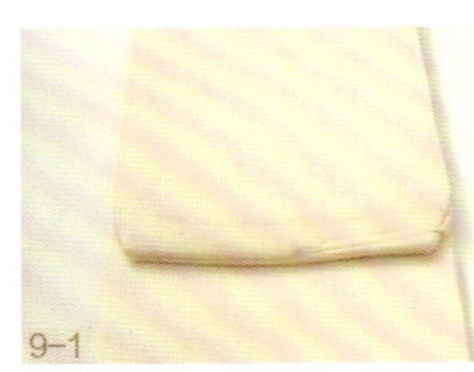
9-1

擀压起酥

8 将包好油脂的面团用开酥机进行擀压，擀压至0.5厘米厚，进行一次四折。

9 将折好的面团再进行擀压，擀压至0.6厘米厚，进行一次三折，并放入冰箱冷冻15分钟，再移至冷藏室冷藏20分钟。

9-2

10

11

成形

10 将制好的面团擀开至0.4厘米厚，擀压一边至32厘米宽。

11 将面团边缘多余部分裁掉，并裁成10厘米×30厘米的等腰三角形（每个约78克）。

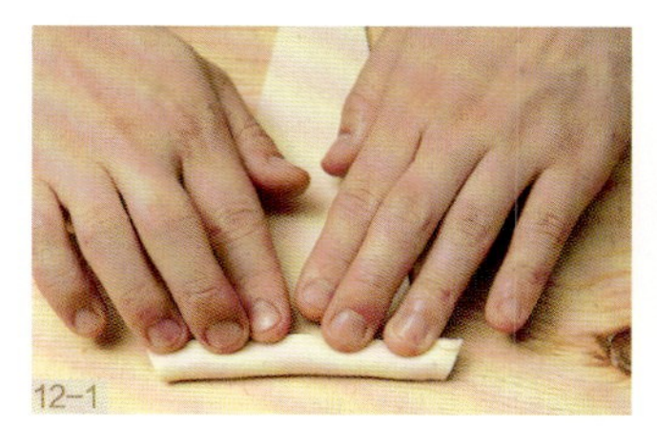
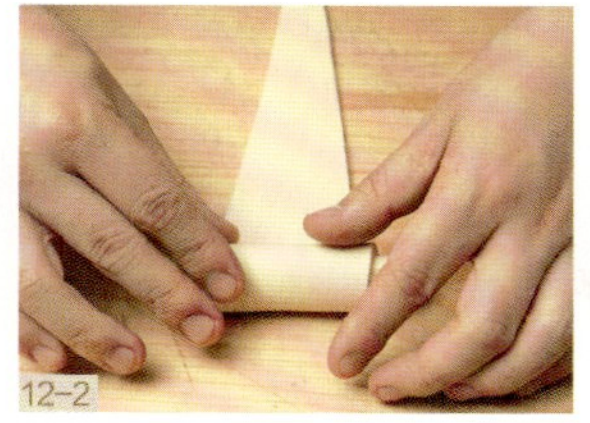

12 将切好的面团折叠并搓开卷起。

13 将面团卷起，切记不要卷的过紧，防止后期烘烤断裂。

最后醒发

14 用毛刷在面包表面刷上一层蛋液（保持面团表面湿度），放入醒发箱中，以温度28℃、相对湿度80%醒发90分钟。

烘烤

15 取出醒发好的面包，表面再刷一层蛋液，以上火200℃、下火190℃烘烤12～15分钟。

小贴士 NOTE

1 制作起酥面团时，要保持油脂和面团的温度一致，否则会导致断油。

2 制作时，室温不宜过高，也不宜将面团放置室温过久，否则会导致面团油脂融化，影响操作。

3 成形时，速度一定要快，不宜将面团停留手中过久，手的温度会影响面团，可借助冰烤盘来进行操作。

4 醒发时温度不宜过高，否则油脂会从面团中渗出，影响成品。

5 烘焙过程中不要开炉门，否则面包会坍塌缩腰。

热带凤梨

面团温度	24℃
基础醒发	室温（26℃），20分钟，速冻30分钟，冷藏20分钟
擀压折叠	四折一次，三折一次
最后醒发	温度28℃，相对湿度80%，90分钟
烘焙	200℃/190℃，12～15分钟

材料总重量
1155克

制作数量
约16个

凤梨馅

材料总重量
585克

制作数量
约16个

材　料	重　量
黄油	20克
细砂糖	80克
新鲜凤梨丁	400克
蔓越莓干	55克
耐高温巧克力豆	30克

制作步骤

1 将黄油倒入锅中加热至融化。
2 加入细砂糖煮至糖化。
3 加入新鲜凤梨丁小火煮至水分变稠收干，凤梨丁呈半透明状。
4 加入蔓越莓干拌匀。
5 离火，倒入盆中冷却。
6 加入耐高温巧克力豆拌匀即可。

配方 / Ingredients

材　料	材料百分比（%）	重　量
T45面粉	100	500克
细砂糖	13	65克
鲜酵母	4	20克
食盐	2	10克
全蛋	5	25克
水	33	165克
牛奶	10	50克
黄油	8	40克

装饰原料 / Decorative materials

蜂蜜	适量
开心果粉	适量
糖粉	适量

包入油脂 / Grease inclusion

片状黄油	280克

预先准备 / Preparation

1 调节水温。
2 将香草荚取籽后与细砂糖充分拌匀，便于后期搅拌分散。
3 将鸡蛋充分打散并过滤，作为后期烘烤时表面的刷蛋液。
4 制作馅料，冷却备用。

制作过程 / Methods

1

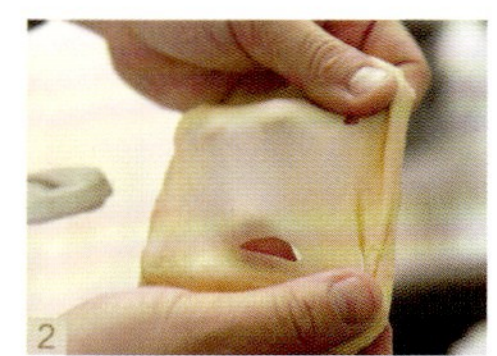
2

3

4

和面

1 将除片状黄油外的所有材料倒入面缸中进行搅拌。
2 搅拌至面团表面光滑，有延展性，并能拉开面膜。

基础醒发

3 将面团取出，放至室温发酵20分钟。
4 将发酵好的面团擀开放在烤盘，并放入冰箱速冻（-25℃）30分钟，移入冷藏室冷藏20分钟。

5-1

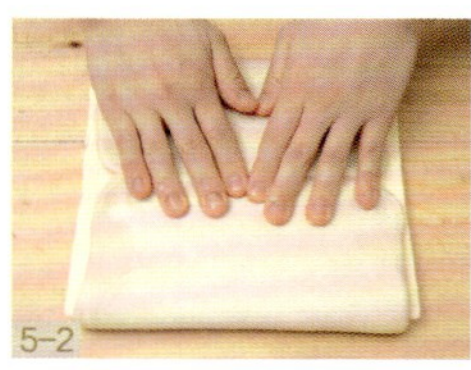
5-2

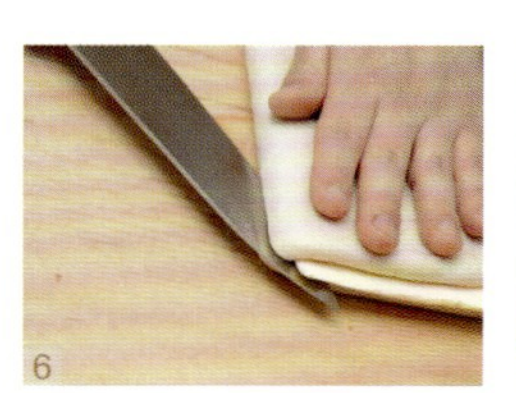
6

7

包油

5 将片状黄油敲打至22厘米×22厘米，增强油脂的延展性，将面团取出擀压至油脂的2倍大，并把油脂包入。
6 将面团两侧切开。
7 用擀面杖稍加擀压一下，使面团和油脂更贴合。

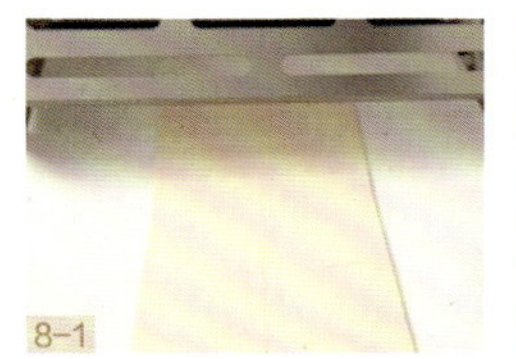

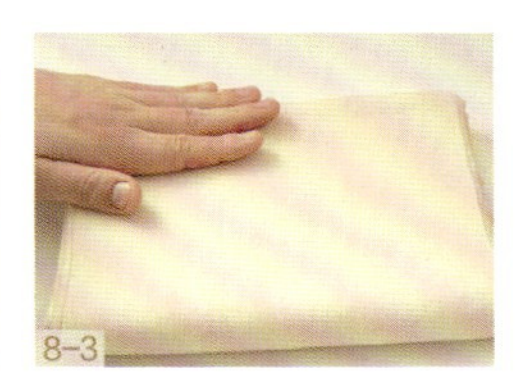

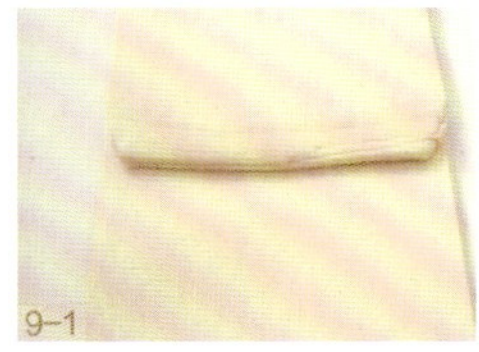

擀压起酥

8 将包好油脂的面团用开酥机进行擀压，擀压至0.5厘米厚，进行一次四折。

9 将折好的面团再进行擀压，擀压至0.6厘米厚，进行一次三折，并放入冰箱冷冻15分钟，再移至冷藏室冷藏20分钟。

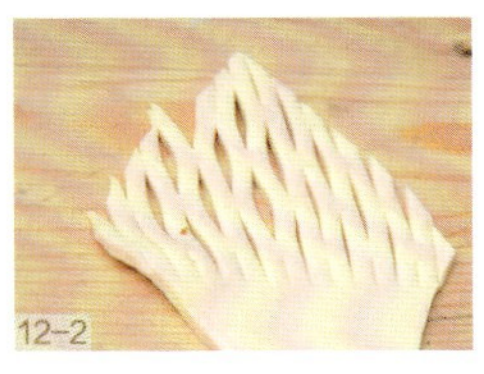

成形

10 将制好的面团擀开至0.4厘米厚。

11 用模具裁剪成菱形（每个约70克），菱形模具的对角线20厘米×8厘米。

12 在面团一侧用拉网刀，拉成网状。

13 面团上放上30克凤梨馅，并将网状面团盖在上面。

最后醒发

14 用毛刷在面包表面刷上一层蛋液（保持面团表面湿度），放入醒发箱中，以温度28℃、相对湿度80%醒发90分钟。

烘烤

15 取出醒发好的面包，表面再刷一层蛋液，以上火200℃、下火190℃烘烤12～15分钟。

16

17-1

17-2

装饰

16 在烤好的面包边缘上刷上适量蜂蜜。

17 在刷上蜂蜜处沾上开心果粉，并在边缘筛上一层糖粉。

小贴士 NOTE

1 制作起酥面团时，要保持油脂和面团的温度一致，否则会导致断油。

2 制作时，室温不宜过高，也不宜将面团放置室温过久，否则会导致面团油脂融化，影响操作。

3 成形时，速度一定要快，不宜将面团停留手中过久，手的温度会影响面团，可借助冰烤盘来进行操作。

4 使用拉网刀时，一定要一次切断面团，纹理才会漂亮，勿多次来回去切面团。

5 醒发时温度不宜过高，否则油脂会从面团中渗出，影响出品。

6 烘焙过程中不要开炉门，否则面包会坍塌缩腰。

香蕉巧克力

材料总重量
1125克

制作数量
约12个

面团温度	>	24℃
基础醒发	>	室温（26℃），20分钟，速冻30分钟，冷藏20分钟
擀压折叠	>	四折一次，三折一次
最后醒发	>	温度28℃，相对湿度80%，90分钟
烘焙	>	200℃/190℃，12～15分钟

巧克力面皮

材　料	重　量
丹麦面团	200克
可可粉	15克
牛奶	10克
黄油	5克

制作步骤

将可可粉、牛奶和黄油加入丹麦面团中充分搅拌均匀，密封冷藏备用。

配方 / Ingredients

材　料	材料百分比（%）	重　量
T45面粉	100	500克
细砂糖	13	65克
鲜酵母	4	20克
食盐	2	10克
全蛋	5	25克
水	33	165克
牛奶	10	50克
黄油	8	40克

馅料 / Filling

香蕉	适量
耐烘烤巧克力条	适量

起酥油脂 / Shortening

片状黄油	280克

预先准备 / Preparation

1. 调节水温。
2. 将香草荚取籽与细砂糖充分拌匀，便于后期搅拌分散。
3. 将鸡蛋充分打散并过滤，作为后期烘烤时表面的刷蛋液。
4. 将新鲜的香蕉切成10厘米长，并对半切1/4的大小。

制作过程 / Methods

1

2

3

4

和面

1 将除片状黄油外的所有材料倒入面缸中进行搅拌。

2 搅拌至面团表面光滑，有延展性，并能拉开面膜。

基础醒发

3 将面团取出，放至室温发酵20分钟。

4 将发酵好的面团擀开放在烤盘，并放入冰箱速冻（-25℃）30分钟，再冷藏20分钟。

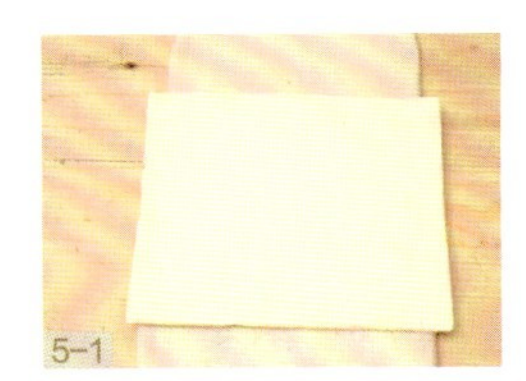
5-1

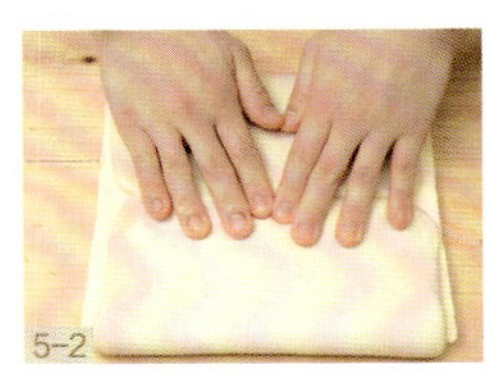
5-2

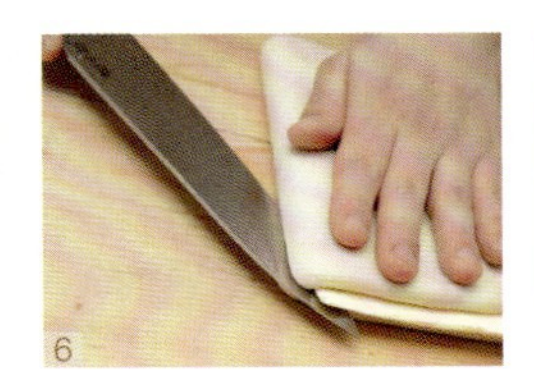
6

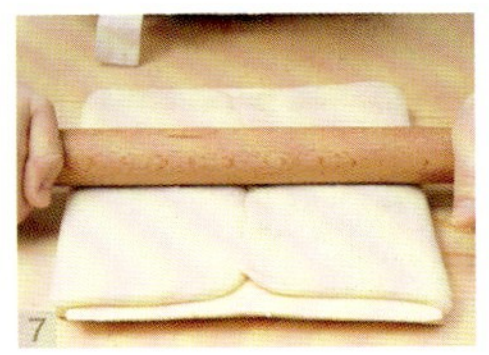
7

包油

5 将片状黄油敲打至22厘米 × 22厘米，增强油脂的延展性，将面团取出擀压至油脂的2倍大，并把油脂包入。

6 将面团两侧切开。

7 用擀面杖稍加擀压一下，使面团和油脂更贴合。

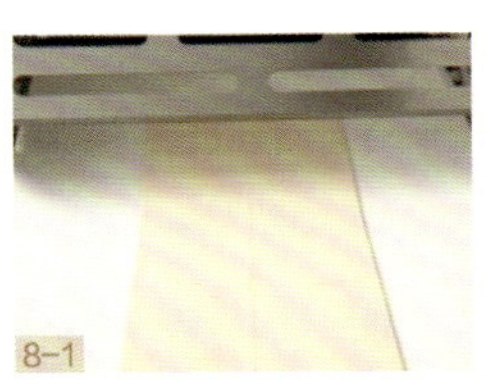
8-1

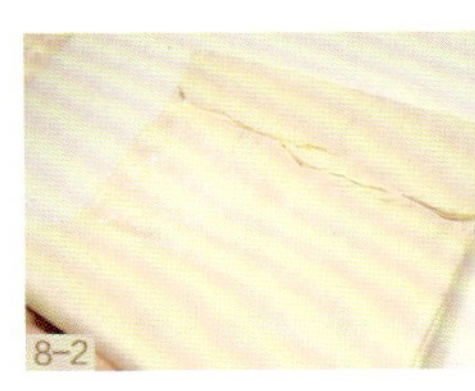
8-2

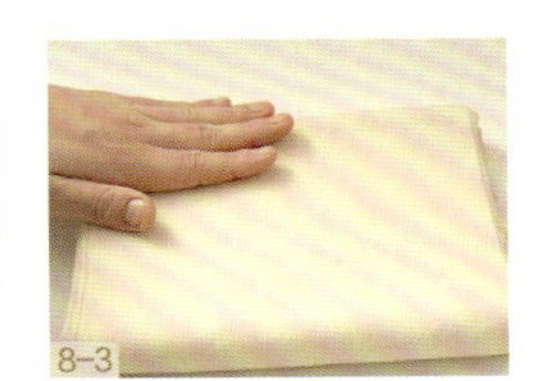
8-3

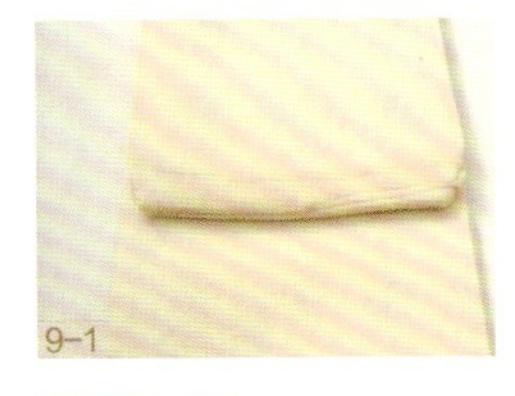
9-1

9-2

擀压起酥

8 将包好油脂的面团用开酥机进行擀压，擀压至0.5厘米厚，进行一次四折。

9 将折好的面团再进行擀压，擀压至0.6厘米厚，进行一次三折，并放入冰箱冷冻15分钟，移至冷藏室冷藏20分钟。

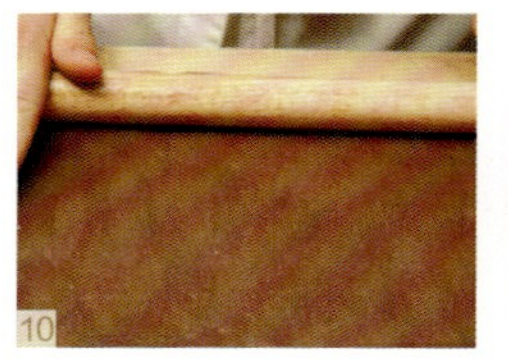

10

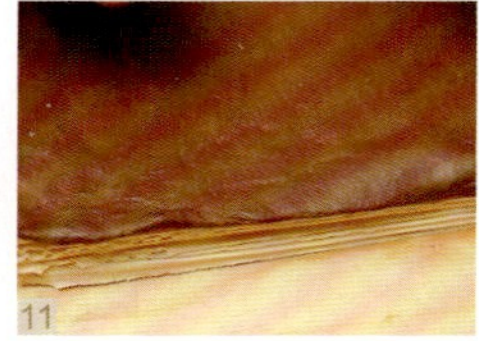

11

12

13

14

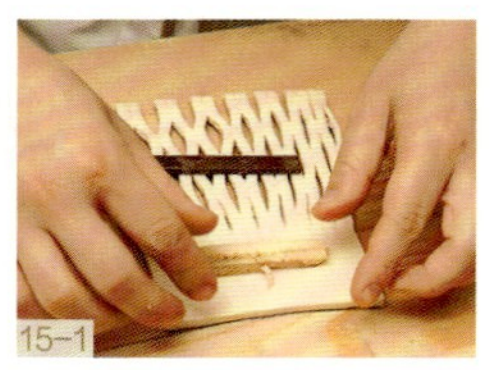

15-1

15-2

16-1

16-2

成形

10 将巧克力面皮擀开至丹麦面团大小。

11 将擀好的巧克力面皮贴于丹麦面团上。

12 将制好的面团擀开至0.4厘米厚，擀压一边至32厘米宽。

13 将整块面皮裁成10厘米×16厘米的长方形。

14 用拉网刀将面团拉成网状。

15 在面团上放上切好的香蕉条，将其卷至三分之一。

16 再放上1根耐烘烤巧克力条，将其剩余部分全部卷起。

17

最后醒发

17 将面团放置在长形模具中，并用毛刷在面包表面刷上一层蛋液（保持面团表面湿度），放入醒发箱中，以温度28℃、相对湿度80%醒发90分钟。

18

烘烤

18 取出醒发好的面包，表面再刷一层蛋液，以上火200℃、下火190℃烘烤12～15分钟。

小贴士 NOTE

1 书中使用圆形模具选用的是SN3580型。

2 制作起酥面团时，要保持油脂和面团的温度一致，否则会导致断油。

3 制作时，室温不宜过高，也不宜将面团放置室温过久，否则会导致面团油脂融化，影响操作。

4 成形时，速度一定要快，不宜将面团停留手中过久，手的温度会影响面团，可借助冰烤盘来进行操作。

5 使用拉网刀时，一定要一次切断面团，纹理才会漂亮，勿多次来回去切面团。

6 醒发时温度不宜过高，否则油脂会从面团中渗出，影响出品。

7 烘焙过程中不要开炉门，否则面包会坍塌缩腰。

椰风加勒比

材料总重量
1155克

制作数量
约18个

面团温度	24℃
基础醒发	室温（26℃），20分钟，速冻30分钟，冷藏20分钟
擀压折叠	四折一次，三折一次
最后醒发	温度28℃，相对湿度80%，90分钟
烘焙	200℃/190℃，12～15分钟

椰子果茸饼

材 料	重 量
椰子果茸	180克
细砂糖	40克
椰蓉	20克
吉利丁片	3克
耐高温巧克力豆	适量

制作步骤

1 将椰子果茸和细砂糖倒入锅中，加热搅拌至沸腾。
2 离火，加入泡软的吉利丁片，用刮刀搅拌均匀。
3 加入椰蓉，搅拌均匀。
4 倒入8连硅胶模具中，表面撒上耐高温巧克力豆，放入冰箱冷冻至凝固。

准备工作
提前将吉利丁片放在冰水中泡软。

椰子利口酒面糊

材 料	重 量
黄油	85克
细砂糖	40克
全蛋	85克
椰子利口酒	40克
椰蓉	85克
耐高温巧克力豆	30克

制作步骤

1 将黄油和糖粉倒入盆中，搅拌至黄油微微发白。
2 加入全蛋，用打蛋器搅拌均匀。
3 然后加入椰子利口酒和椰蓉，充分搅拌均匀。
4 最后加入耐高温巧克力豆搅拌均匀，呈面糊状，装入裱花袋中，挤入8连硅胶模具中，放置冷冻凝固即可。

准备工作
提前将黄油放在室温中软化。

配方 / Ingredients

材　料	材料百分比（%）	重　量
T45面粉	100	500克
细砂糖	13	65克
鲜酵母	4	20克
食盐	2	10克
鸡蛋	5	25克
水	33	165克
牛奶	10	50克
黄油	8	40克

包入油脂 / Grease inclusion

片状黄油	280克

装饰原料 / Decorative materials

杏仁条	适量
糖粉	适量
可可粉	适量

预先准备 / Preparation

1 调节水温。

2 将香草荚取籽后与细砂糖充分拌匀，便于后期搅拌分散。

3 将鸡蛋充分打散并过滤，作为后期烘烤时表面的刷蛋液。

4 制作馅料，冷却备用。

5 准备模具：圆形模具。

6 模具中喷入食品脱模油。

制作过程 / Methods

1

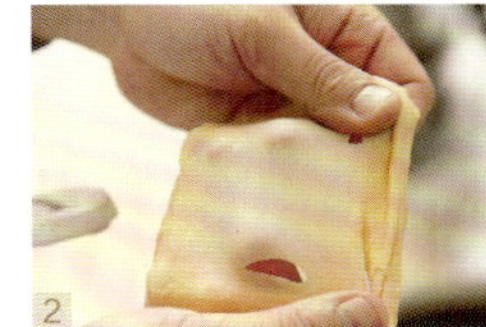
2

3

4

和面

1 将除片状黄油外的所有材料倒入面缸中进行搅拌。

2 搅拌至面团表面光滑，有延展性，并能拉开面膜。

基础醒发

3 将面团取出，放至室温发酵20分钟。

4 将发酵好的面团擀开放在烤盘，并放入冰箱速冻（-25℃）30分钟，冷藏20分钟。

5-1

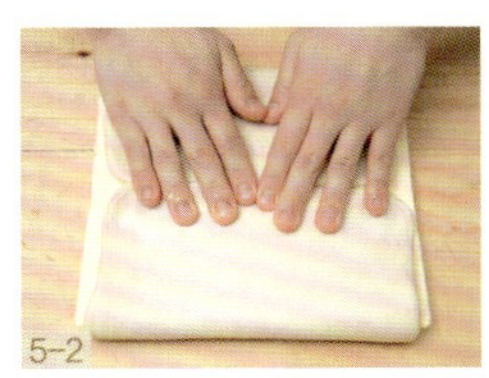
5-2

6

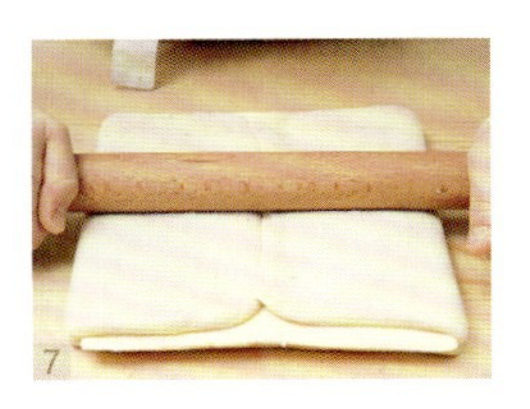
7

包油

5 将片状黄油敲打至22厘米×22厘米，增强油脂的延展性，将面团取出擀压至油脂的2倍大，并把油脂包入。

6 将面团两侧切开。

7 用擀面杖稍加擀压一下，使面团和油脂更贴合。

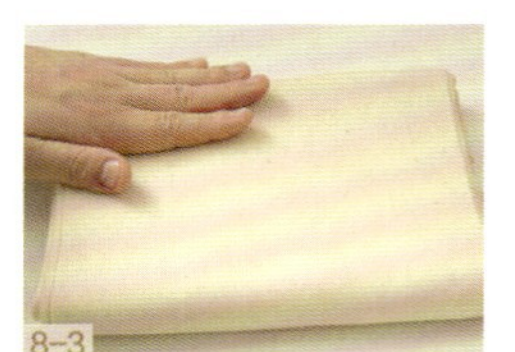

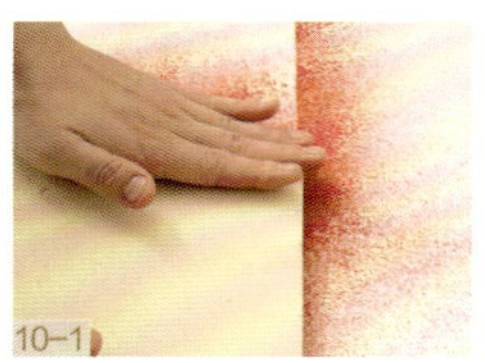

擀压起酥

8 将包好油脂的面团用开酥机进行擀压，擀压至0.5厘米厚，进行一次四折。

9 将折好的面团再进行擀压，擀压至0.6厘米厚，在面团表面筛上一层树莓粉。

10 进行一次三折，并放入冰箱冷冻15分钟，移至冷藏室冷藏20分钟。

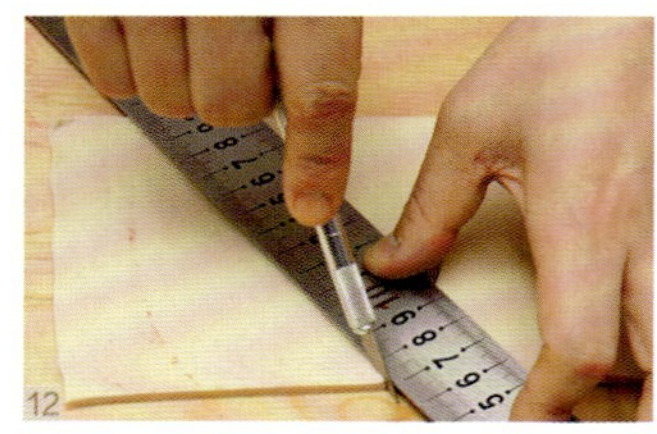

成形

11 将制好的面团擀开至0.4厘米厚，擀压一边至30厘米宽。

12 将面团边缘多余部分裁掉，并裁成边长为14厘米的等边三角形（每个约60克）。

13 将面团放置在圆形模具中。

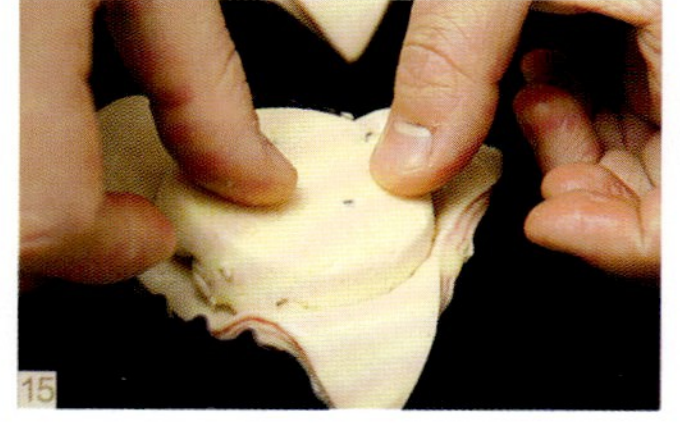

最后醒发

14 用毛刷在面包表面刷上一层蛋液（保持面团表面湿度），放入醒发箱中，以温度28℃、相对湿度80%醒发90分钟。

烘烤

15 取出醒发好的面包，表面再刷一层蛋液，将制好的椰子利口酒面糊馅料放入醒发好的面团中。

16 在面团边角处放上少许杏仁条，以上火200℃、下火190℃烘烤12～15分钟。

17

18

19

装饰

17 出炉冷却后在两角上筛上糖粉。

18 在另一角上筛上可可粉。

19 最后将制好的椰子果茸饼放入中心即可。

小贴士
NOTE

1 书中使用圆形模具选用的是SN6201型。

2 制作起酥面团时，要保持油脂和面团的温度一致，否则会导致断油。

3 制作时，室温不宜过高，也不宜将面团放置室温过久，否则会导致面团油脂融化，影响操作。

4 成形时，速度一定要快，不宜将面团停留手中过久，手的温度会影响面团，可借助冰烤盘来进行操作。

5 醒发时温度不宜过高，否则油脂会从面团中渗出，影响出品。

6 烘焙过程中不要开炉门，否则面包会坍塌缩腰。

一叶轻舟

材料总重量
1155克

制作数量
约16个

面团温度	> 24℃
基础醒发	> 室温（26℃），20分钟，速冻30分钟，冷藏20分钟
擀压折叠	> 四折一次，三折一次
最后醒发	> 温度28℃，相对湿度80%，90分钟
烘焙	> 200℃/190℃，12～15分钟

配方 / Ingredients

材 料	材料百分比（%）	重 量
T45面粉	100	500克
细砂糖	13	65克
鲜酵母	4	20克
食盐	2	10克
鸡蛋	5	25克
水	33	165克
牛奶	10	50克
黄油	8	40克

杏仁奶油馅

材料总重量
285克

制作数量
约16个

材 料	重 量
黄油	75克
糖粉	75克
杏仁粉	75克
鸡蛋	60克

1

2

3

制作步骤

1 将黄油和糖粉倒入盆中，充分搅拌均匀。
2 加入鸡蛋，用打蛋器搅拌均匀。
3 然后倒入杏仁粉，搅拌成泥状，备用。

准备工作

将黄油提前放在室温中软化。

装饰原料 / Decorative materials

新鲜树莓	适量
半颗去皮绿开心果	适量
糖粉	适量

起酥油脂 / Shortening

片状黄油	280克

预先准备 / Preparation

1 调节水温。
2 将香草荚取籽后与细砂糖充分拌匀，便于后期搅拌分散。
3 准备弧形模具。
4 制作馅料备用。

制作过程 / Methods

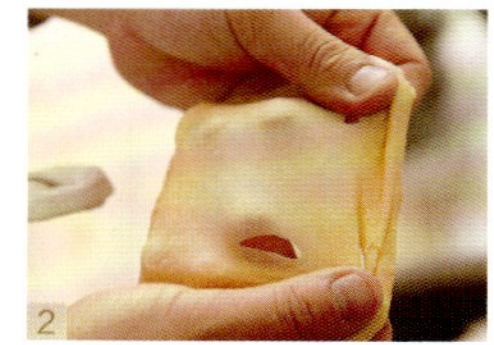

和面

1 将除片状黄油外的所有材料倒入面缸中进行搅拌。
2 搅拌至面团表面光滑，有延展性，并能拉开面膜。

基础醒发

3 将面团取出，放至室温发酵20分钟。
4 将发酵好的面团擀开放在烤盘，并放入冰箱速冻（-25℃）30分钟，冷藏20分钟。

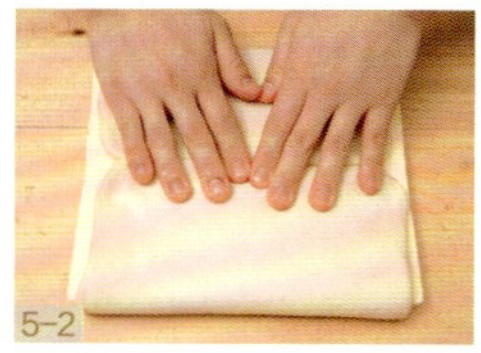
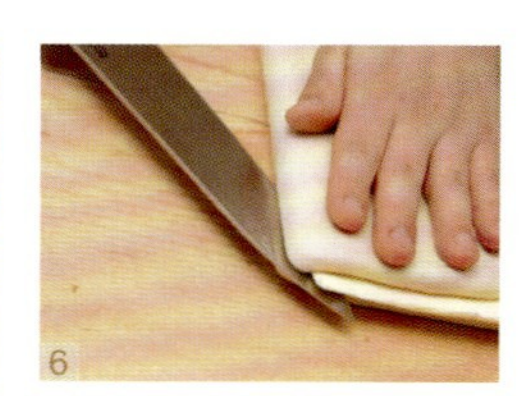

包油

5 将片状黄油敲打至22厘米×22厘米，增强油脂的延展性，将面团取出擀压至油脂的2倍大，并把油脂包入。
6 将面团两侧切开。
7 用擀面杖稍加擀压一下，使面团和油脂更贴合。

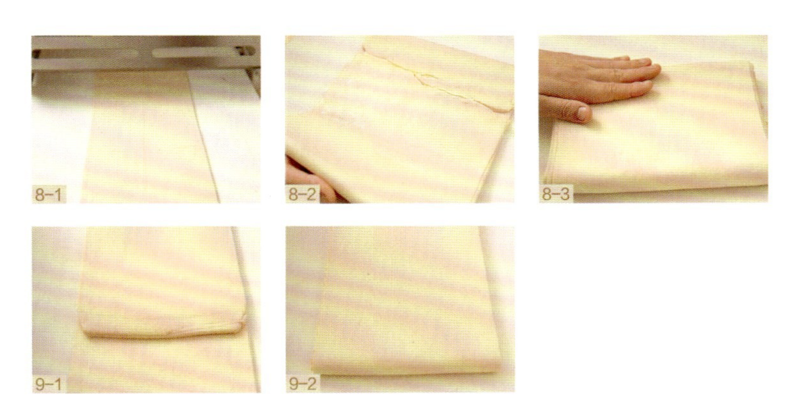

擀压起酥

8 将包好油脂的面团用开酥机进行擀压，擀压至0.5厘米厚，进行一次四折。

9 将折好的面团再进行擀压，擀压至0.6厘米厚，进行一次三折，并放入冰箱冷冻15分钟，移至冷藏室冷藏20分钟。

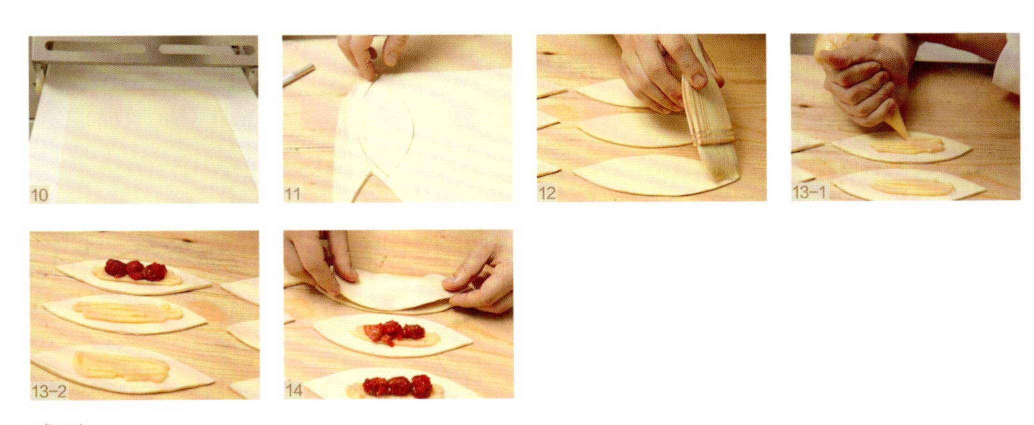

成形

10 将制好的面团擀开至0.4厘米厚。

11 用模具将面团裁剪成叶子形（每片约30克）。

12 取出一片在边缘处刷上蛋液。

13 在另一片上挤上20克杏仁奶油，并放上三颗新鲜树莓。

14 将刷好蛋液的面皮盖在上面，压紧边缘。

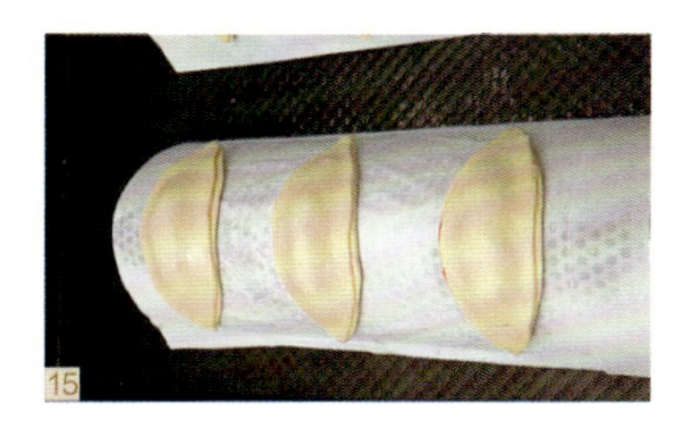

15

最后醒发、烘烤

15 放在弧形模具上，放入醒发箱中，以温度28℃、相对湿度80%醒发90分钟。发酵完成后，以风炉180℃烘烤12～15分钟。

16

17

装饰

16 出炉冷却后在表面筛上糖粉。

17 在表面放上一颗新鲜树莓和半颗开心果装饰即可。

小贴士 NOTE

1 制作起酥面团时，要保持油脂和面团的温度一致，否则会导致断油。

2 制作时，室温不宜过高，也不宜将面团放置室温过久，否则会导致面团油脂融化，影响操作。

3 成形时，速度一定要快，不宜将面团停留手中过久，手的温度会影响面团，可借助冰烤盘来进行操作。

4 醒发时温度不宜过高，否则油脂会从面团中渗出，影响出品。

5 烘焙过程中不要开炉门，否则面包会坍塌缩腰。

CHAPTER 06

亚洲面包

天然酵种面包介绍

酵母在制作面包中扮演重要角色，酵母越有“个性”，制作出的面包就越有鲜明的特点，并具有独特的口感特征。酵母有人工酵母与天然酵母两大类。人工酵母是经过特殊工艺制作而成的菌类，与之相对的天然酵母是附着在果实与谷物表面的菌类。天然酵种的培养是以这些天然酵母为主要原料，经过培养液培养，历经一段时间后产生的酵母群，这种含酵母群的培养液统称为“天然酵种”。

天然酵种所含的菌类并非酵母一类，根据所用的材料的不同，比如说水果、谷物等，其还有可能会含有乳酸菌、醋酸菌等多种与酵母菌共生的菌种，这些菌种能够产生有机酸和独特香气。

天然酵母与人工酵母

首先需要说明的是，无论是天然酵母还是人工酵母，只有活菌符合使用规则。具体制作时，要选择哪一类酵母，是根据产品的风味与品质需求来决定的。

市售的人工酵母的醒发能力强、稳定性也较好，即发高活性酵母比普通的工业酵母的发酵能力更强，在面包制作时，与天然酵母相比，花费的时间要短。

天然酵母的发酵能力相比人工酵母来说稍弱一些，并且培养过程有一定的环境和处理要求，需注意食品安全与卫生。在面包制作的时间上，要比人工酵母长。在长时间的发酵与制作中，其会产生更多的有机物，使面包更具风味与营养。

天然酵种的培养、续养过程与细节注意点请参照理论部分P28“固体酵种、液体酵种制作”。

波兰酵头面包

材料总重量
2335克

制作数量
约5个

面团温度 >	25℃
基础醒发 >	室温（26℃），60分钟
分割 >	350克/个，90克/个（1组量）
中间醒发（松弛）>	室温（26℃），20分钟
最后醒发 >	室温（26℃），45分钟
烘焙 >	250℃/230℃，蒸汽5秒，25~30分钟

波兰酵头

材 料	材料百分比（%）	重 量
T65面粉	40	400克
水	35	350克
鲜酵母	0.1	1克

制作步骤

1 将鲜酵母倒入水中化开，加入T65面粉搅拌均匀。

2 盖上保鲜膜，室温发酵12小时。

1-1

1-2

2

主面团

材 料	材料百分比（%）	重 量
T65面粉	100	1000克
鲜酵母	0.5	5克
食盐	2	20克
波兰酵头	75	750克
水	56	560克

预先准备 / Preparation

1 调节水温。

2 准备适量玉米碎。

3 准备适量橄榄油。

制作过程 / Methods

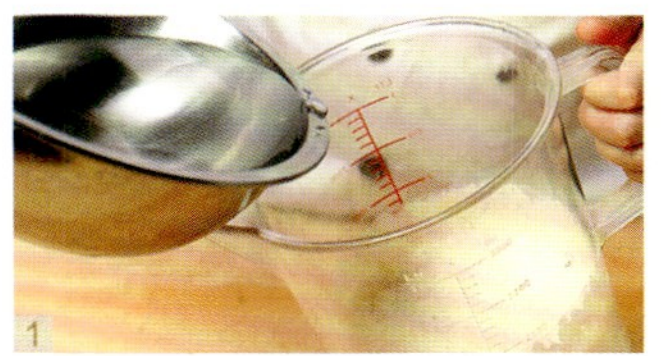
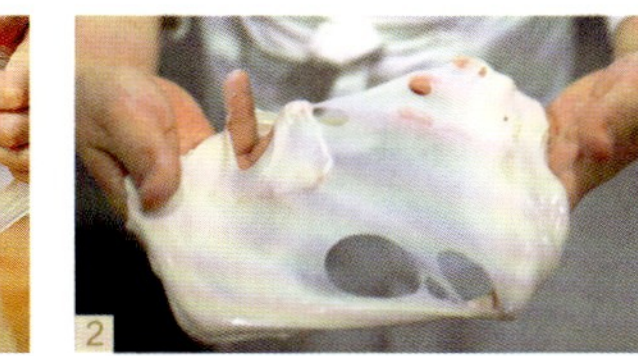
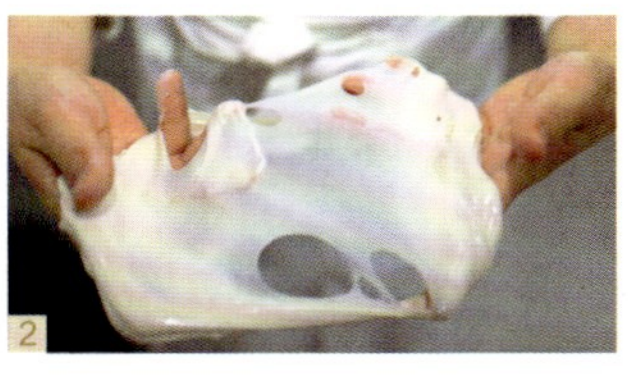

和面

1 将水沿着盆壁倒入波兰酵头里，使波兰酵头自然脱落盆壁。

2 将T65面粉、鲜酵母、食盐倒入打面缸中，然后边搅拌边加入“步骤1”，搅拌至表面光滑，能拉出薄膜。

基础醒发

3 将面团取出，放在发酵箱中，室温26℃，醒发60分钟。

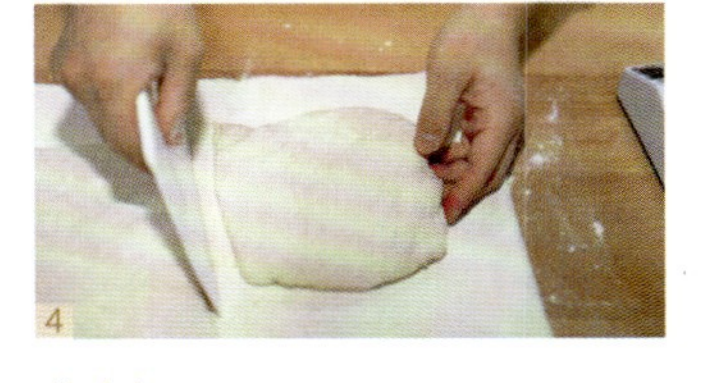

分割

4 将面团分割成350克和90克各5个、100克1个。然后搓圆，松弛30分钟。

预整形、中间醒发（松弛）

5 分别将面团预整形成圆形，室温松弛20分钟，将100克的面团擀薄至0.2厘米，放入冰箱冷冻备用。

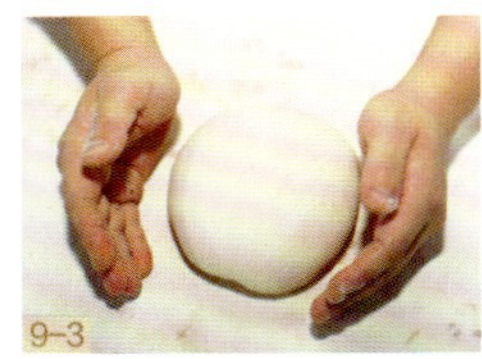

成形

6 将90克的面团用擀面杖擀成圆皮，厚度约1厘米。

7 在面皮的中间刷上少许橄榄油。

8 将350克的面团放置在面皮上（接口朝上）。

9 将面皮完全包裹面团，并收紧接口。

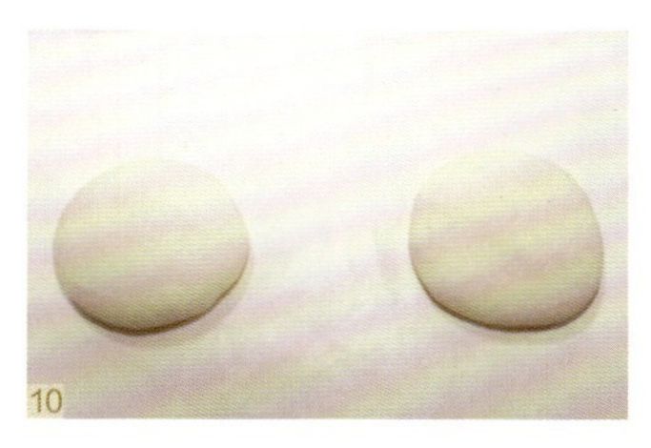

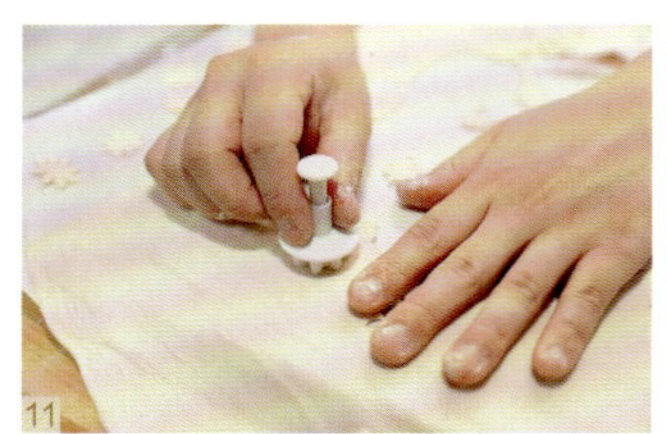

最后醒发

10 将面团室温醒发45分钟。

11 将擀好的面皮取出，用翻糖小花压模压出花瓣。

12 在小花上喷上水，并沾上玉米碎，冷冻备用。

烘焙

13 取出面团，在表面筛上一层面粉。

14 在表面划上米字型刀口。

15 划开处放上4片小花，以上火250℃、下火230℃，喷蒸汽5秒，烘烤25～30分钟。

小贴士
NOTE

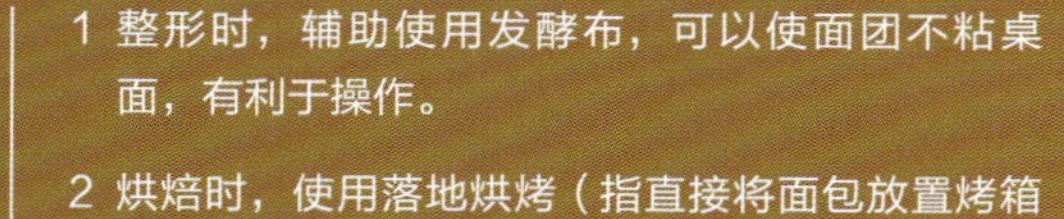

1 整形时，辅助使用发酵布，可以使面团不粘桌面，有利于操作。

2 烘焙时，使用落地烘烤（指直接将面包放置烤箱内烘烤，不使用托盘等承载工具）。

3 面皮上的油脂不宜刷过多，否则影响成品。

固体酵种面包

材料总重量
1880克

制作数量
约4个

面团温度	25℃
基础醒发	室温（26℃），60分钟
分割	450克/个
中间醒发（松弛）	室温（26℃），30分钟
最后醒发	室温（26℃），45分钟
烘焙	250℃/230℃，蒸汽5秒，20～25分钟

配方 / Ingredients

材料	材料百分比（%）	重量
T65面粉	100	1000克
鲜酵母	1	10克
食盐	2	20克
固体酵种	20	200克
水	65	650克

预先准备 / Preparation

1 调节水温。
2 准备适量橄榄油。
3 固体酵种培养请参照P28“固体酵种、液体酵种制作”。

制作过程 / Methods

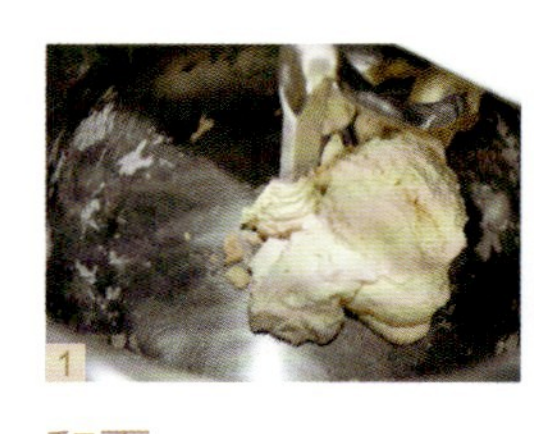
1

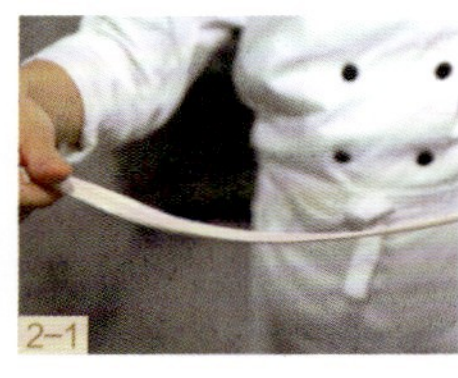
2-1

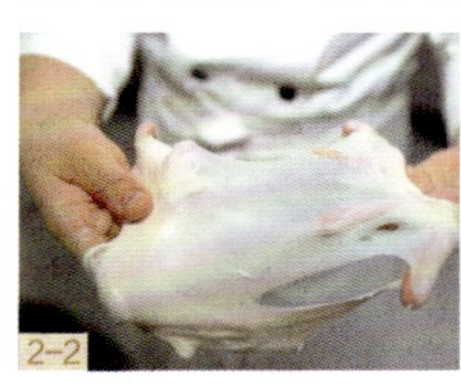
2-2

和面

1 将所有材料倒入面缸中进行搅拌。
2 搅拌至表面光滑，有良好的延伸性，能拉出薄膜。

3

基础醒发

3 将打好的面团放置在发酵箱中，并放在室温26℃，发酵60分钟。

分割、预整形、中间醒发（松弛）

4 将面团分割成每个450克，预整形成圆形，放置发酵布上室温松弛30分钟。

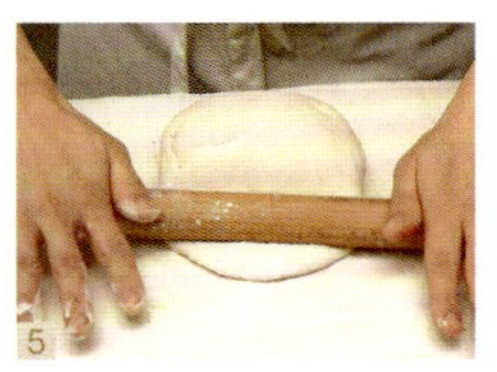
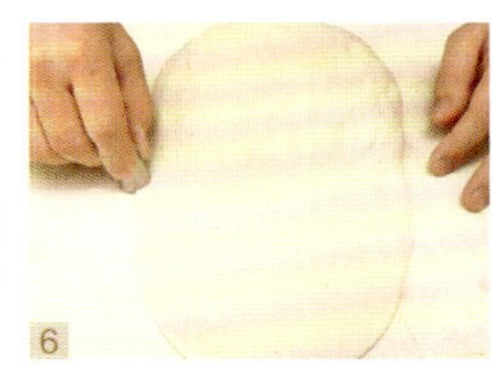

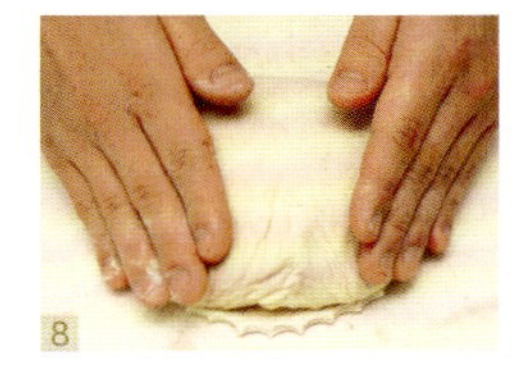

成形

5 将发酵好的面团，用擀面杖将面团前端擀成0.2厘米厚的面皮。

6 用裱花嘴将面皮的边缘压成锯齿状。

7 在边缘刷上少许橄榄油。

8 将面团盖在锯齿状面皮上。

最后醒发

9 将成形好的面团放置室温醒发45分钟。

烘焙

10 将发酵好的面团放上筛粉模具，并筛上一层面粉。

11 入烤箱，以上火250℃、下火230℃，喷蒸汽5秒，烘烤20～25分钟。

小贴士
NOTE

1 成形时，使用发酵布会使面团不粘桌面，有利于操作。

2 烘焙时使用落地烘烤（指直接将面包放置烤箱烘烤，不使用托盘等承载工具）。

3 面皮上的油脂不宜刷过多，否则影响成品。

液体酵种面包

面团温度	22~25℃
基础醒发	3℃冷藏一夜
分割	400克/个
中间醒发（松弛）	室温（26℃），20分钟
最后醒发	室温（26℃），45分钟
烘焙	250℃/230℃，蒸汽5秒，20~25分钟

材料总重量
1876克

制作数量
约4个

配方 / Ingredients

材　料	材料百分比（%）	重　量
T65面粉	100	1000克
水	65	650克
食盐	2	20克
鲜酵母	0.6	6克
液体酵种	20	200克

预先准备 / Preparation

1 调节水温。2 准备适量橄榄油。

制作过程 / Methods

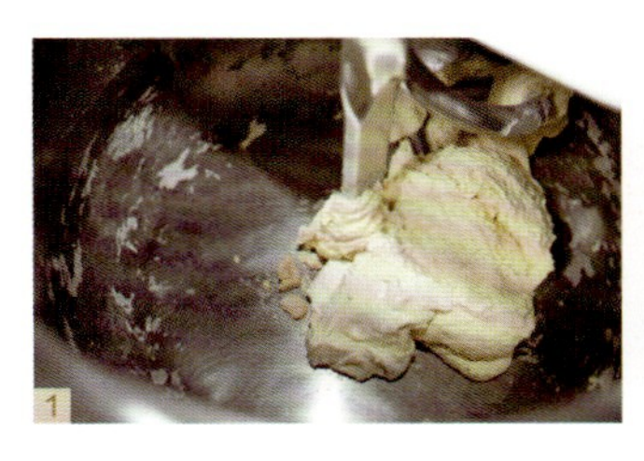
1

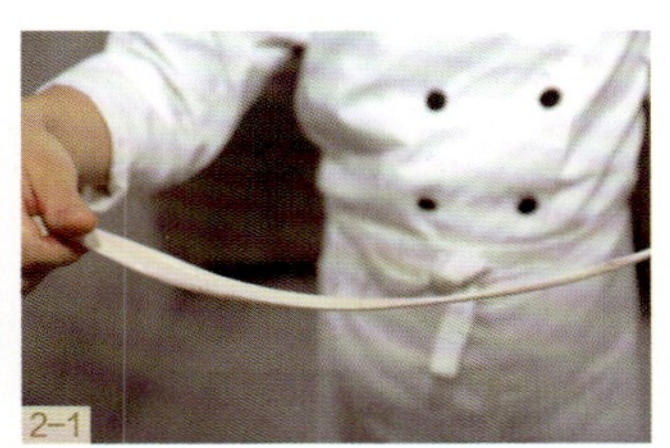
2-1

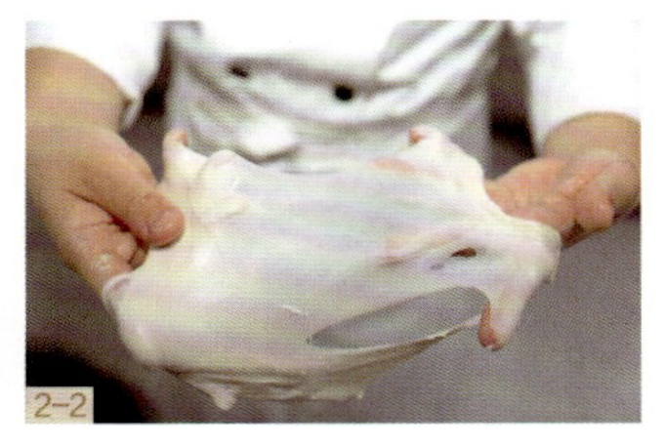
2-2

和面

1 将T65面粉和水倒入面缸中，稍稍搅拌至混合，停止搅拌，放置在室温下静置90分钟，进行水解。

2 加入盐，用1挡搅拌均匀后，加入酵母和液体酵种，继续用1挡搅拌约10分钟，再调整转速至2挡，搅拌至面团不粘缸壁，表面细腻光滑，面筋有延伸性，能拉开面膜。

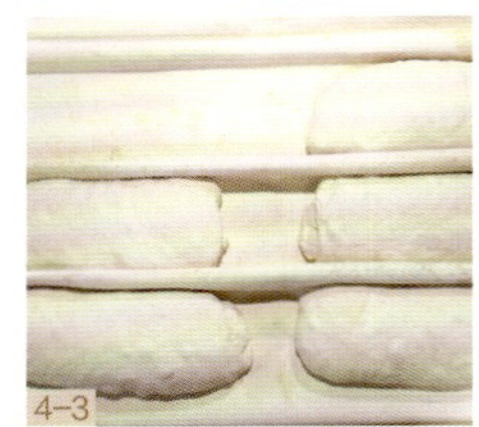

基础醒发

3 将面团放入周转箱中，将面团的四边分别向中间内部折叠，使面团表面圆滑饱满。放入冰箱3℃冷藏发酵一夜。

分割、预整形、中间醒发（松弛）

4 取出冷藏好的面团，分割400克，预整形成圆形，将预整形的面团放置发酵布上，室温发酵20分钟。

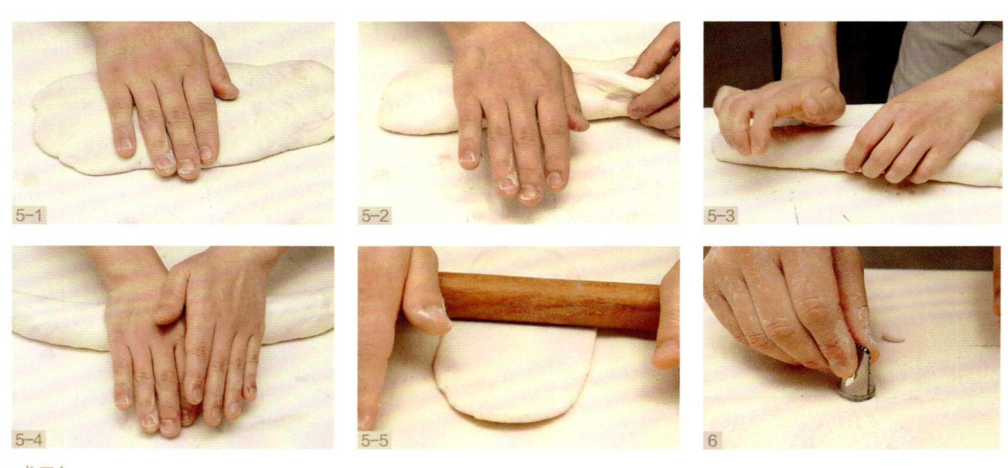

成形

5 将面团的一边擀开，擀至0.1厘米厚。

6 用裱花嘴在面皮边缘刻出波浪纹。

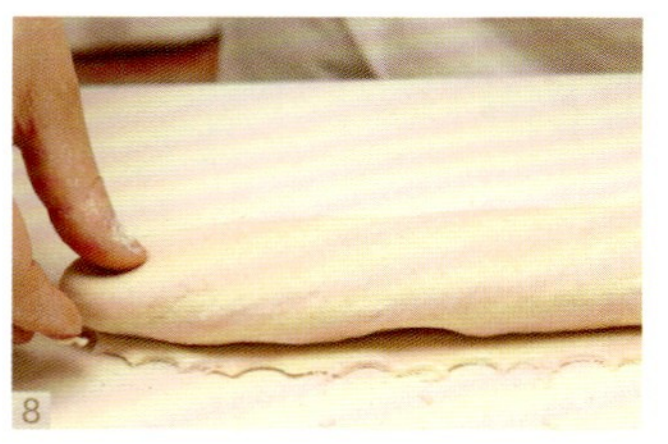

7 在面皮边缘刷上一层橄榄油。

8 将面团放置在波浪纹状面皮上（接口朝上摆放）。

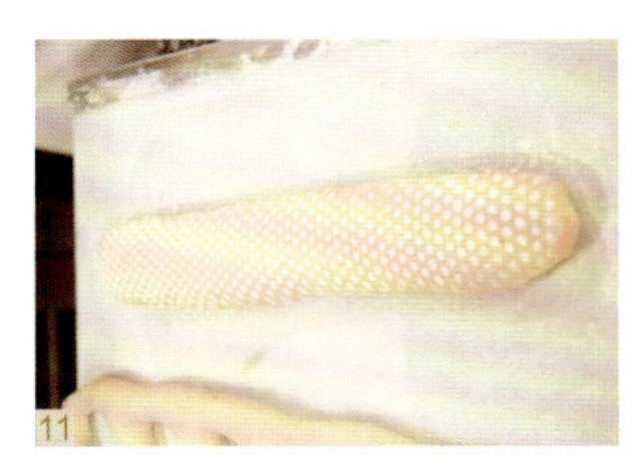

最后醒发

9 放置室温发酵45分钟。

烘焙

10 取出面团，表面放上筛粉模具，并筛上面粉。

11 以上火250℃、下火230℃，喷蒸汽5秒，烘烤20分钟，打开风门烘烤3～5分钟。

小贴士 NOTE

1 成形时，使用发酵布会使面团不粘桌面，有利于操作。

2 烘焙时使用落地烘烤（指直接将面包放置烤箱烘烤，不使用烤盘等承载工具）。

3 面皮上的油脂不宜刷过多，否则影响成品。

CHAPTER
07
法棒与花式法棒

法棒与花式法棒介绍

法棒又称法国长棍面包，是最传统的法式面包之一，是干硬面包系列的代表产品，通常只使用小麦粉、水、盐和酵母四种原料来制作。其特点是外皮酥脆、内部松软。

法棒是棒状的法式面包，一般根据其重量和长度，会有不同的制作方法和名称。割口中常见的有3条、5条和麦穗状，长度在40～68厘米，中间粗两端略尖。

法棒面团的水解

传统法式面包在制作时，会常常出现水解的制作步骤，即面团在正式搅拌前，先将水和面粉简单混合至面粉湿润，在室温静置20～30分钟，之后再加入其他材料进行混合搅拌。

水解的材料

水解过程的搅拌只要简单混合即可，参与的材料有水和面粉，一定不要加入盐，因为盐可以促进和强化小麦粉中的蛋白网络形成，后期再与其他材料混合进行最后搅拌时，容易产生内部筋度组织强度不一的情况。

水解的意义

水解的过程可以缓解面团内部的紧绷感，使内部组织更好的延展。如果面团的延展性太弱，对于整形会造成很大的困难。另外，水解可以缩短面包的打面时间，如果打面的时间过长，会使面包成熟时中心处泛白，风味减弱，并且保存时间也变短。

如何确认面团是否需要水解？

这个需要熟悉面粉的性质，如果使用的面团延展性很差，不容易进行整形操作时，那么，这种面粉就是需要进行水解的。当然，如果是需要做造型的面团，也可以适当进行水解操作。

法棒的表面切割

法棒与花式法棒都属于干硬面包系列，与软质面包相比，面团的延伸性要差一些，通过表面的切痕，在一定程度上可以使面团更好地向外延伸。此外，面团内部堆积的气体经由划痕处散发出来，使面团在烘烤过程中膨胀均匀。在烘烤后，面包的表皮与内部颜色清晰地展现在人们眼前，不但能提高观赏度，也能引发食欲。

正确的表面切割方法：

1. 刀片与面包的操作面不是垂直的，而是成45°左右的夹角。
2. 面包表面的每段划痕之间是平行的，且有1/3的长度是重合的。
3. 划痕的深度不宜过深，如果过深，经过烘烤后，划痕的中央部位没办法全部打开。

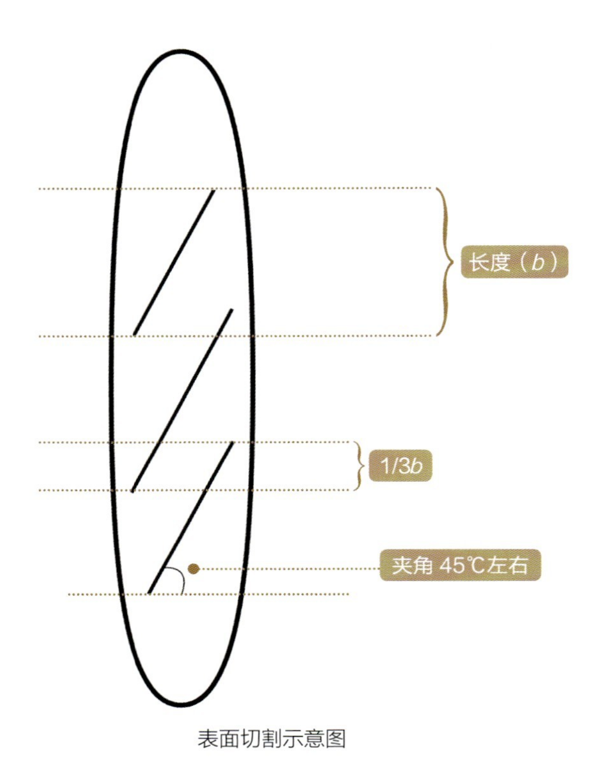

表面切割示意图

法棒

材料总重量
1956克

制作数量
约5个

面团温度	24℃
基础醒发	3℃冷藏一夜（12～15小时）
分割	450克/个
中间醒发（松弛）	室温（26℃），30分钟
最后醒发	室温（26℃），45分钟，再冷藏15分钟
烘焙	250℃/230℃，蒸汽5秒，23～25分钟

配方 / Ingredients

材　料	材料百分比（%）	重　量
T65面粉	100	1000克
水	65	650克
食盐	2	20克
鲜酵母	0.6	6克
固体酵种	20	200克
分次加水	8	80克

预先准备 / Preparation

调节水温。

制作过程 / Methods

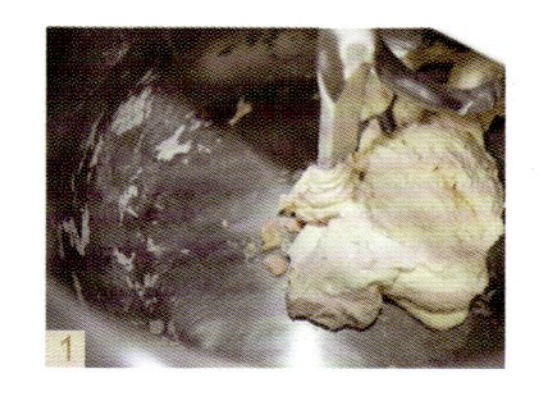
1

2

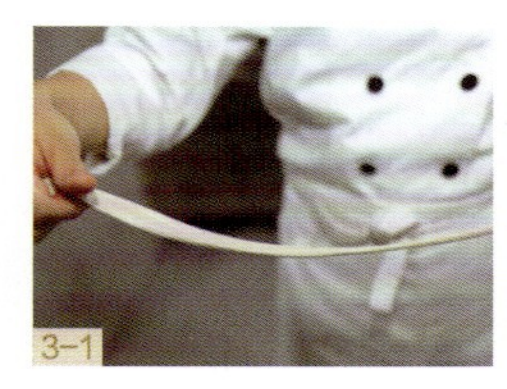
3-1

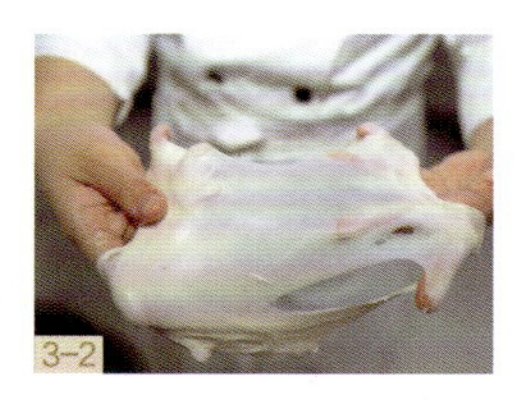
3-2

和面

1 将T65面粉和水倒入面缸中，稍稍搅拌至混合，停止搅拌，室温下静置90分钟，进行水解。

2 加入盐，用1挡搅拌均匀后，加入酵母和固体酵种，继续用1挡搅拌约10分钟，观察面团的状态，分次加水，并调整转速至2挡，搅拌至面团不粘缸壁、表面细腻光滑。

3 将面团搅拌至面筋有延伸性，能拉开面膜。

基础醒发

4 将面团放入周转箱中，将面团的四边分别向中间内部折叠，使面团表面圆滑饱满。放入3℃冷藏发酵一夜（12～15小时）。

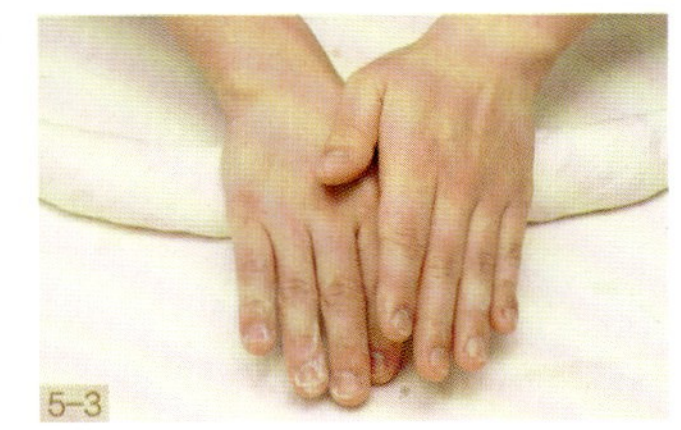

分割、预整形

5 取出冷藏好的面团，分割成每个450克，预整形成圆柱形。

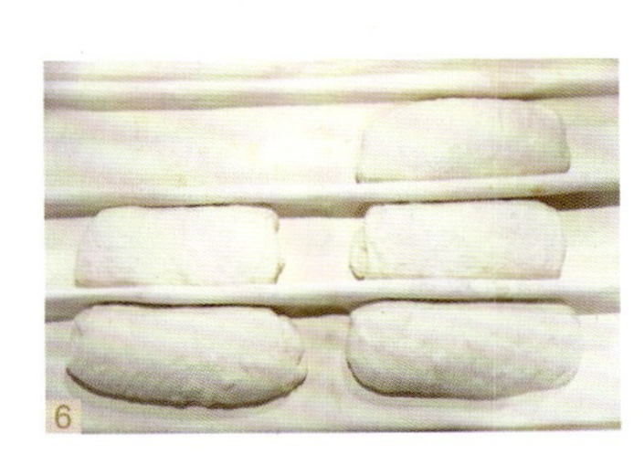

中间醒发（松弛）

6 将预整形的面团放置于发酵布上，室温发酵30分钟。

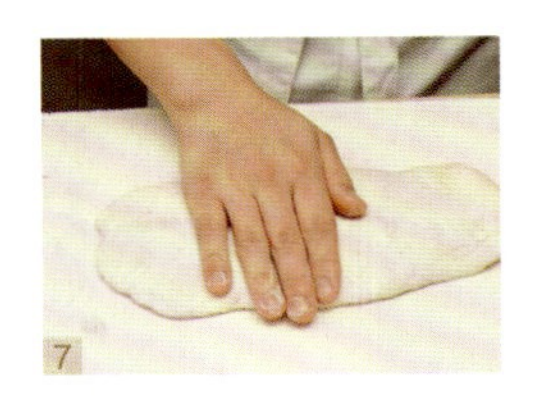

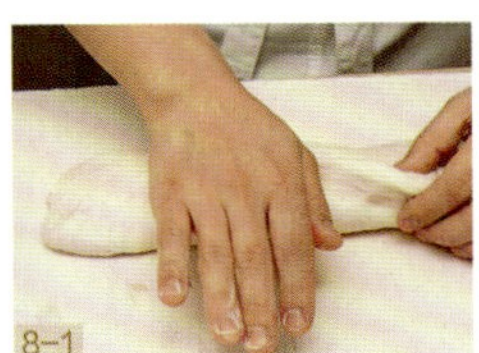

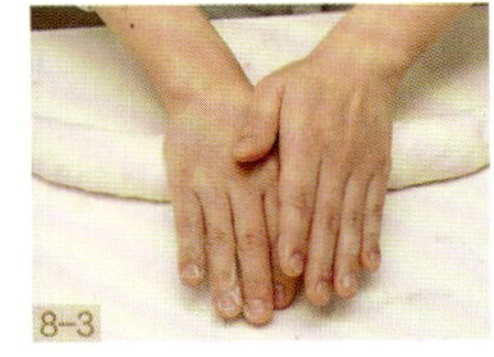

成形

7 取出发酵好的面团，用手掌拍压面团，使其排出多余的气体。

8 将面团较为平整的一面朝下，从远离身体的一侧开始，折叠约1/3，用手掌的掌根处将对接处按压紧实，用双手将面团搓成长约55厘米的长条。

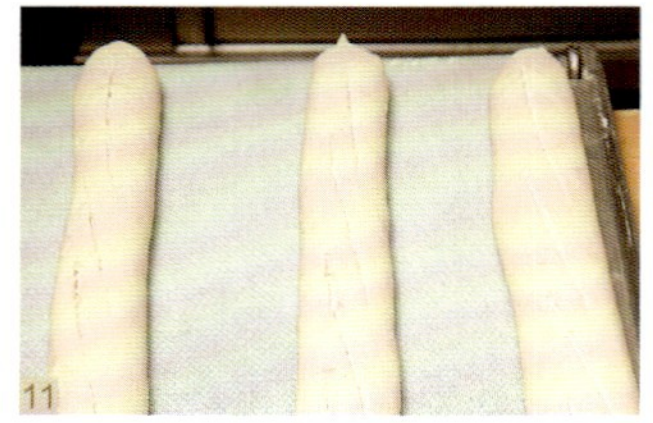

最后醒发

9 将成形好的面团底部朝上，放置在发酵布上，室温发酵45分钟，再放入冰箱3℃冷藏15分钟。

烘焙

10 取出面团，用刀片在面团表面斜着划5刀（注意刀口的深浅）。

11 入烤箱，以上火250℃、下火230℃，喷蒸汽5秒，烘烤20分钟，再打开风门烘烤3～5分钟。

小贴士
NOTE

1 水解阶段中，将水和面粉混合静置一段时间，可以帮助面团快速形成面筋，并且可以减弱面筋的强度，方便面团整形。

2 成形时，使用发酵布会使面团不粘桌面，有利于操作。

3 烘焙时使用落地烘烤（指直接将面包放置烤箱烘烤，不使用烤盘等承载工具）。

4 将发酵好的面团放置冷藏，有利于烘焙膨胀。

花式法棒造型一

材料总重量
1956克

制作数量
约4个

面团温度	> 24℃
基础醒发	> 3℃冷藏一夜（12～15小时）
分割	> 450克/个
中间醒发（松弛）	> 室温（26℃），30分钟
最后醒发	> 室温（26℃），45分钟，再冷藏15分钟
烘焙	> 250℃/230℃，蒸汽5秒，23～25分钟

配方 / Ingredients

材　料	材料百分比（%）	重　量
T65面粉	100	1000克
水	65	650克
食盐	2	20克
鲜酵母	0.6	6克
固体酵种	20	200克
分次加水	8	80克

预先准备 / Preparation

1 调节水温。
2 准备适量奇亚籽。

制作过程 / Methods

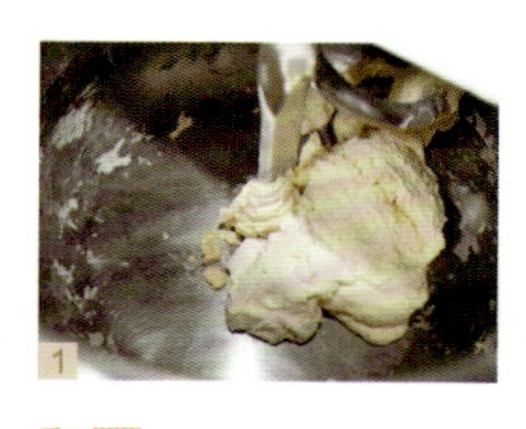
1

2

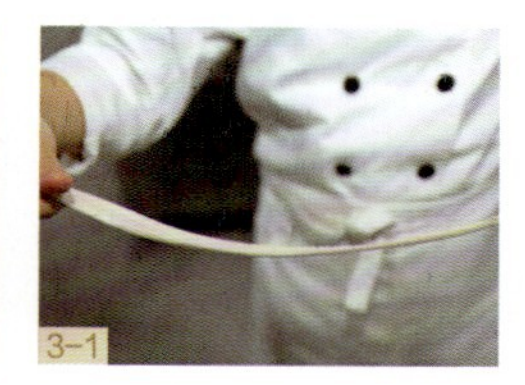
3-1

3-2

和面

1 将T65面粉和水倒入面缸中，稍稍搅拌至混合，停止搅拌，室温下静置90分钟，进行水解。
2 加入盐，用1挡搅拌均匀后，加入酵母和固体酵种，继续用1挡搅拌约10分钟，观察面团的状态，分次加水，并调整转速至2挡，搅拌至面团不粘缸壁、表面细腻光滑。
3 将面团搅拌至面筋有延伸性，能拉开面膜。

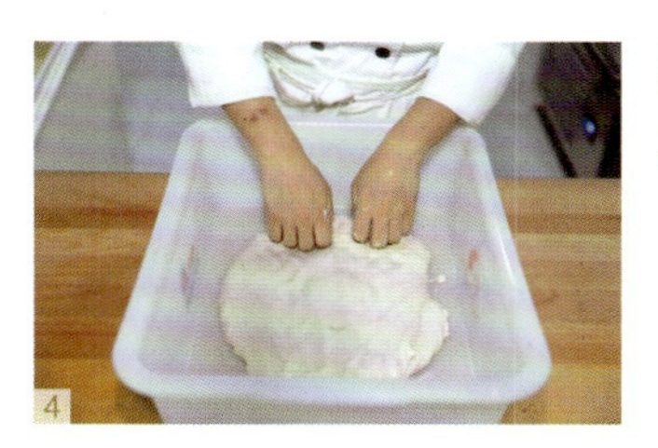
4

基础醒发

4 将面团放入周转箱中，将面团的四边分别向中间内部折叠，使面团表面圆滑饱满。放入冰箱3℃冷藏发酵一夜（12～15小时）。

5-1

5-2

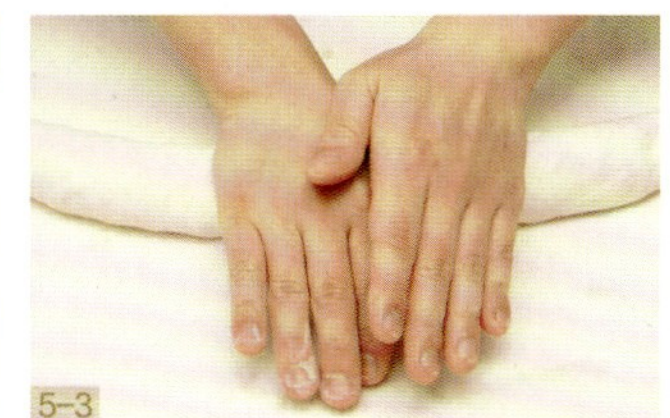
5-3

分割、预整形

5 取出冷藏好的面团，分割成每个450克，预整形成圆柱形。

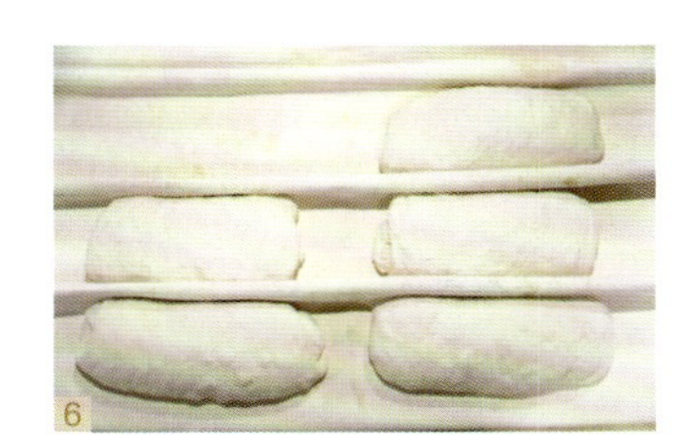
6

中间醒发（松弛）

6 将预整形的面团放置于发酵布上，室温发酵30分钟。

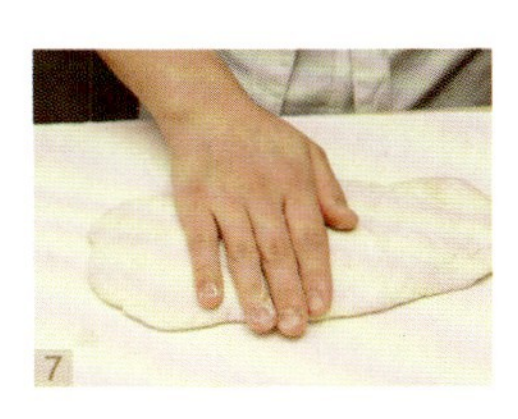
7

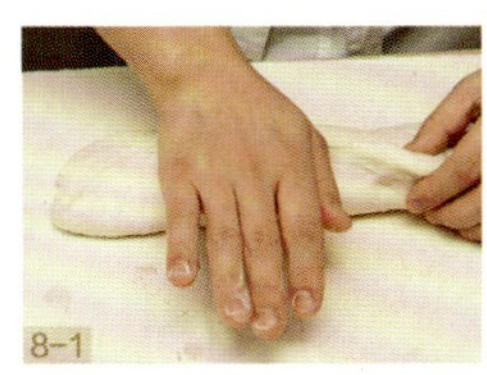
8-1

8-2

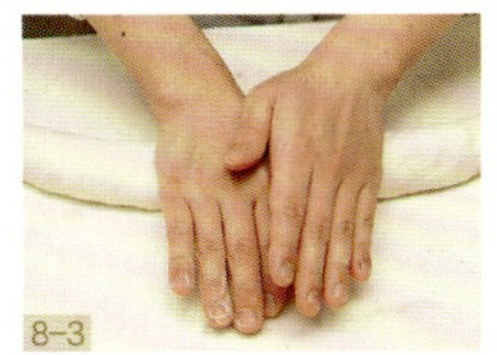
8-3

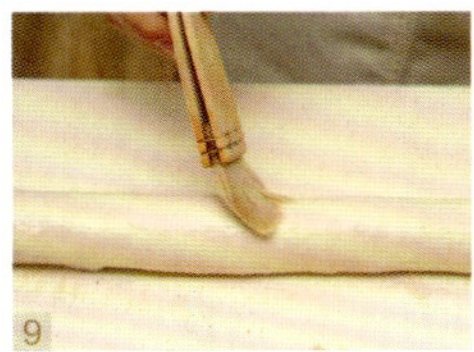
9

10

成形

7 取出发酵好的面团，用手掌拍压面团，使其排出多余的气体。

8 将面团较为平整的一面朝下，从远离身体的一侧开始，折叠约1/3，用手掌的掌根处将对接处按压紧实，用双手将面团搓成长约55厘米的长条。

9 在成形好的面团上刷上水。

10 在面团表面沾取适量奇亚籽。

最后醒发

11 将成形好的面团底部朝上，放置在发酵布上，室温发酵45分钟，再放入冰箱3℃冷藏15分钟。

烘焙

12 取出面团，用剪刀剪出麦穗状，不要剪断。

13 摆放呈“S”形状。

14 以上火250℃、下火230℃，喷蒸汽5秒，烘烤20分钟，再打开风门烘烤3～5分钟。

小贴士
NOTE

1 水解阶段中，将水和面粉混合静置一段时间，可以帮助面团快速形成面筋，并且可以减弱面筋的强度，方便面团整形。

2 成形时，使用发酵布会使面团不粘桌面，有利于操作。

3 烘焙时使用落地烘烤（指直接将面包放置烤箱烘烤，不使用烤盘等承载工具）。

4 将发酵好的面团放置冷藏，有利于烘焙膨胀。

花式法棒造型二

材料总重量
1956克

制作数量
约4个

面团温度	>	24℃
基础醒发	>	3℃冷藏一夜（12～15小时）
分割	>	450克/个
中间醒发（松弛）	>	室温（26℃），30分钟
最后醒发	>	室温（26℃），45分钟，再冷藏15分钟
烘焙	>	250℃/230℃，蒸汽5秒，23～25分钟

配方 / Ingredients

材　料	材料百分比（%）	重　量
T65面粉	100	1000克
水	65	650克
食盐	2	20克
鲜酵母	0.6	6克
固体酵种	20	200克
分次加水	8	80克

预先准备 / Preparation

1 调节水温。
2 准备适量奇亚籽。

制作过程 / Methods

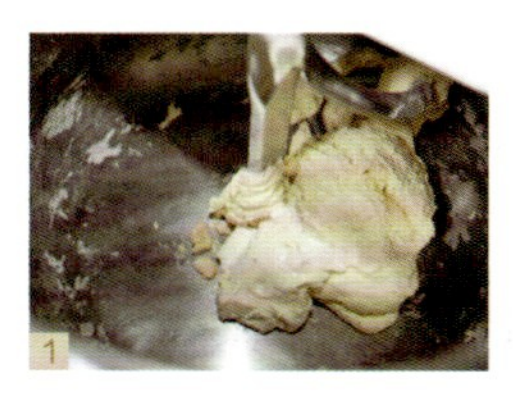
1

2

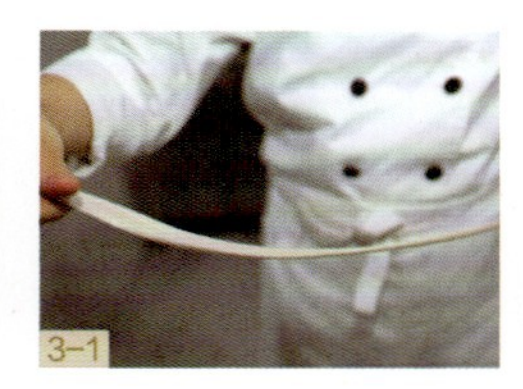
3-1

3-2

和面

1 将T65面粉和水倒入面缸中，稍稍搅拌至混合，停止搅拌，室温下静置90分钟，进行水解。
2 加入盐，用1挡搅拌均匀后，加入酵母和固体酵种，继续用1挡搅拌约10分钟，观察面团的状态，分次加水，并调整转速至2挡，搅拌至面团不粘缸壁、表面细腻光滑。
3 将面团搅拌至面筋有延伸性，能拉开面膜。

4

基础醒发

4 将面团放入周转箱中，将面团的四边分别向中间内部折叠，使面团表面圆滑饱满。放入冰箱3℃冷藏发酵一夜（12～15小时）。

5-1

5-2

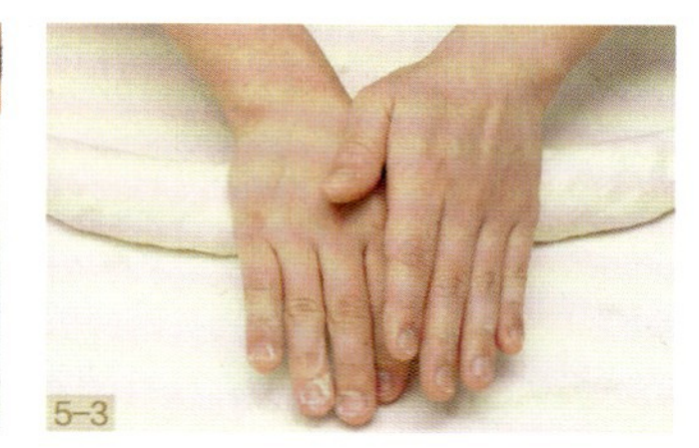
5-3

分割、预整形

5 取出冷藏好的面团，分割成每个450克，预整形成圆柱形。

6

中间醒发（松弛）

6 将预整形的面团放置发酵布上，室温发酵30分钟。

7

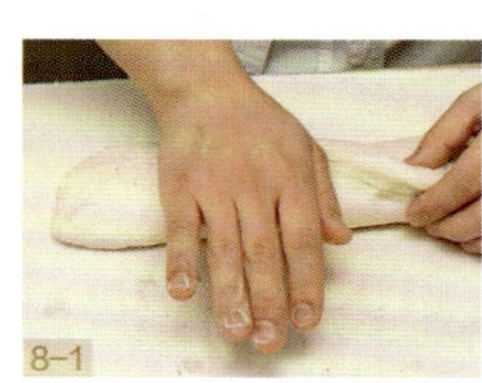
8-1

8-2

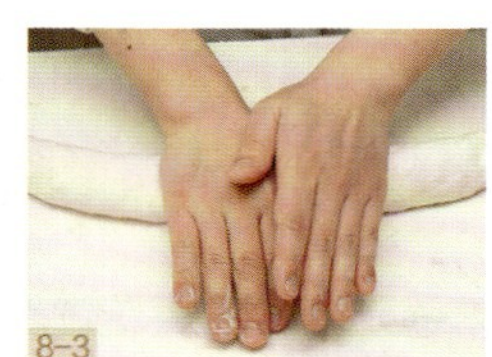
8-3

9

10

成形

7 取出发酵好的面团，用手掌拍压面团，使其排出多余的气体。

8 将面团较为平整的一面朝下，从远离身体的一侧开始，折叠约1/3，用手掌的掌根处将对接处按压紧实，用双手将面团搓成长约55厘米的长条。

9 在成形好的面团上刷上水。

10 在面团表面沾取适量奇亚籽。

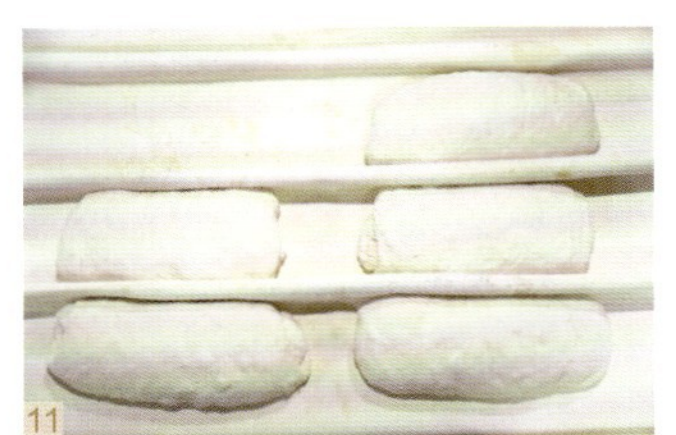
11

基础醒发

11 将成形好的面团底部朝上，放置在发酵布上，室温发酵45分钟，在放入冰箱3℃冷藏15分钟。

12

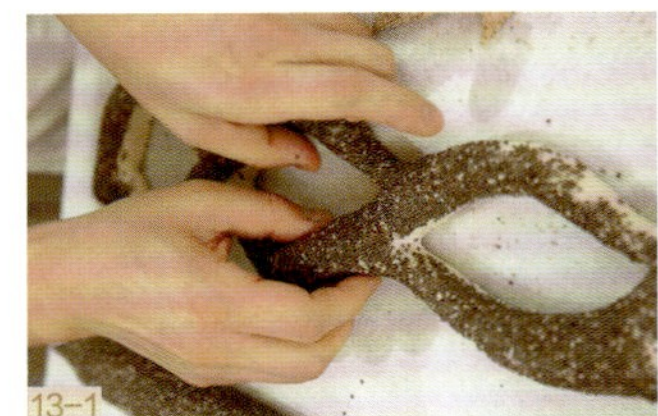
13-1

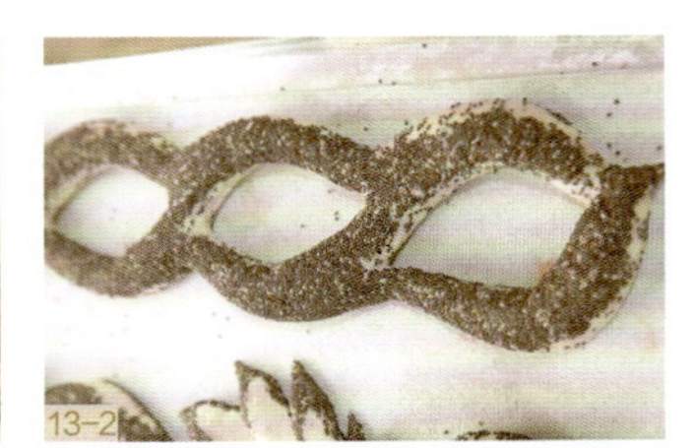
13-2

14

15

烘焙

12 取出面团，用切面刀在面团中间处斜着切开，切4刀。

13 用手将切开处拉开。

14 用剪刀将面团一边剪成麦穗，左右交替的手法剪制，不要剪断。

15 以上火250℃、下火230℃，喷蒸汽5秒，烘烤20分钟，打开风门烘烤3～5分钟。

小贴士 NOTE

1 水解阶段中，水和面粉混合静置一段时间，可以帮助面团快速形成面筋，并且可以减弱面筋的强度，方便面团整形。

2 成形时，使用发酵布会使面团不粘桌面，有利于操作。

3 烘焙时使用落地烘烤（指直接将面包放置烤箱烘烤）。

4 将发酵好的面团放置冷藏，有利于烘焙膨胀。

花式法棒造型三

材料总重量
1956克

制作数量
约4个

面团温度	24℃
基础醒发	3℃冷藏一夜（12～15小时）
分割	400克/个、80克/个（一组量）
中间醒发（松弛）	室温（26℃），30分钟
最后醒发	室温（26℃），45分钟，再冷藏15分钟
烘焙	250℃/230℃，蒸汽5秒，23～25分钟

配方 / Ingredients

材 料	材料百分比（%）	重 量
T65面粉	100	1000克
水	65	650克
食盐	2	20克
鲜酵母	0.6	6克
固体酵种	20	200克
分次加水	8	80克

预先准备 / Preparation

1 调节水温。
2 准备适量橄榄油。

制作过程 / Methods

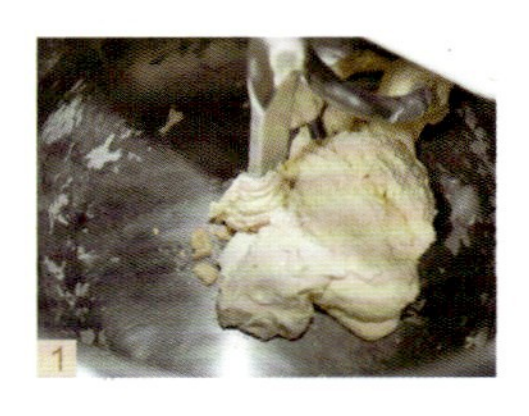
1

2

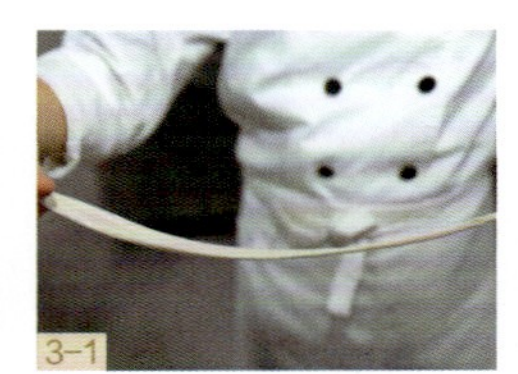
3-1

3-2

和面

1 将T65面粉和水倒入面缸中，稍稍搅拌至混合，停止搅拌，放置在室温下静置90分钟，进行水解。
2 加入盐，用1挡搅拌均匀后，加入酵母和固体酵种，继续用1挡搅拌约10分钟，观察面团的状态，分次加水，并调整转速至2挡，搅拌至面团不粘缸壁、表面细腻光滑。
3 将面团搅拌至面筋有延伸性，能拉开面膜。

4

基础醒发

4 将面团放入周转箱中，将面团的四边分别向中间内部折叠，使面团表面圆滑饱满。放入冰箱3℃冷藏发酵一夜（12～15小时）。

5-1

5-2

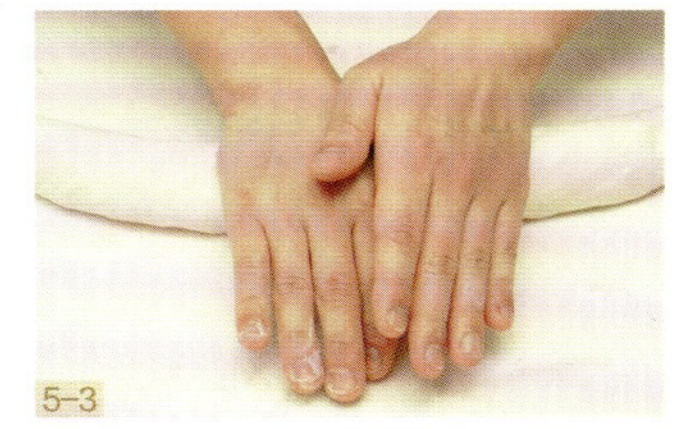
5-3

分割、预整形

5 取出冷藏好的面团，分割成每个450克，预整形成圆柱形。

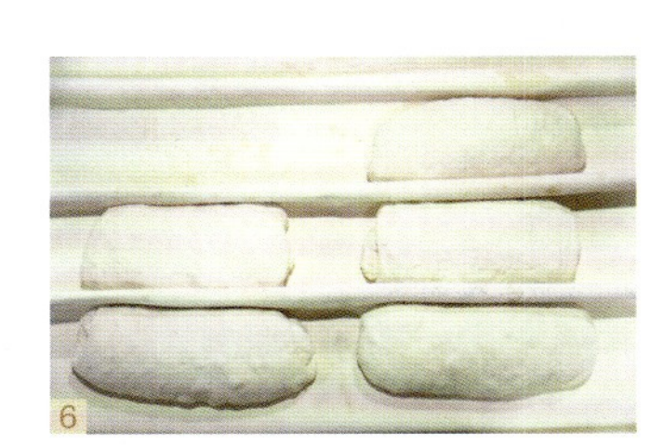
6

中间醒发（松弛）

6 将预整形的面团放置于发酵布上，室温发酵30分钟。

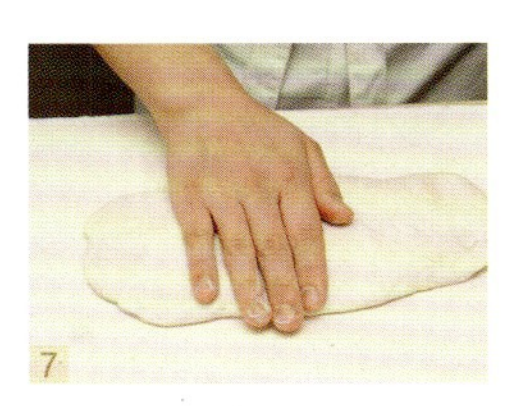
7

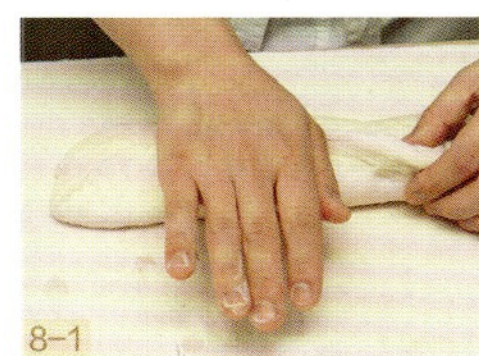
8-1

8-2

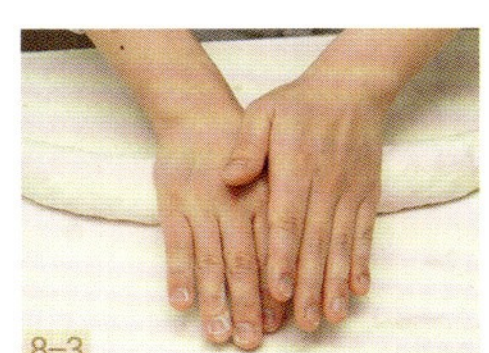
8-3

9

10

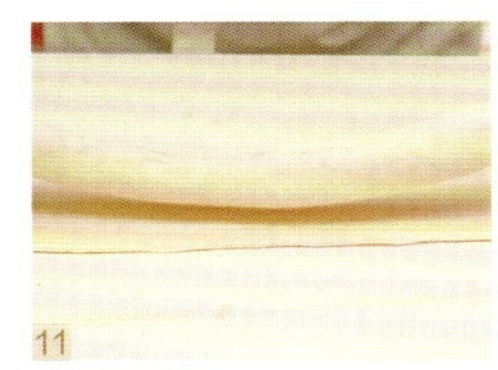
11

成形

7 取出发酵好的400克面团，用手掌拍压面团，使其排出多余的气体。

8 将面团较为平整的一面朝下，从远离身体的一侧开始，折叠约1/3，用手掌的掌根处将对接处按压紧实，用双手将面团搓成长约55厘米的长条。

9 将80克面团擀成长55厘米、宽6厘米、厚0.1厘米的面皮。

10 在面皮边缘刷上一层橄榄油。

11 将长条形面团（“步骤8”）放置在面皮（“步骤10”）上（接口朝上摆放）。

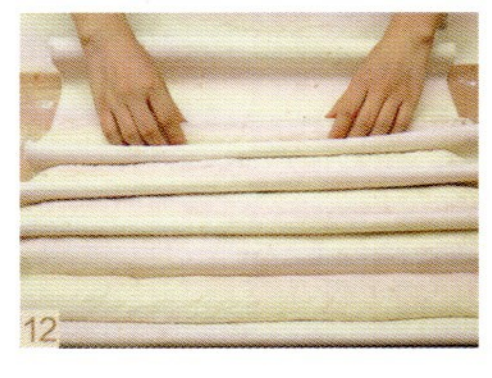
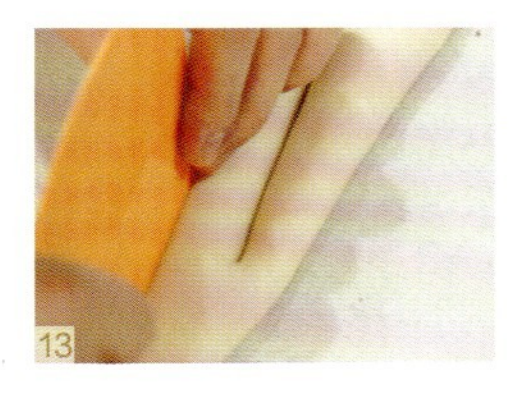
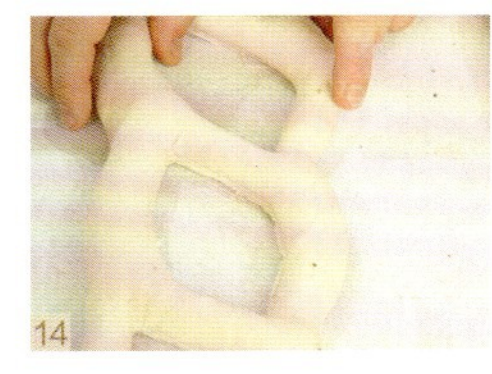
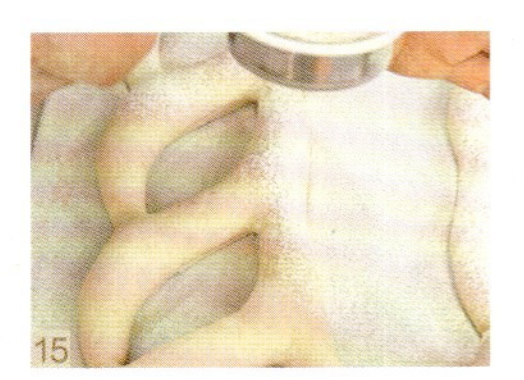

最后醒发

12 将成形好的面团底部朝上，放置在发酵布上，室温发酵45分钟，再放入冰箱3℃冷藏15分钟。

烘焙

13 取出面团，用切面刀在面团中间处斜着切开，切5刀。

14 用手将切开处拉开。

15 表面筛上面粉，以上火250℃、下火230℃，喷蒸汽5秒，烘烤20分钟，再打开风门烘烤3～5分钟。

小贴士
NOTE

1 水解阶段中，将水和面粉混合静置一段时间，可以帮助面团快速形成面筋，并且可以减弱面筋的强度，方便面团整形。

2 成形时，使用发酵布会使面团不粘桌面，有利于操作。

3 烘焙时使用落地烘烤（指直接将面包放置烤箱烘烤）。

4 面皮上的油脂不宜刷过多，否则影响成品。

5 将发酵好的面团放置冷藏，有利于烘焙膨胀。

花式法棒造型四

材料总重量
1956克

制作数量
约4个

面团温度	24℃
基础醒发	3℃冷藏一夜（12～15小时）
分割	400克/个、80克/个（一组量）
中间醒发（松弛）	室温（26℃），30分钟
最后醒发	室温（26℃），45分钟，再冷藏15分钟
烘焙	250℃/230℃，蒸汽5秒，23～25分钟

配方 / Ingredients

材　料	材料百分比（%）	重　量
T65面粉	100	1000克
水	65	650克
食盐	2	20克
鲜酵母	0.6	6克
固体酵种	20	200克
分次加水	8	80克

预先准备 / Preparation

1 调节水温。
2 准备适量橄榄油。

制作过程 / Methods

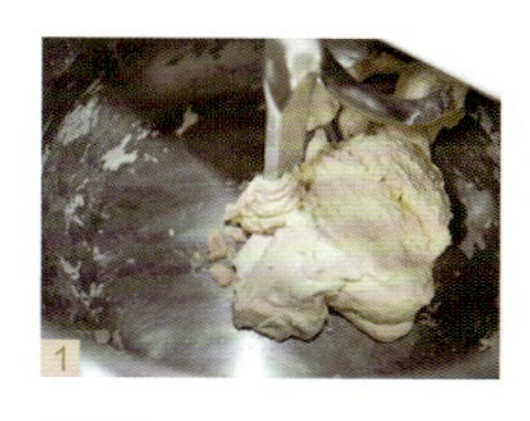
1

2

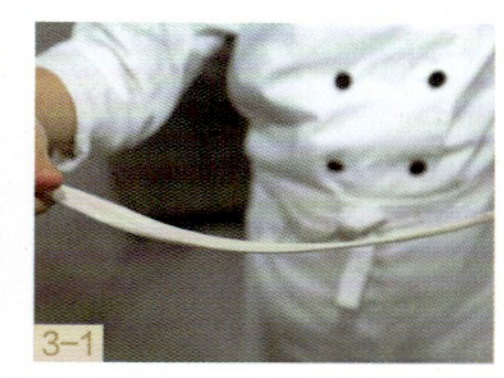
3-1

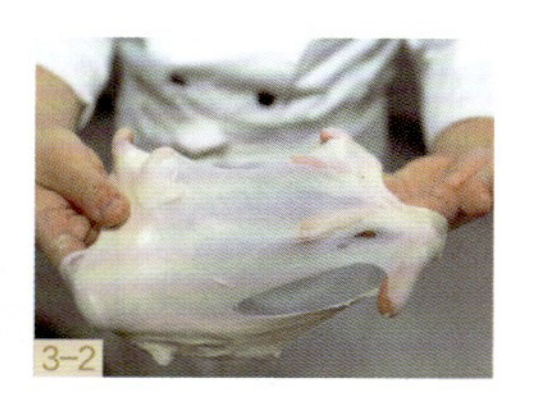
3-2

和面

1 将T65面粉和水倒入面缸中，稍稍搅拌至混合，停止搅拌，室温下静置90分钟，进行水解。
2 加入盐，用1挡搅拌均匀后，加入酵母和固体酵种，继续用1挡搅拌约10分钟，观察面团的状态，分次加水，并调整转速至2挡，搅拌至面团不粘缸壁、表面细腻光滑。
3 将面团搅拌至面筋有延伸性，能拉开面膜。

4

基础醒发

4 将面团放入周转箱中，将面团的四边分别向中间内部折叠，使面团表面圆滑饱满。放入冰箱3℃冷藏发酵一夜（12～15小时）。

5-1

5-2

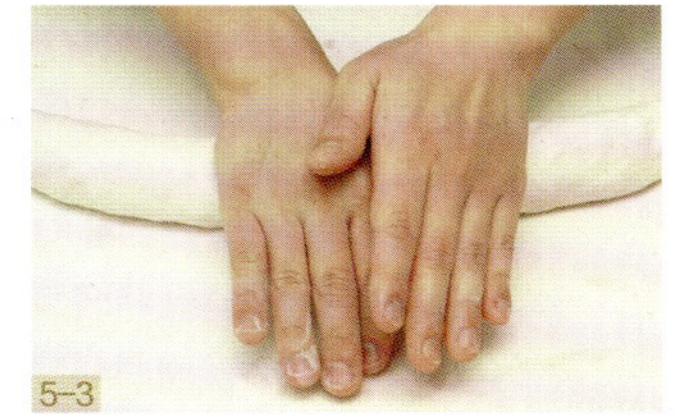
5-3

分割、预整形

5 取出冷藏好的面团，分割成每个450克，预整形成圆柱形。

6

中间醒发（松弛）

6 将预整形的面团放置于发酵布上，室温发酵30分钟。

7

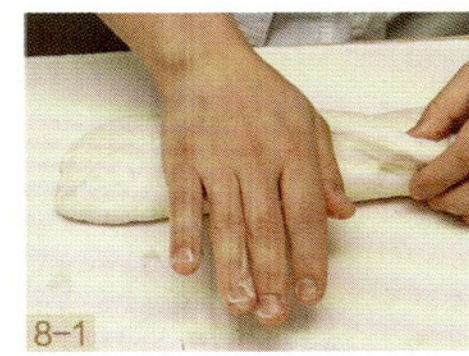
8-1

8-2

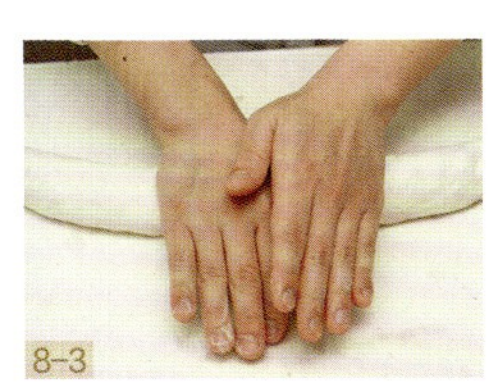
8-3

9

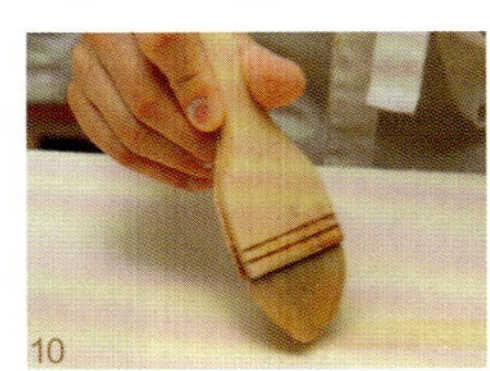
10

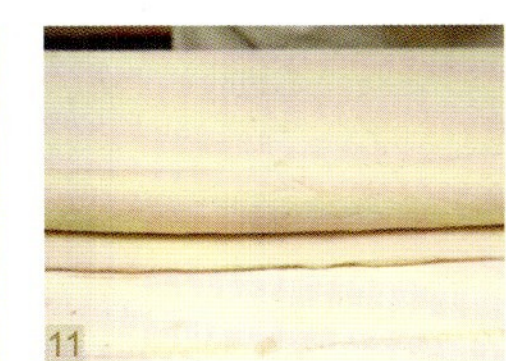
11

12

成形

7 取出发酵好的400克面团，用手掌拍压面团，使其排出多余的气体。

8 将面团较为平整的一面朝下，从远离身体的一侧开始，折叠约1/3，用手掌的掌根处将对接处按压紧实，用双手将面团搓成长约55厘米的长条。

9 将80克面团擀至长55厘米，宽8厘米，厚0.1厘米的面皮。

10 在面皮中间刷上一层橄榄油。

11 将长条形面团放置在面皮上（接口朝上摆放）。

12 将面皮包裹面团，并收紧底部。

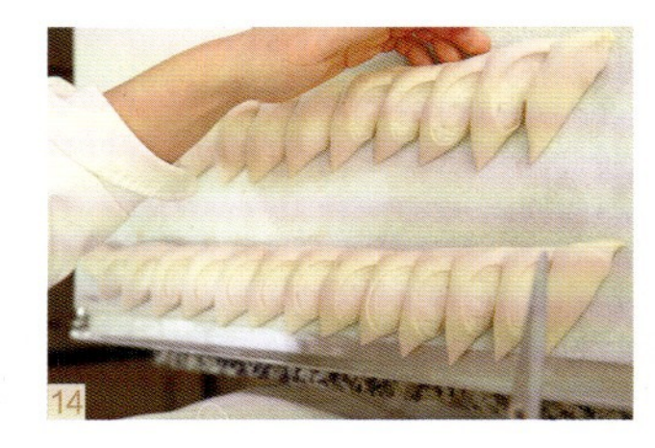

最后醒发

13 将成形好的面团底部朝上，放置在发酵布上，室温发酵45分钟，再放入冰箱3℃冷藏15分钟。

烘焙

14 取出面团，用剪刀剪成麦穗，呈一边摆放。

15 以上火250℃、下火230℃，喷蒸汽5秒，烘烤20分钟，再打开风门烘烤3～5分钟。

小贴士
NOTE

1 水解阶段中，将水和面粉混合静置一段时间，可以帮助面团快速形成面筋，并且可以减弱面筋的强度，方便面团整形。

2 成形时，可使用发酵布帮助面团不粘桌面，有利于操作。

3 烘焙时使用落地烘烤（指直接将面包放置烤箱烘烤，不使用烤盘等承载工具）。

4 面皮上的油脂不宜刷过多，否则影响成品。

5 将发酵好的面团放置冷藏，有利于烘焙膨胀。

03
CHAPTER
法式造型面包

法式造型面包介绍

法式造型面团是传统法式面包的一类，其与法棒类产品有类似的配方和搅拌方式，主要制作材料是小麦粉、盐、含酵母类产品与水。不同的是，法式造型面团为了后期外观的定型，其面团的质地与法棒类面团有所区别。

法棒类面团的含水量一般在70%~75%，这个含水量可以帮助面团内部组织产生更好的气孔。而法式造型面团的含水量比法棒类面包稍低，这样利于产品后期的造型设计与面包成形，内部组织也较绵密。

造型面包的表层花纹多是通过辅助拼接和模具完成的。拼接需要辅助刷油或刷水来连接，刷油便于烘烤后两部分之间的分离，产生层次。刷水便于两部分之间的连接，后期烘烤分层不明显。

造型的模具除了来自于专业厂家外，也可以自己根据需求用硬纸板来制作。

造型1

材料总重量
1880克

制作数量
约2个

面团温度 > 25℃
基础醒发 > 室温（26℃），60分钟
分割 > 200克/个，3个/组
中间醒发（松弛） > 室温（26℃），30分钟
最后醒发 > 室温（26℃），45分钟
烘焙 > 250℃/230℃，蒸汽5秒，25~28分钟

配方 / Ingredients

材　料	材料百分比（%）	重　量
T65面粉	100	1000克
鲜酵母	1	10克
食盐	2	20克
固体酵种	20	200克
水	65	650克

预先准备 / Preparation

1 调节水温。
2 准备适量橄榄油。
3 准备适量奇亚籽。
4 固体酵种的具体做法请参照P28“固体酵种、液体酵种制作”。

制作过程 / Methods

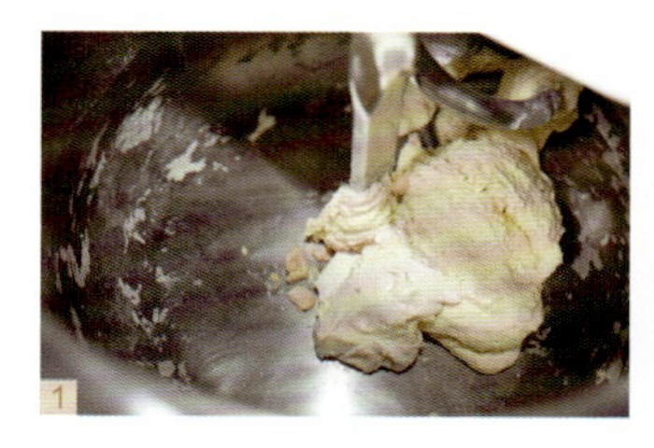

1

2-1

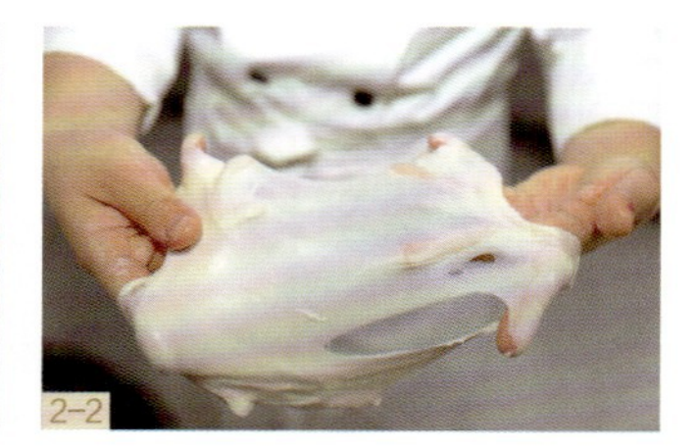

2-2

和面

1 将所有材料倒入面缸中进行搅拌。
2 搅拌至表面光滑，有良好的延伸性，能拉出薄膜。

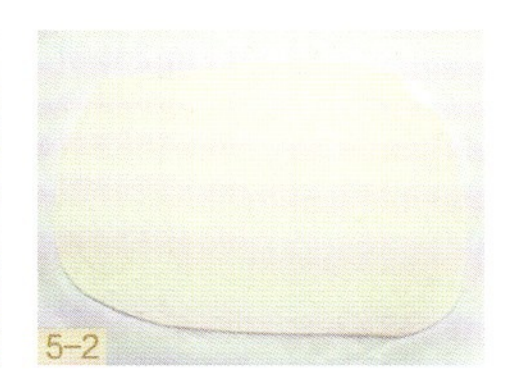

基础醒发

3 将打好的面团放置在发酵箱中，并放在室温26℃，发酵60分钟。

分割、预整形、中间醒发（松弛）

4 将面团分割6个200克（3个为组）、2个50克，预整形成圆形，放置于发酵布上室温松弛30分钟。

5 将剩余的面团擀至0.2厘米厚的面皮，并放置冷冻备用。

成形

6 将发酵好的面团，用擀面杖将面团前端擀成0.2厘米厚的面皮。

7 用裱花嘴将面皮的边缘压成锯齿状。

8 在边缘刷上少许橄榄油。

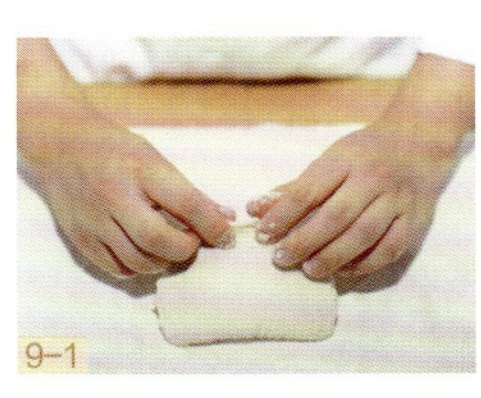
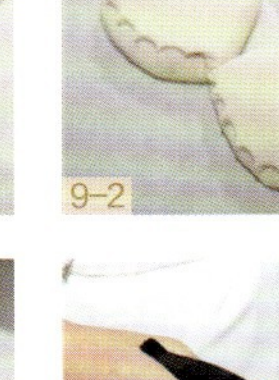
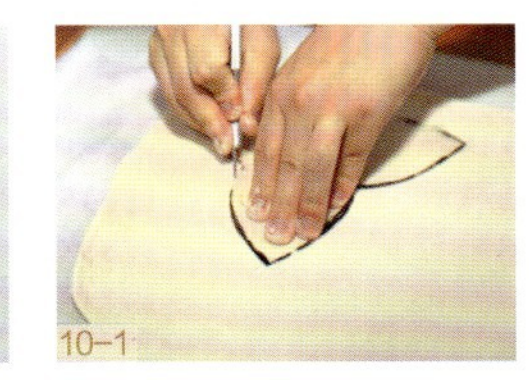

成形

9 将面皮盖在面团上，3个为1组摆放。

10 将冻好的面皮取出，用模具刻出形状，并在边缘上刷少许橄榄油。

11 将制好的面皮盖在面团上。

12 在50克的小面团的表面喷上水，沾上奇亚籽，并放置在面团中间。

最后醒发、烘焙

13 将成形好的面团放置室温醒发45分钟，在发酵好的面团上方用筛粉模具筛上一层面粉。

14 在面皮上用刀划出刀口，呈叶子状。

15 入烤箱，以上火250℃、下火230℃，喷蒸汽5秒，烘烤25～28分钟。

1 成形时，使用发酵布帮助面团不粘桌面，有利于操作。

2 烘焙时使用落地烘烤（指直接将面包放置烤箱烘烤，不使用烤盘等承载工具）。

3 面皮上的油脂不宜刷过多，否则影响成品。

造型2

材料总重量
1880克

制作数量
约3个

面团温度	> 25℃
基础醒发	> 室温（26℃），60分钟
分割	> 500克/个
中间醒发（松弛）	> 室温（26℃），30分钟
最后醒发	> 室温（26℃），45分钟
烘焙	> 250℃/230℃，蒸汽5秒，25~28分钟

配方 / Ingredients

材　料	材料百分比（%）	重　量
T65面粉	100	1000克
鲜酵母	1	10克
食盐	2	20克
固体酵种	20	200克
水	65	650克

预先准备 / Preparation

1 调节水温。
2 准备适量橄榄油。
3 准备适量奇亚籽。

制作过程 / Methods

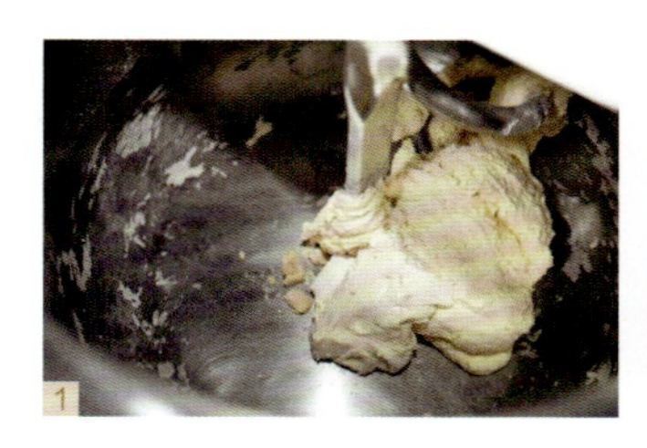
1

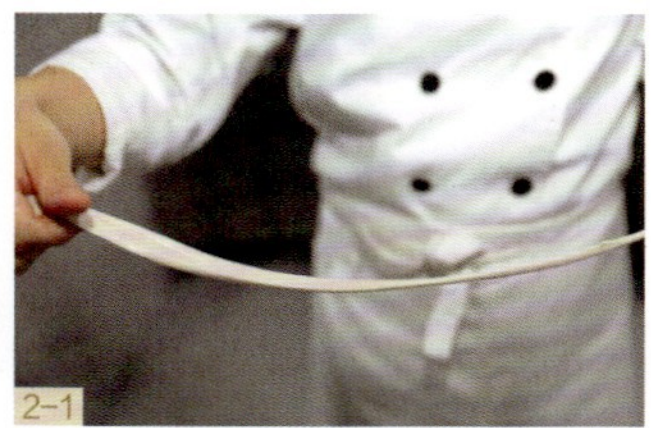
2-1

2-2

和面

1 将所有材料倒入面缸中进行搅拌。
2 搅拌至表面光滑，有良好的延伸性，能拉出薄膜。

3

基础醒发

3 将打好的面团放置在发酵箱中，并放在室温26℃，发酵60分钟。

4

5-1

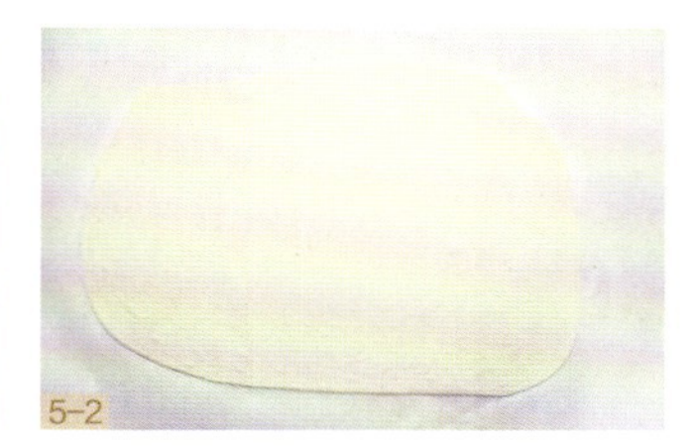
5-2

分割、预整形、中间醒发（松弛）

4 将面团分割成每个500克，预整形成圆形，放置于发酵布上室温松弛30分钟。

5 将剩余的面团擀至0.2厘米厚的面皮，并放置冷冻备用。

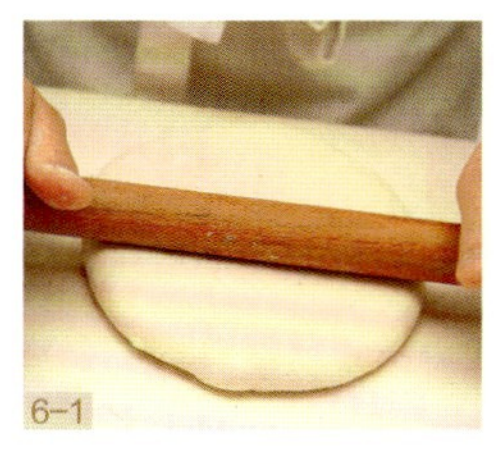
6-1

6-2

6-3

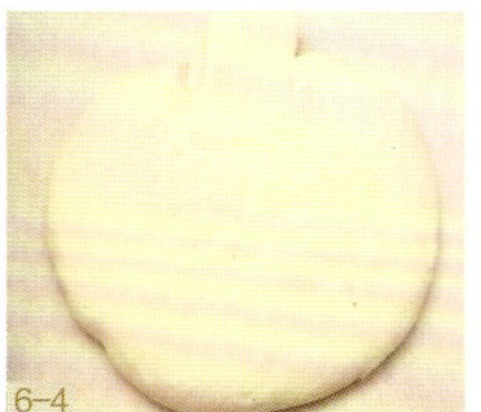
6-4

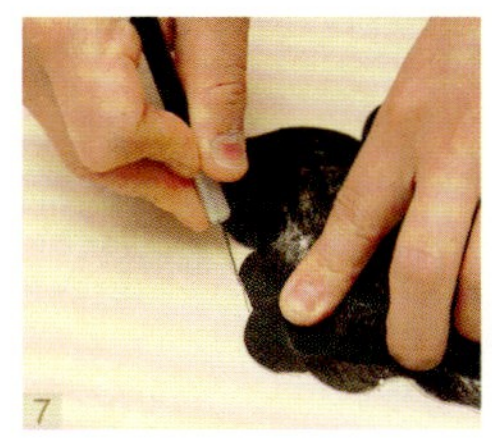
7

8

9

成形

6 将发酵好的面团用擀面杖将面团稍加擀扁，在表面放上模具，用切面刀切出形状，将切开部位的两侧面团折发在面团底部。

7 将冻好的面皮取出，用模具刻出形状，并在表面喷上水，沾上奇亚籽。

8 在面皮边缘刷上少许橄榄油。

9 将制好的面皮盖在面团上。

最后醒发

10 将成形好的面团放置室温醒发45分钟。

烘焙

11 在发酵好的面团上用筛粉模具筛上一层面粉。

12 入烤箱，以上火250℃，下火230℃，喷蒸汽5秒，烘烤25～28分钟。

小贴士 NOTE

1 成形时，使用发酵布会使面团不粘桌面，有利于操作。

2 烘焙时使用落地烘烤（指直接将面包放置烤箱烘烤）。

3 面皮上的油脂不宜刷过多，否则影响成品。

造型3

材料总重量
1880克

制作数量
约3个

面团温度	>	25℃
基础醒发	>	室温（26℃），60分钟
分割	>	480克/个
中间醒发（松弛）	>	室温（26℃），30分钟
最后醒发	>	室温（26℃），45分钟
烘焙	>	250℃/230℃，蒸汽5秒，25~28分钟

配方 / Ingredients

材　料	材料百分比（%）	重　量
T65面粉	100	1000克
鲜酵母	1	10克
食盐	2	20克
固体酵种	20	200克
水	65	650克

预先准备 / Preparation

1 调节水温。
2 准备适量橄榄油。
3 准备适量红曲粉。
4 固体酵种的具体做法请参照P28“固体酵种、液体酵种制作”。

制作过程 / Methods

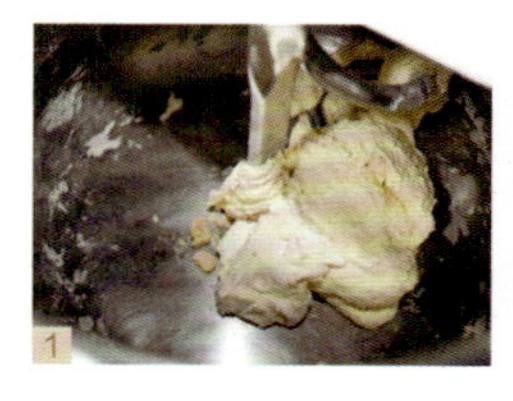
1

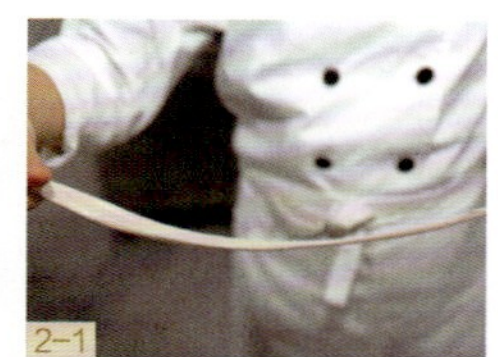
2-1

2-2

3

和面

1 将所有材料倒入面缸中进行搅拌。
2 搅拌至表面光滑，有良好的延伸性，能拉出面膜。
3 取420克的面团，加入15克红曲粉搅拌成红色面团。

基础醒发

4 将打好的面团放置在发酵箱中，并放在室温26℃，发酵60分钟。

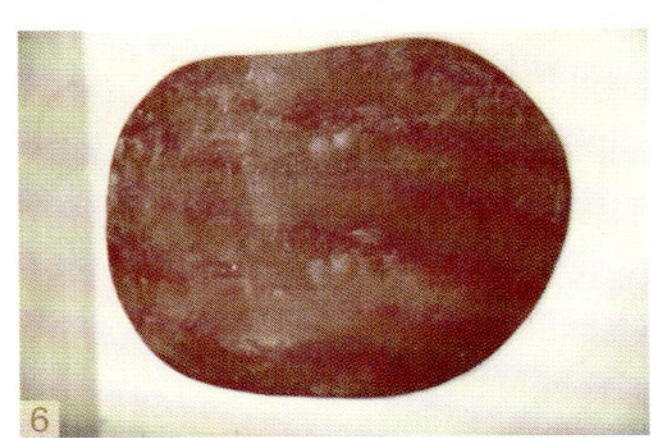

分割、预整形、中间醒发（松弛）

5 将面团分割成每个480克，预整形成圆形，放置于发酵布上室温松弛30分钟。

6 将红色面团擀至0.2厘米厚的面皮，并放置冷冻备用。

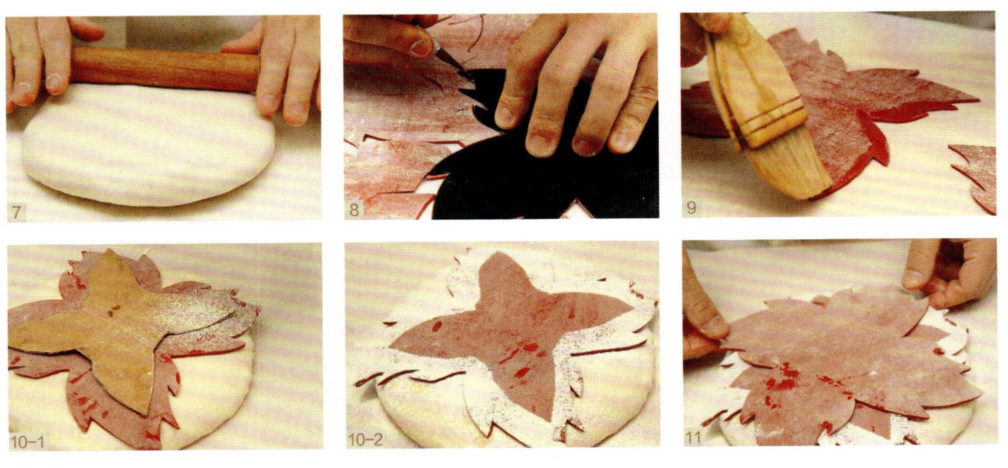

成形

7 用擀面杖将发酵好的面团稍加擀扁。

8 将冻好的面皮取出，用模具刻出形状（刻6片）。

9 在刻好的面皮边缘刷上少许橄榄油。

10 取一块制好的面皮盖在面团上，在中间放上模具，筛上一层面粉。

11 再取一块面皮交叉放置在上面。

12

13

最后醒发、烘焙

12 将成形好的面团放置室温醒发45分钟，在发酵好的面团上方用筛粉模具筛上一层面粉。

13 以上火250℃、下火230℃，喷蒸汽5秒，烘烤25～28分钟。

小贴士 NOTE

1 成形时，使用发酵布会帮助面团不粘桌面，有利于操作。

2 烘焙时使用落地烘烤（指直接将面包放置烤箱烘烤，不使用烤盘等承载工具）。

3 面皮上的油脂不宜刷过多，否则影响成品。

造型4

材料总重量
1880克

制作数量
约3个

面团温度	25℃
基础醒发	室温（26℃），60分钟
分割	450克/个
中间醒发（松弛）	室温（26℃），30分钟
最后醒发	室温（26℃），45分钟
烘焙	250℃/230℃，蒸汽5秒，25~28分钟

配方 / Ingredients

材　料	材料百分比（%）	重　量
T65面粉	100	1000克
鲜酵母	1	10克
食盐	2	20克
固体酵种	20	200克
水	65	650克

预先准备 / Preparation

1 调节水温。
2 准备适量橄榄油。

制作过程 / Methods

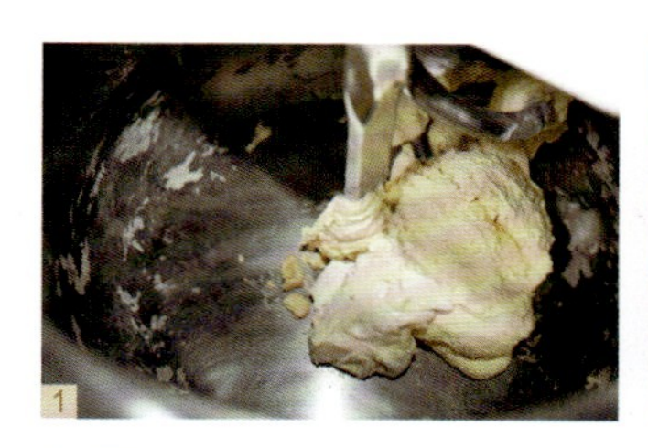
1

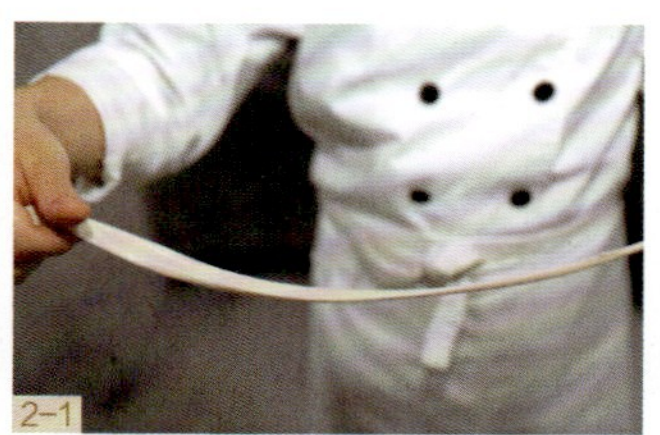
2-1

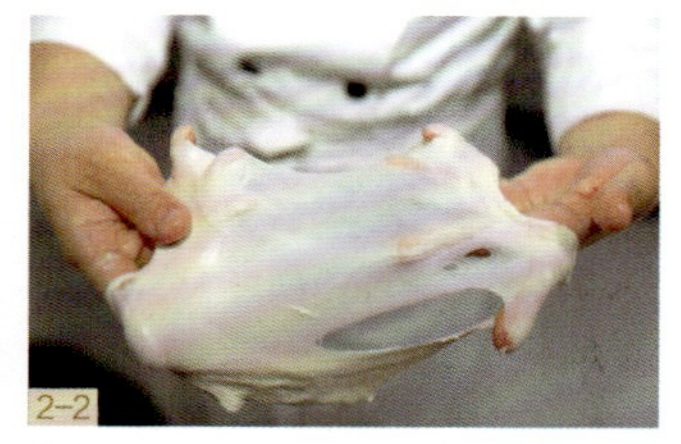
2-2

和面

1 将所有材料倒入面缸中进行搅拌。
2 搅拌至表面光滑，有良好的延伸性，能拉出薄膜。

基础醒发

3 将打好的面团放置在发酵箱中，并放在室温26℃，发酵60分钟。

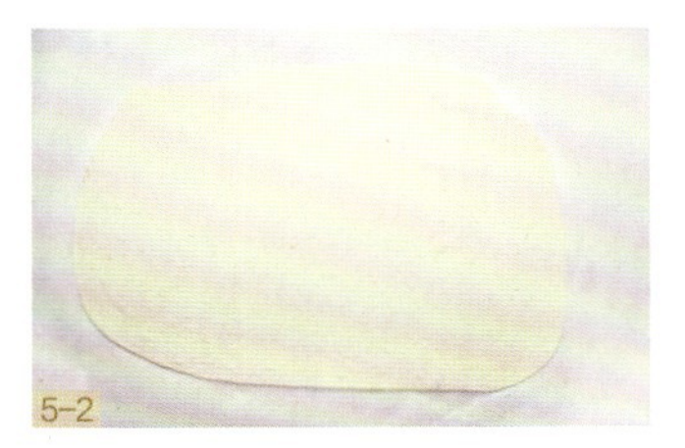

分割、预整形、中间醒发（松弛）

4 将面团分割成每个450克，预整形成圆形，放置于发酵布上室温松弛30分钟。

5 将剩余的面团擀至0.2厘米厚的面皮，并放置冷冻备用。

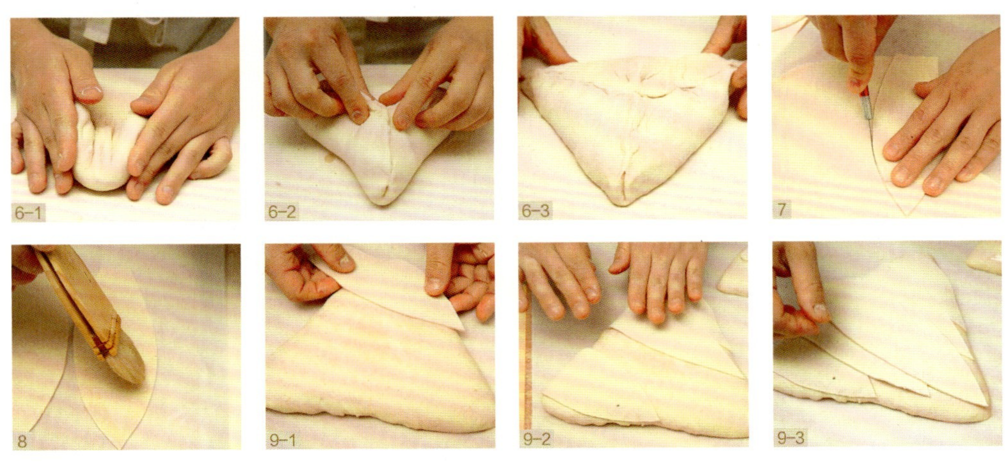

成形

6 将发酵好的面团，轻轻拍扁，并三边收底，制成三角形形状。

7 将冻好的面皮取出，用模具刻出叶片形状（3种尺寸）（大号：20厘米1片，中号：16厘米2片、12厘米2片，5片为1组）。

8 在面皮边缘刷上少许橄榄油。

9 将制好的面皮从小到大依次盖在面团上，把多余部分放置在面团下进行收底。

最后醒发、烘焙

10 将成形好的面团放置室温醒发45分钟，在发酵好的面团上方用筛粉模具筛上一层面粉。

11 入烤箱，以上火250℃、下火230℃，喷蒸汽5秒，烘烤25～28分钟。

小贴士 NOTE

1 成形时，使用发酵布会帮助面团不粘桌面，有利于操作。

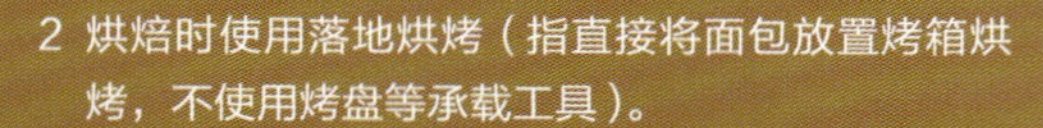

2 烘焙时使用落地烘烤（指直接将面包放置烤箱烘烤，不使用烤盘等承载工具）。

3 面皮上的油脂不宜刷过多，否则影响成品。

造型5

材料总重量
1880克

制作数量
约3个

面团温度	25℃
基础醒发	室温（26℃），60分钟
分割	500克/个、80克/个（1组量）
中间醒发（松弛）	室温（26℃），30分钟
最后醒发	室温（26℃），45分钟
烘焙	250℃/230℃，蒸汽5秒，25～28分钟

配方 / Ingredients

材　料	材料百分比（%）	重　量
T65面粉	100	1000克
鲜酵母	1	10克
食盐	2	20克
固体酵种	20	200克
水	65	650克

预先准备 / Preparation

1 调节水温。
2 准备适量橄榄油。

制作过程 / Methods

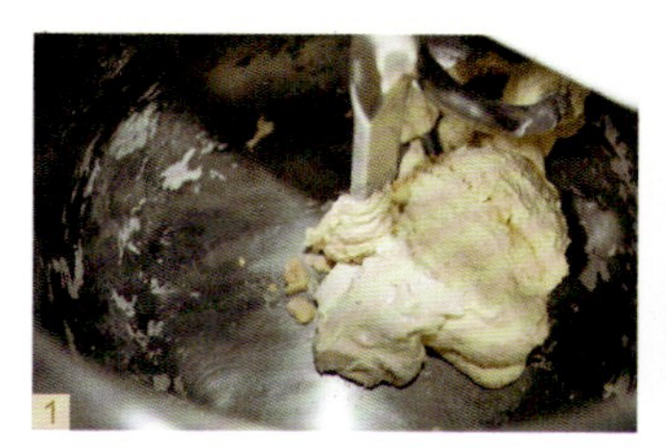
1

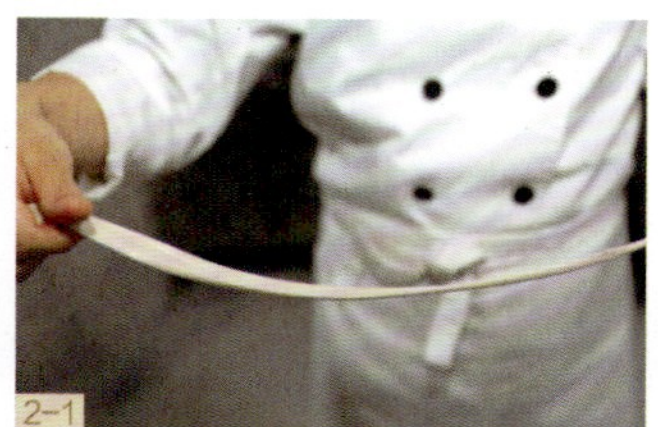
2-1

2-2

和面

1 将所有材料倒入面缸中进行搅拌。
2 搅拌至表面光滑，有良好的延伸性，能拉出薄膜。

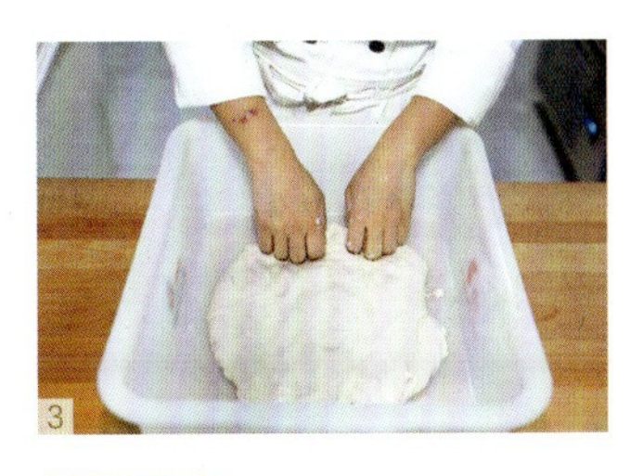

基础醒发

3 将打好的面团放置在发酵箱中，并放在室温26℃，发酵60分钟。

分割、预整形、中间醒发（松弛）

4 将面团分割为3个500克、3个80克，预整形成长柱形，放置于发酵布上室温松弛30分钟。

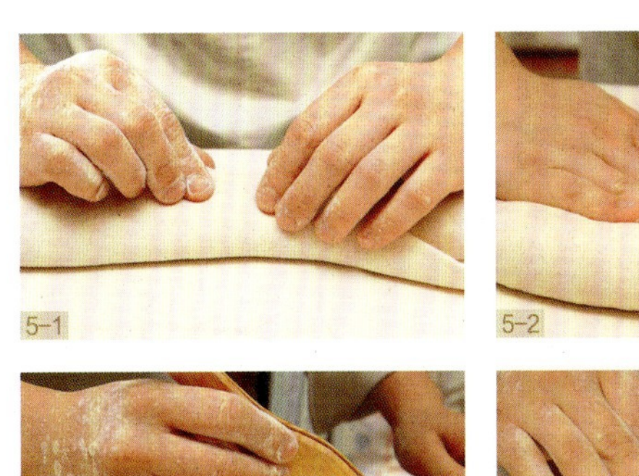

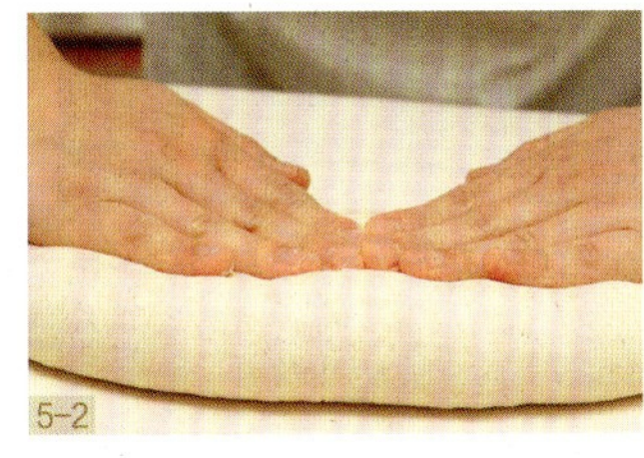

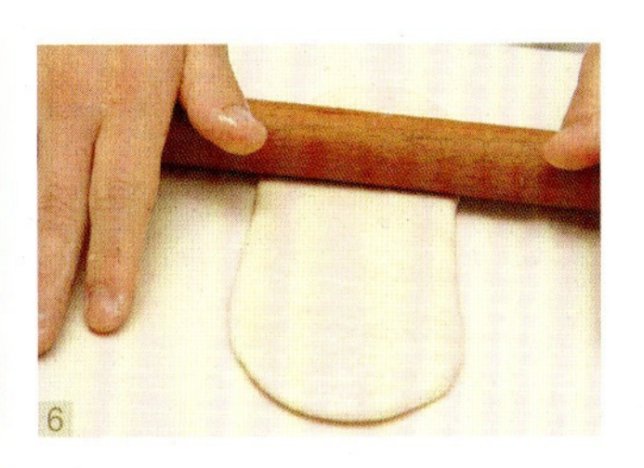

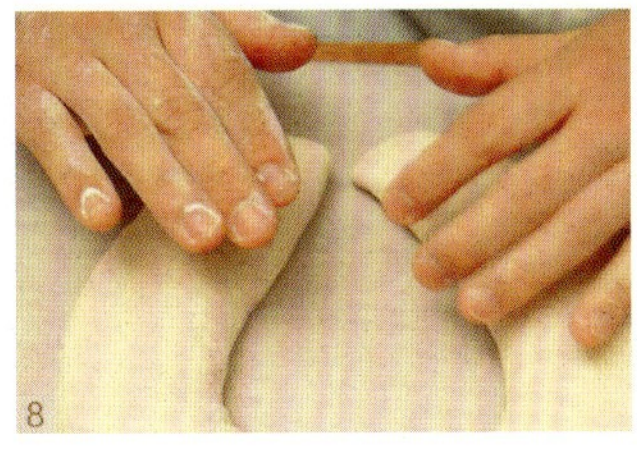

成形

5 取出发酵好的面团，用手掌拍压面团，使其排出多余的气体，将面团较为平整的一面朝下，从远离身体的一侧开始，折叠约1/3，用手掌的掌根处将对接处按压紧实，用双手将面团搓成长约38厘米的长条。

6 将80克面团擀至长38厘米，宽8厘米，厚0.2厘米的面皮。

7 在面皮边缘刷上一层橄榄油。

8 将长条形面团放置在面皮上，将面皮朝上，弯成U字形。

3 基础醒发

[illegible]箱中，并放在室温26℃，发酵60分钟[illegible]

4 分割、预整形、中间醒发（松弛）

[illegible]3个80克，预整形成长柱形，放置于发酵布上室温松弛30分钟[illegible]

10 入烤箱，[illegible]250℃，[illegible]230℃[illegible]5秒，烘烤25～28分钟。

小贴士 NOTE

1 成形时，使用发酵布会使面团不粘桌面，有利于操作。

[illegible]烘烤）。

3 面皮上的油脂不宜刷过多，否则影响成品。

5 [illegible]下，从远离身体的一侧开始，折叠约1/3，用手掌的掌根处将对接处按压紧实，用双手将面团搓成长约38厘米的长条。

6 将80克面团擀至长38厘米，宽8厘米，厚0.2厘米的面皮。

7 在面皮边缘刷上一层橄榄油。

8 将长条形面团放置在面皮上，将面皮朝上，弯成U字形。

CHAPTER 09 黑麦面包

黑麦面包介绍

黑麦面包起源于德国的一款传统面包，可变换多种样式，属于“重量级”面包，历史上曾出现过单个30千克的黑麦面包。黑麦面包体积大，并具有丰富的营养物质，起初是在饥荒年代，由政府派发给穷人的过渡食品。

黑麦面包的标志性食材是黑麦粉。黑麦粉是由黑小麦研磨制成的，营养成分极高，主要成分有蛋白质、淀粉、矿物质等。

黑麦粉中缺乏麦谷蛋白质，所以无法形成强韧的面筋网络。如果只用黑麦粉来制作面包，面团是不易包裹住气体的，只具有黏性而没有弹性，不能制作造型面包。

此外黑麦面粉中的戊聚糖含量很高，戊聚糖对于面团的成形和烘烤有一定的影响作用，吸水性较好，能帮助增大面包的保水性，延长面包的保质期。

黑麦面团含水量较高，整体较黏，一般要使用藤碗来完成发酵，帮助成品定型。可选择的藤碗类型比较多，最好选择带布藤碗，这样不但可以帮助产品保湿，也可以防止面团粘在藤碗上。

同时，也需要注意黑麦面团的表面保湿，否则表面易产生干皮，烘烤后的面包表皮就会非常的厚。

黑麦面包酸性较大，目前在国内这类面包的普及性并不高。在实际实践中，可以选用少部分小麦粉与黑麦粉搭配制作，减少一定的酸度。

奥利弗涅黑麦面包

材料总重量
2527克

制作数量
约2个

面团温度 > 38℃

基础醒发 > 室温（26℃），90分钟

分割 > 面团平均分割成两份

最后醒发 > 室温（26℃），45分钟，再放置冰箱15分钟

烘焙 > 250℃/250℃，喷蒸汽5秒，5分钟；再以220℃/220℃，50～60分钟

配方 / Ingredients

材 料	材料百分比（%）	重 量
T170面粉（黑麦粉）	100	1000克
鲜酵母	0.5	5克
食盐	2.2	22克
固体酵种	55	550克
水（65℃）	95	950克

预先准备 / Preparation

1 将鲜酵母放置于少量冷水中，使得酵母溶解即可。

2 将水加热到65℃备用。

3 准备藤碗。

制作过程 / Methods

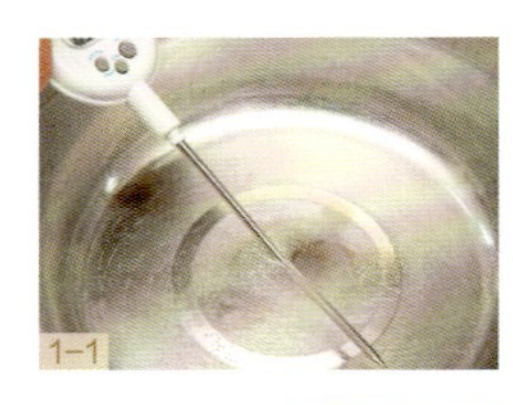

1-1

1-2

2-1

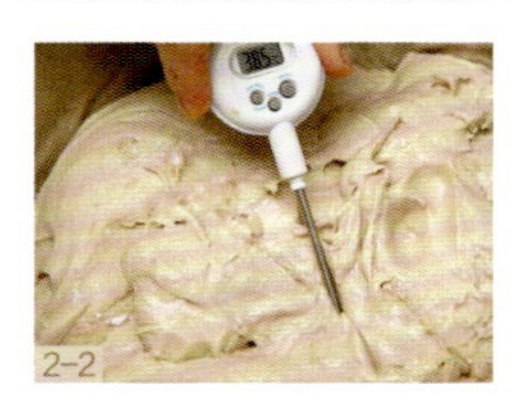

2-2

和面

1 将除鲜酵母外的所有材料放入搅拌缸中，使用低速搅拌4分钟左右，使得原料充分混合均匀，并使得面团温度有所下降。

2 加入酵母溶液，中速搅打约8分钟，搅打至面团成团，快速搅打1～2分钟，使得面团表面光滑即可（面团温度在38℃左右）。

基础发酵

3 将面团取出放置盆中，并室温醒发90分钟。

分割、成形

4 在藤碗中筛入面粉。

5 将面团平均分成两份，将面团四周轻轻塞入面团内部中心处，使得面团呈圆形。

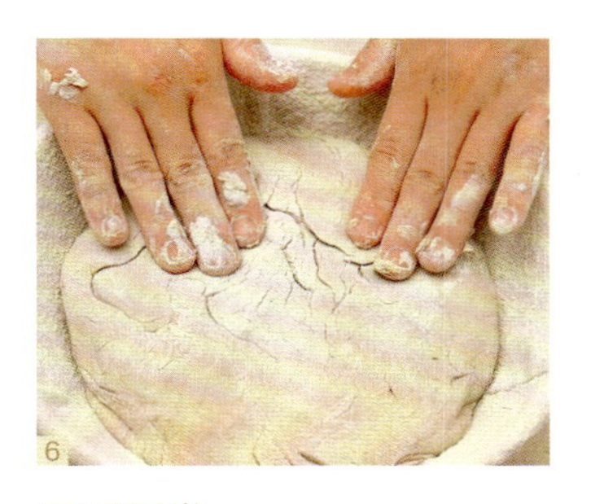

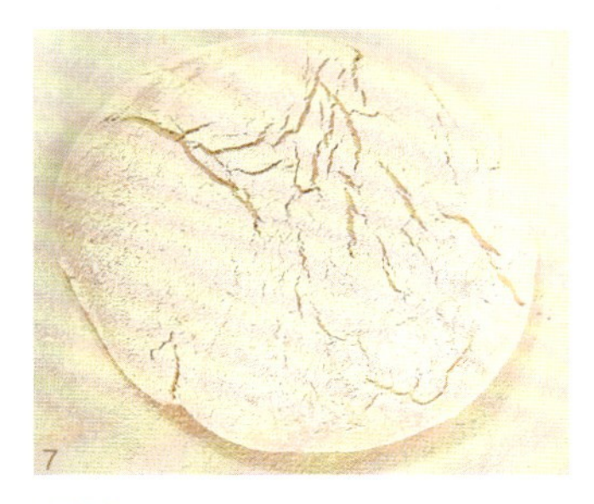

最后醒发

6 将分割好的面团放置于藤碗中，表面盖上保鲜膜，将其放置室温醒发45分钟，之后将其放置冰箱（1℃）冷藏15分钟，使其在烘烤过程中呈现更多的裂口。

烘焙

7 入烤箱，以上火250℃、下火250℃，喷蒸汽5秒，烘烤5分钟，使面团快速膨胀。再将烤箱温度调制上火220℃、下火220℃，烘烤50～60分钟即可。

小贴士
NOTE

1 因黑麦粉没有面筋，需要用65℃的水来和面，使淀粉糊化。

2 在制作面团时，鲜酵母需用冷水化开后加入，避免酵母遇热失去活性。

3 手粉和筛粉使用黑麦粉，黑麦粉较干燥，不易被面团弄潮，更能帮助面包产生裂纹。

4 成形时，使用发酵布会使面团不粘桌面，有利于操作。

5 烘焙时使用落地烘烤（指直接将面包放置在烤箱烘烤，不使用烤盘等承载工具）。

黑麦造型面包

材料总重量
2295克

制作数量
约4个

面团温度	>	24℃
基础醒发	>	室温（26℃），60～75分钟
分割	>	每组含1个40克、5个100克面团
中间醒发（松弛）	>	室温（26℃），20分钟
最后醒发	>	室温（26℃），50分钟
烘焙	>	250℃/230℃，蒸汽5秒，30分钟

配方 / Ingredients

材　料	材料百分比（%）	重　量
T85面粉（黑麦粉）	50	500克
T65面粉	50	500克
鲜酵母	0.5	5克
食盐	2	20克
固体酵种	55	550克
水	72	720克

预先准备 / Preparation

1 调节水温。
2 准备奇亚籽。

制作过程 / Methods

和面

1 将所有原材料放入打面缸中，使用低速搅拌8分钟将其搅打均匀，换中速搅打至形成面团。

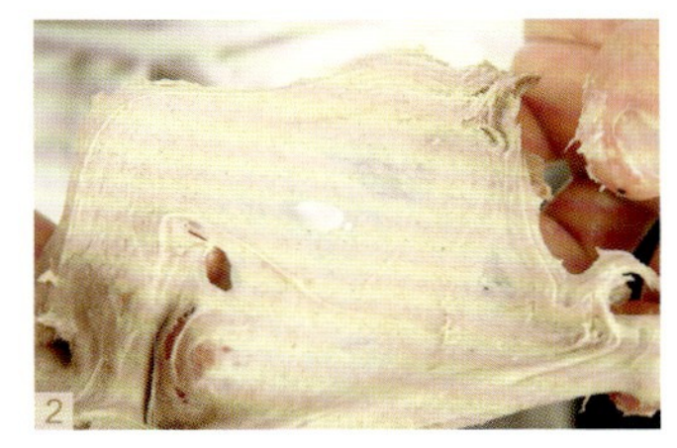

基础发酵

2 将面团搅打至可拉出一点延展性即可，取出面团并放置于周转箱，以室温醒发60～75分钟。

分割

3 将面团分割成1个40克、5个100克的面团。

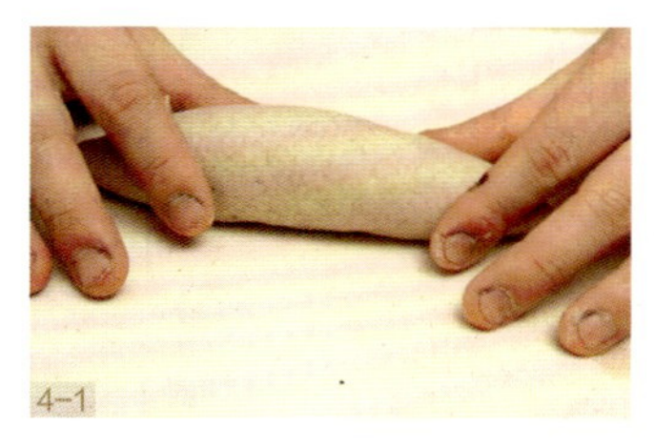
4-1

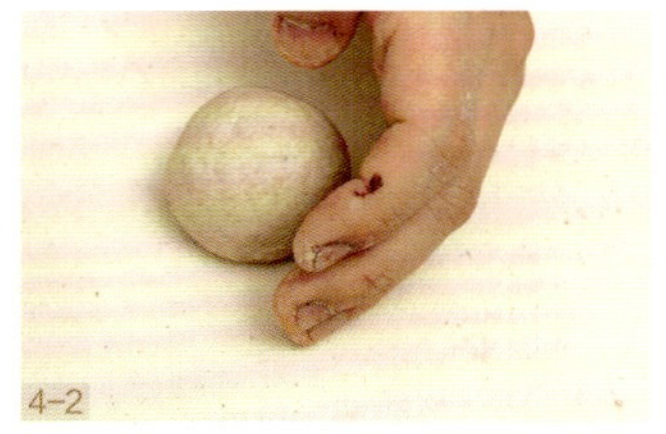
4-2

预整形、中间醒发（松弛）

4 将100克的面团预整形成橄榄形，再将40克面团揉圆，放置室温20分钟。

5

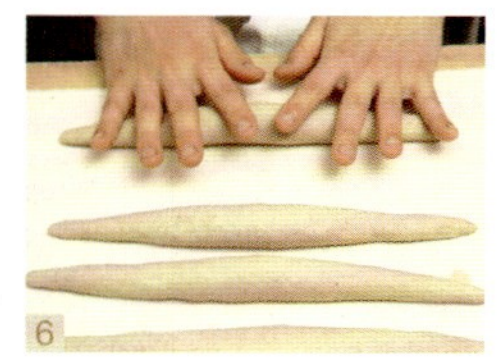
6

7-1

7-2

成形

5 在40克面团表面刷上水并沾上奇亚籽。

6 将100克橄榄形面团搓长至15厘米。

7 将小圆面团放置中心，橄榄形面团依次旋转着绕着小圆面团摆放，制成花的形状。

8

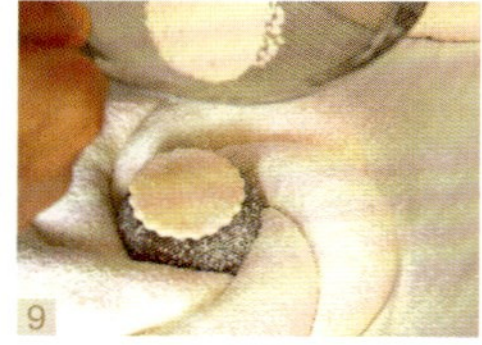
9

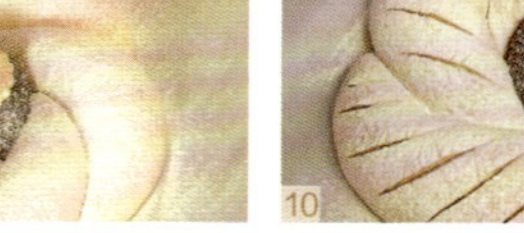
10

11

最后醒发

8 将面团放置在室温，发酵50分钟。

烘焙

9 使用一个小圆片放在小圆面团上，并在面团表面筛上面粉。

10 在表面划上刀口。

11 在小圆面团上剪上十字刀口，入炉以上火250℃、下火230℃，喷蒸汽5秒，烘烤30分钟。

小贴士 NOTE

1 成形时，使用发酵布会使面团不粘桌面，有利于操作。

2 烘焙时使用落地烘烤（指直接将面包放置烤箱烘烤，不使用烤盘等承载工具）。

CHAPTER 10

营养健康面包

营养健康面包介绍

营养健康面包多是有机面包，配方中多以谷类、水果、杂粮来组合制作，砂糖和油类材料较少，是健康低脂的良好主食。

在面包制作中，加入坚果类产品时，可以选择先烘焙熟制再参与面团制作，也可与面团烘烤一起熟制，但是前者更能激发坚果的果香，增添面包整体的风味。

点缀用坚果可以用生的。

面团制作过程中坚果与干果的用量与个人喜好相关，但是加入的量越多，面团的膨胀能力就越差，烘焙之后的体积就越小。并且，坚果、干果等会吸收面团中的水分，面团内部会变得更加紧缩，使整体变硬。

坚果、水果等材料都具有棱角，大部分也较坚硬，在面团中加入会破坏面筋，所以一般在面团快打好的时候加入，只需搅拌均匀就可以取出面团。像葡萄干之类的干果，可以提前泡软，再加入面团中，这样可以降低对面筋的破坏。

虎斑谷物面包

材料总重量
2446克

制作数量
约4个

面团温度	26℃
基础醒发	室温（26℃），90分钟
分割	550克/个
中间醒发（松弛）	室温（26℃），20分钟
最后醒发	室温（26℃），60分钟
烘焙	250℃/230℃，蒸汽5秒，25~30分钟

虎斑纹面糊

材　料	重　量
黑啤酒	162克
T85面粉（黑麦粉）	10克
鲜酵母	5克

制作步骤

将所有材料倒入盆中搅拌均匀，呈浓稠的糊状即可。

虎斑纹面糊

材　料	材料百分比（%）	重　量
T65面粉	80	800克
T85面粉（黑麦粉）	15	150克
荞麦粉	5	50克
食盐	2	20克
鲜酵母	0.6	6克
固体酵种	40	400克
水	68	680克
种子混合物	10	100克
蔓越莓干	8	80克
杏子干	8	80克
草莓干	8	80克

备注

种子混合物是指葵花籽、南瓜子、亚麻籽、黑芝麻、白芝麻的混合物。

预先准备 / Preparation

1 调节水温。

2 将种子混合物放入烤箱，以上火150℃、下火150℃烘烤15分钟，并用1：1的水浸泡，备用。

3 将果干切成丁，并用朗姆酒浸泡。

制作过程 / Methods

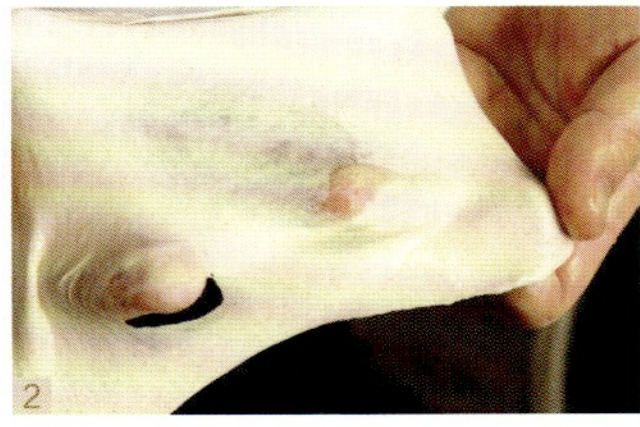

和面

1 将T65面粉、T85面粉（黑麦粉）、荞麦粉、食盐、鲜酵母、固体酵种倒入打面缸中，搅拌成团。

2 将面团搅拌至表面光滑，能拉出薄膜。

3 加入蔓越莓干、杏子干、草莓干和种子混合物，搅拌均匀。

基础醒发、分割

4 取出放置于发酵箱中，室温（26℃）醒发90分钟，将面团取出分割成每个550克。

预整形、中间醒发（松弛）

5 将面团预整形成圆柱形，放置在发酵布上，室温松弛20分钟。

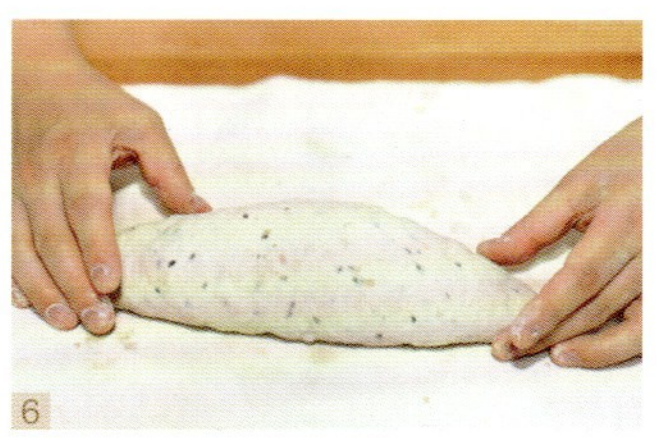

成形

6 将面团成形成橄榄形。

最后醒发

7 将面团放置室温，醒发60分钟。

烘焙

8 在面团上用毛刷刷上一层虎斑纹面糊。

9 在表面筛上黑麦粉，以上火250℃、下火230℃，喷蒸汽3秒，烘烤25～30分钟。

小贴士
NOTE

1 成形时，使用发酵布会帮助面团不粘桌面，有利于操作。

2 烘焙时使用落地烘烤（指直接将面包放置烤箱烘烤，不使用烤盘等承载工具）。

福
福
福

洛神花玫瑰面包

材料总重量
2456克

制作数量
约5个

面团温度	> 25℃
基础醒发	> 室温（26℃），80分钟
分割	> 450克/个
中间醒发（松弛）	> 室温（26℃），20分钟
最后醒发	> 室温（26℃），60分钟
烘焙	> 250℃/230℃，蒸汽5秒，25~30分钟

配方 / Ingredients

材　料	材料百分比（%）	重　量
T65面粉	100	1000克
红曲粉	0.8	8克
海藻糖	3	30克
鲜酵母	2	20克
食盐	1.8	18克
固体酵种	10	100克
玫瑰花碎	3	30克
水	75	750克
洛神花干丁	25	250克
核桃碎	20	200克
玉米碎	5	50克

预先准备 / Preparation

1 调节水温。
2 提前用1：1的水浸泡玫瑰花碎。

制作过程 / Methods

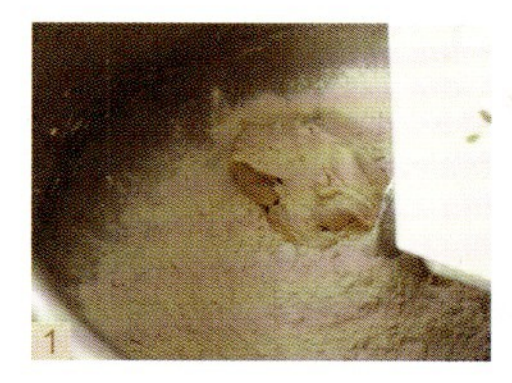
1

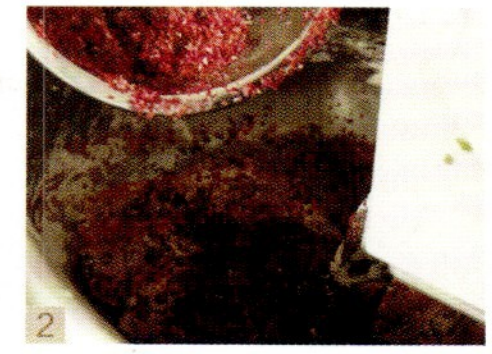
2

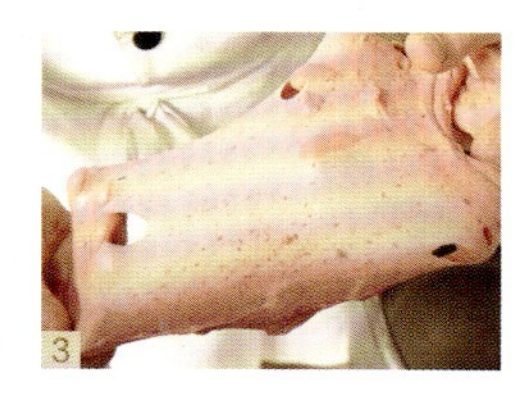
3

和面

1 将T65面粉、红曲粉、海藻糖、鲜酵母、食盐、固体酵种倒入打面缸中，加入水搅拌出面筋。

2 加入浸泡玫瑰花碎、洛神花干丁、核桃碎和玉米碎搅拌均匀。

3 搅拌至面团能拉出较薄的筋膜，取出放置于发酵箱中，室温（26℃）醒发80分钟。

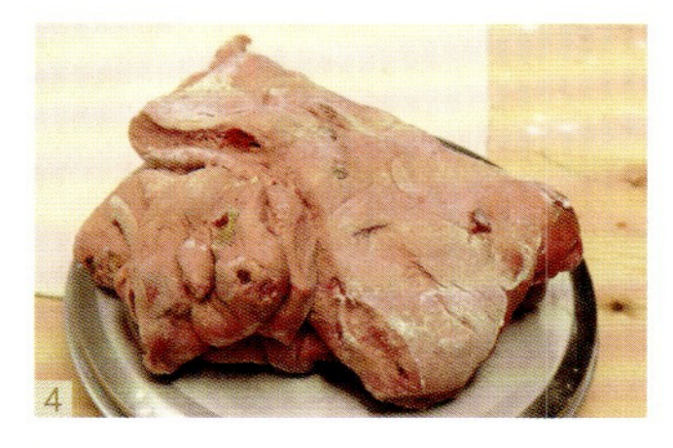
4

基础醒发、分割

4 将面团放置于发酵箱中，室温（26℃）醒发80分钟，并分割成每个450克。

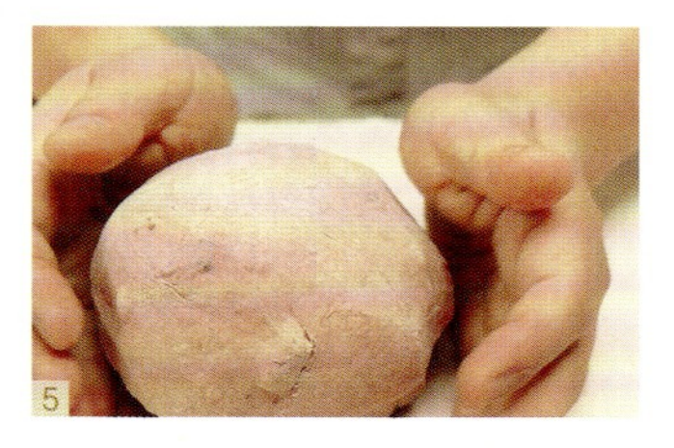
5

预整形、中间醒发（松弛）

5 将面团预整形成圆形，放置在发酵布上，室温松弛20分钟。

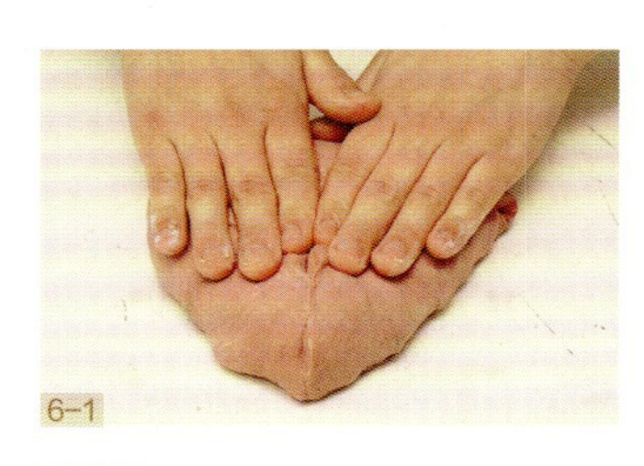
6-1

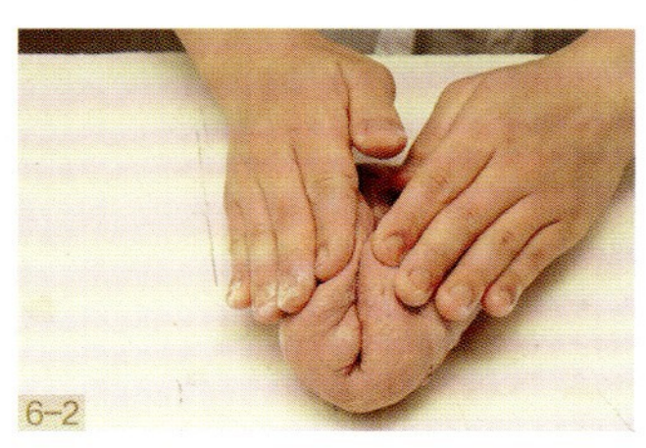
6-2

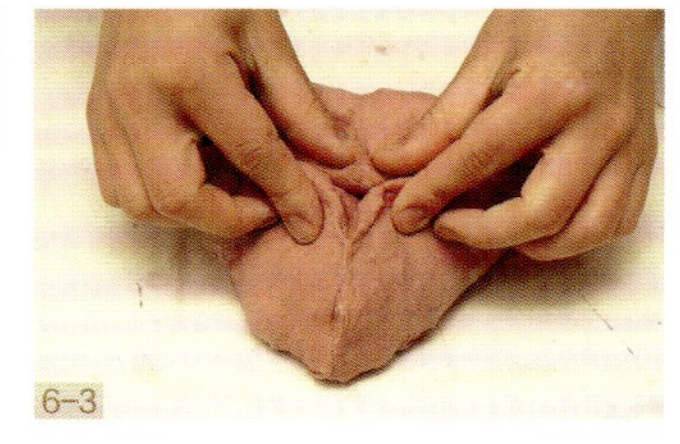
6-3

成形

6 将面团轻拍排气，整形成三角形的形状。

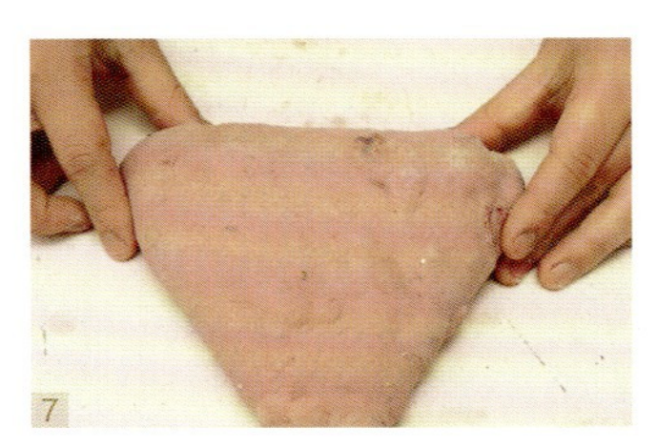

最后醒发

7 将面团放置室温，醒发60分钟。

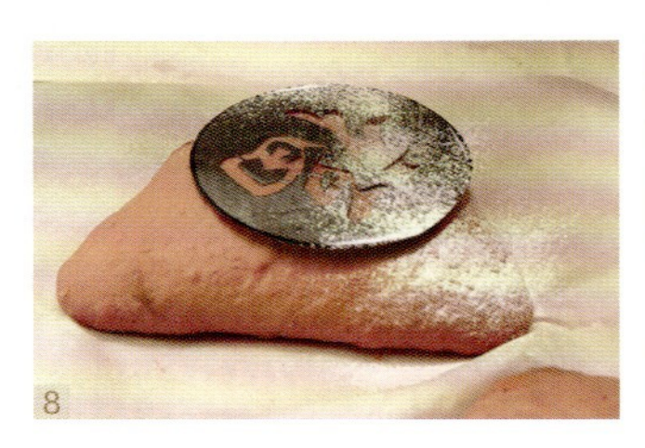

烘焙

8 取出面团，在上面摆放福字的过筛模具，并筛上一层面粉。
9 用割刀在面团边角各划三个刀口，以上火250℃、下火230℃，喷蒸汽5秒，烘烤25～30分钟。

小贴士
NOTE

1 成形时，使用发酵布会帮助面团不粘桌面，有利于操作。
2 烘焙时使用落地烘烤（指直接将面包放置烤箱烘烤，不使用烤盘等承载工具）。

苹果黑麦面包

材料总重量
3239克

制作数量
约4个

面团温度	>	24℃
基础醒发	>	室温（26℃），90分钟
分割	>	800克/个
中间醒发（松弛）	>	室温（26℃），10分钟
最后醒发	>	室温（26℃），60分钟
烘焙	>	250℃/230℃，蒸汽5秒，40～45分钟

苹果酒波兰酵头

材　料	材料百分比（%）	重　量
T170面粉（黑麦粉）	100	500克
鲜酵母	0.2	1克
苹果香槟酒	75	375克
水	50	250克

1

2

制作步骤

1 用水把鲜酵母化开，倒入苹果香槟酒拌匀，最后倒入黑麦粉搅拌均匀。

2 盖上保鲜膜，室温发酵12小时。

主面团

材　料	材料百分比（%）	重　量
T170面粉（黑麦粉）	60	600克
T65面粉	32.5	325克
荞麦粉	7.5	75克
鲜酵母	0.8	8克
食盐	3	30克
苹果酒波兰酵头	112.6	1126克
水	37.5	375克
青苹果丁	70	700克

预先准备 / Preparation

1 调节水温

2 准备环形藤碗，并筛上黑麦粉。

3 青苹果洗好切成丁。

4 提前一晚制作所需酵头。

制作过程 / Methods

和面

1 将水沿着盆壁倒入苹果酒波兰酵头里，使苹果酒波兰酵头自然脱落盆壁。

2 将T170面粉（黑麦粉）、T65面粉、荞麦粉、鲜酵母、食盐倒入打面缸中，加入“步骤1”搅拌至面团表面光滑。

3 加入青苹果丁搅拌均匀。

基础醒发

4 取出面团，将其放置于发酵箱中，室温（26℃）醒发90分钟。

分割

5 取出面团，切割成每个800克。

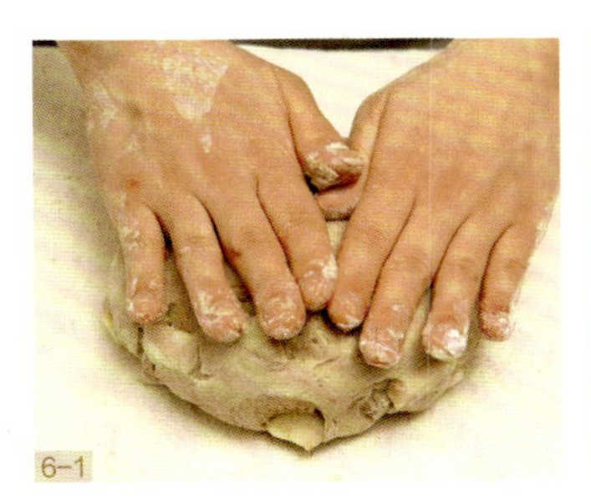
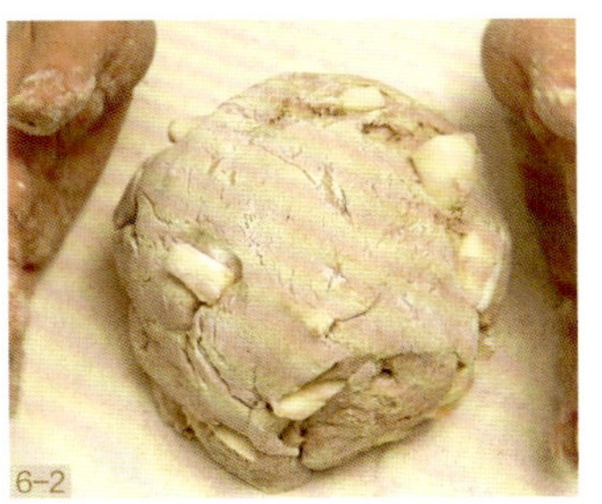

预整形、中间醒发（松弛）

6 将面团预整形成圆形，放在发酵布上，室温（26℃）松弛10分钟。

7-1

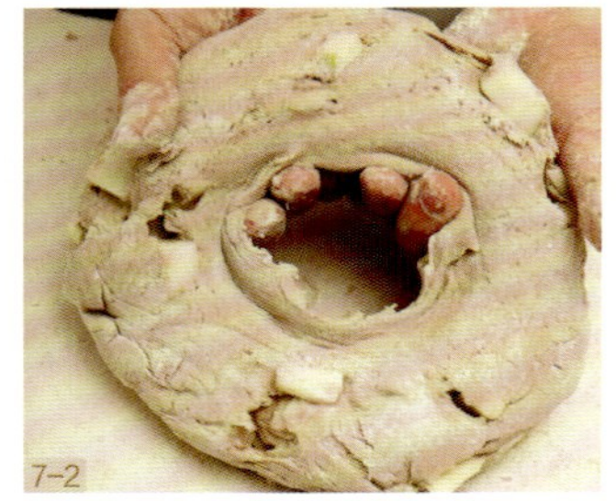

7-2

成形

7 在面团表面撒上少许黑麦粉，轻拍排气，在面团中心用手肘压出一个洞。

8

9

最后发酵

8 放入筛好的黑麦粉的环形发酵篮中，放置室温（26℃）发酵60分钟。

烘焙

9 取出面团，以上火250℃、下火230℃，喷蒸汽5秒，烘烤40～45分钟。

1 手粉和筛粉使用黑麦粉，黑麦粉较干燥，不易吸收面团中的水分，更能使面包产生裂纹。

2 成形时，使用发酵布会帮助面团不粘桌面，有利于操作。

3 烘焙时使用落地烘烤（指直接将面包放置烤箱烘烤，不使用烤盘等承载工具）。

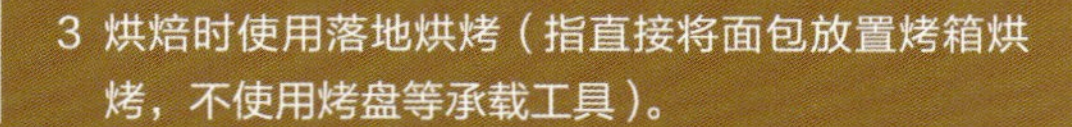

香橙亚麻籽面包

材料总重量
2700克

制作数量
约6个

面团温度	>	24℃
基础醒发	>	室温（26℃），50分钟
分割	>	450克/个
中间醒发（松弛）	>	室温（26℃），20分钟
最后醒发	>	室温（26℃），60分钟
烘焙	>	250℃/230℃，蒸汽5秒，25~30分钟

香橙波兰酵头

材 料	材料百分比（%）	重 量
T65面粉	100	400克
橙汁	125	500克
鲜酵母	0.25	1克

制作步骤

1 将鲜酵母倒入橙汁中化开，加入T65面粉，用打蛋器搅拌均匀。

2 盖上保鲜膜，室温（26℃）发酵12小时。

主面团

材 料	材料百分比（%）	重 量
T65面粉	100	1000克
鲜酵母	2	20克
食盐	3	30克
香橙波兰酵头	90	900克
水	55	550克
亚麻籽	20	200克
橙子		1个

预先准备 / Preparation

1 调节水温。 2 橙子洗净，刨成屑。 3 提前一晚制作所需酵头。 4 准备适量橄榄油。

制作过程 / Methods

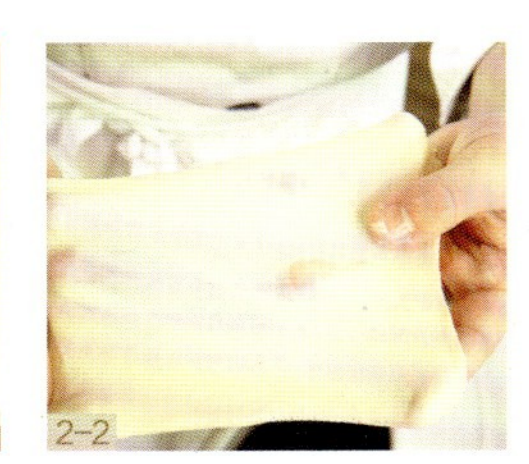

和面

1 将水沿着盆壁倒入香橙波兰酵头中，使香橙波兰酵头自然脱落盆壁。

2 将T65面粉、鲜酵母、食盐倒入打面缸中，然后边搅拌边加入“步骤1”，搅拌至表面光滑，能拉出薄膜。

3 加入亚麻籽和橙皮屑搅拌均匀。

基础醒发、分割

4 取出放置于发酵箱中，室温（26℃）醒发50分钟，将面团取出分割成每个450克。

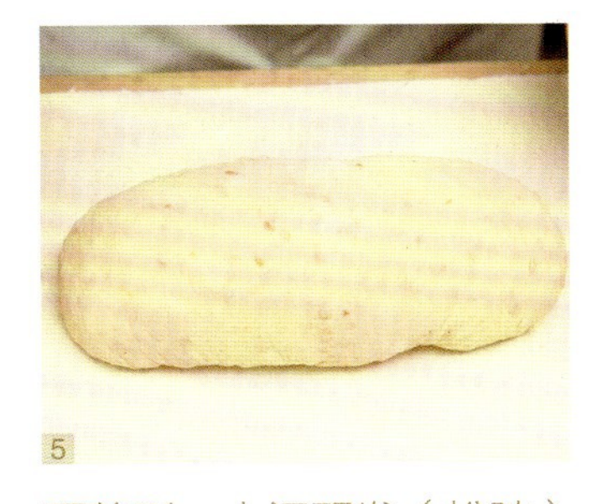

预整形、中间醒发（松弛）

5 将面团预整形成圆柱形，放置在发酵布上，室温（26℃）松弛20分钟。

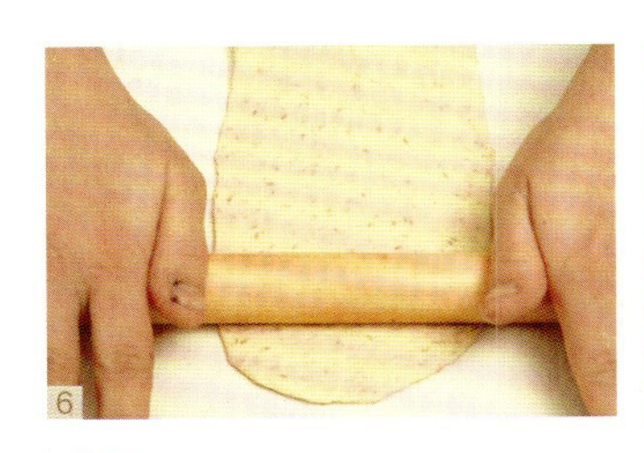
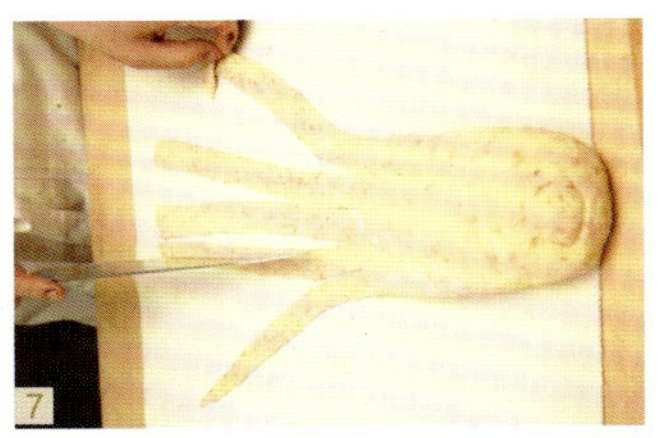

成形

6 用擀面杖将面团的前端擀成厚0.1厘米左右的面皮。

7 将其用刀平均切成5根长条。

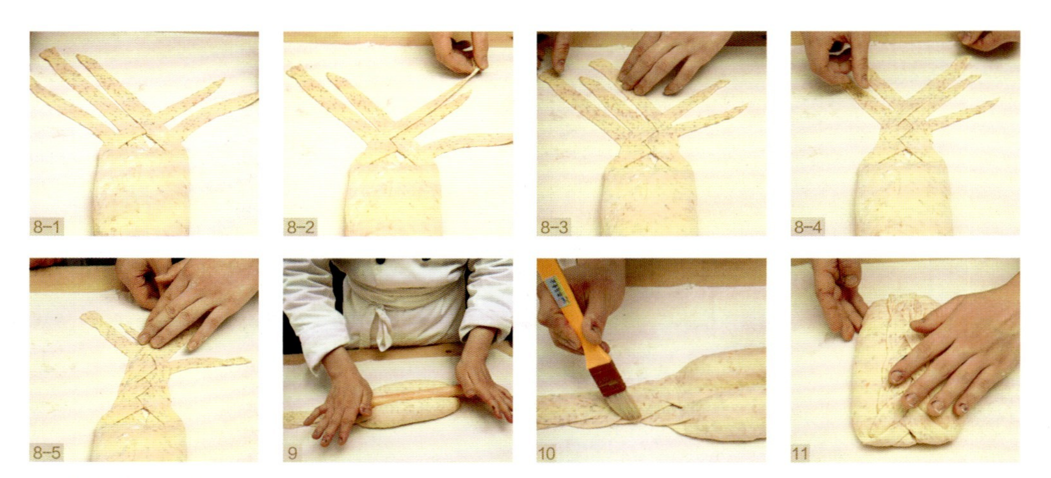

8 将长条编织成五股辫。

9 用擀面杖在面团中间压一下。

10 在五股辫的边缘刷少许橄榄油。

11 将辫子盖在面团表面。

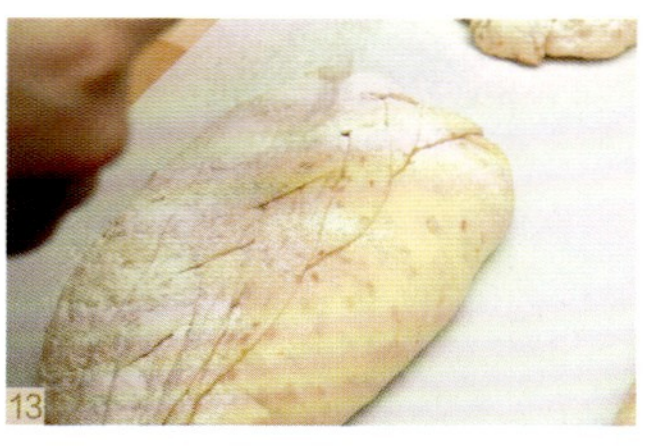

最后醒发

12 将面团放置室温（26℃）中醒发60分钟。

烘焙

13 在面团表面筛上面粉。

14 在侧面倾斜割上刀纹，以上火250℃、下火230℃，喷蒸汽5秒，烘烤25～30分钟。

小贴士 NOTE

1 成形时，使用发酵布会帮助面团不粘桌面，有利于操作。

2 烘焙时使用落地烘烤（指直接将面包放置烤箱烘烤，不使用烤盘等承载工具）。

3 面皮上的油脂不宜刷过多，否则影响成品。

11

CHAPTER

三明治与餐包

三明治与餐包介绍

三明治

在欧洲地区，三明治是作为主食存在的，尤其是对于稍不富裕的人群。三明治整体很注重营养搭配，其面团多采用法式、德式、吐司面团来搭配组合，在与各式蔬菜、芝士、肉类等混合时，会加入各式的酱料来调节味感。

因为搭配自由，所以三明治的热量就显得“不太受控”。在选择或者制作时，这点需要结合实际来进行考量。

餐包

餐包的性质较吐司更加柔软，配方中使用的较多的糖和油，也会加入多种馅料或者夹心。

菲达奶酪大虾三明治

材料总重量
1970克

制作数量
约12个

面团温度	24℃
基础醒发	室温（26℃），50分钟，翻面，发酵40分钟
分割	160克/个
中间醒发（松弛）	室温（26℃），30分钟
最后醒发	室温（26℃），50～60分钟
烘焙	240℃/230℃，蒸汽5秒，18～23分钟

馅料

材 料	馅 料
苦菊	适量
苦苣	适量
生菜	适量
大虾（熟）	适量

材 料	馅 料
奶酪	适量
芥末籽芥末调味酱	适量
亨氏沙拉醋	适量

1

2

制作步骤

1 在大虾中加入适量的芥末籽芥末调味酱，搅拌均匀。
2 在蔬菜中加入适量的亨氏沙拉醋，搅拌均匀。

主面团

材 料	材料百分比（%）	重 量
T65面粉	80	800克
T85面粉（黑麦粉）	20	200克
水	65	650克
鲜酵母	1	10克
食盐	1	10克
固体酵种	20	200克
棕色亚麻籽	2.5	25克
粗颗粒玉米粉	2.5	25克
浸泡水	5	50克

预先准备 / Preparation

1 调节水温。
2 将棕色亚麻籽和粗颗粒玉米粉放入浸泡水中备用。
3 固体酵种的具体做法请参照P28“固体酵种、液体酵种制作”。

制作过程 / Methods

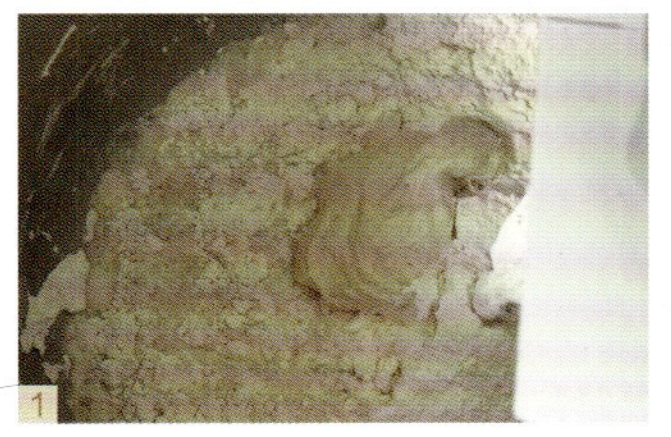
1

2-1

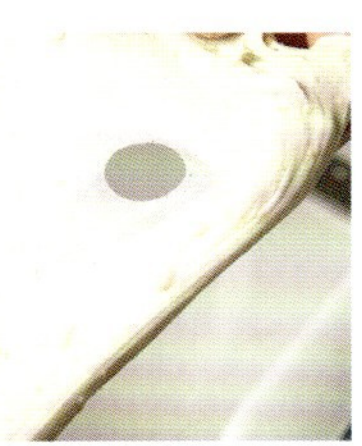
2-2

和面

1 将T65面粉、T85面粉（黑麦粉）、水倒入面缸中，慢速搅拌3~5分钟，搅拌至无干粉状态，加入食盐、鲜酵母、固体酵种，搅拌均匀，用中速或快速搅拌至面团能拉出薄膜状。

2 再加入浸泡好的棕色亚麻籽和粗颗粒玉米粉，慢速搅拌均匀，至面团光滑细腻，能拉出薄膜。

3

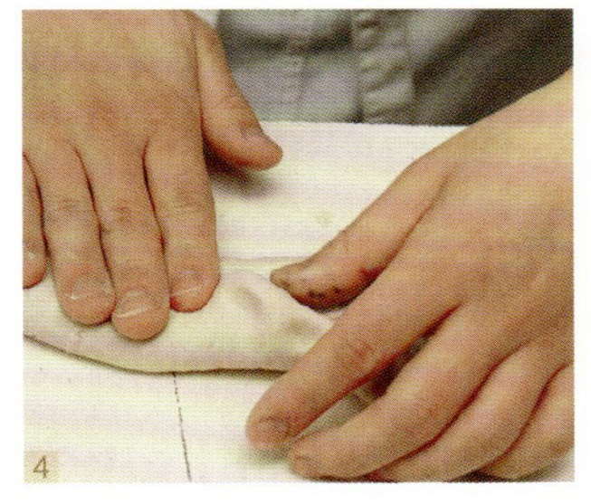
4

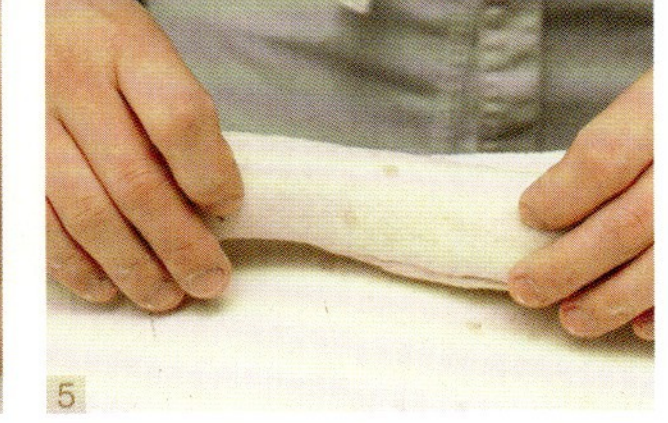
5

基础醒发、分割

3 取出面团，放入发酵箱中，盖上保鲜膜，室温（26℃）基础发酵50分钟，翻面，继续发酵40分钟。将发酵好的面团取出分割，每个面团为160克。

预整形、中间醒发（松弛）

4 用手将面团拍平，折叠呈椭圆形。

5 将面团接口朝下，放在发酵帆布上，室温发酵30分钟。

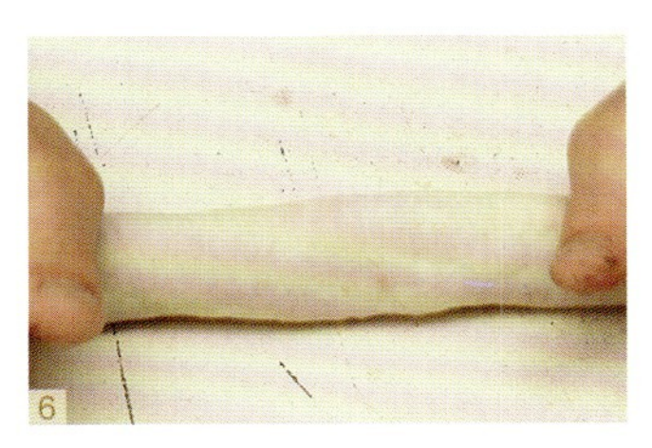
6

成形

6 取出发酵好的面团，用手掌按压面团，使其排出多余的气体，将面团较为平整的一面朝下，从远离身体的一侧开始，折叠约1/3，用手掌的掌根处将对接处按压紧实，用双手将面团搓成长约18厘米的橄榄长条。

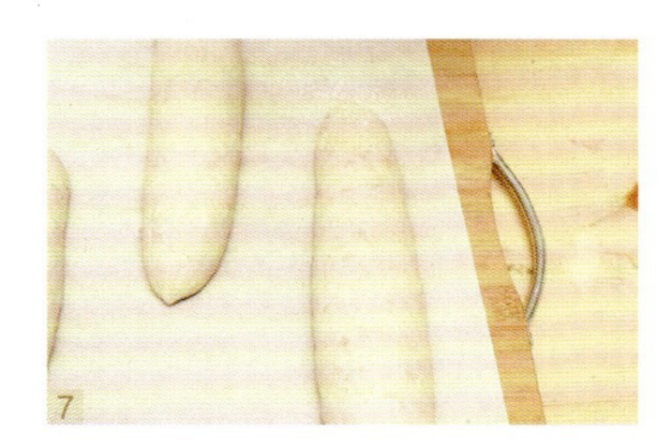
7

最后醒发

7 放置室温（26℃）的环境下，发酵50～60分钟。

8–1

8–2

9

10

11

烘焙

8 取出面团，表面筛上面粉，用割包刀在面团中心处划出一道刀口。

9 以上火240℃、下火230℃，喷蒸汽5秒，烘烤18分钟，观察面包的色泽是否均匀。在出炉前3～5分钟打开风门（面包更加硬脆），出炉后将面包放置在网架上冷却，冷却后用锯刀切开，切记不要切断。

10 在切好的面包中间抹一层芥末籽芥末调味酱。

11 放入苦苣、苦菊、生菜、奶酪、大虾即可。

小贴士 NOTE

1 成形时，使用发酵布能帮助面团不粘桌面，有利于操作。

2 烘焙时使用落地烘烤（指直接将面包放置烤箱烘烤，不使用烤盘等承载工具）。

墨鱼三文鱼三明治

材料总重量
2005克

制作数量
约12个

面团温度 >	22~25℃
基础醒发 >	室温（26℃），50分钟；翻面，继续发酵40分钟
分割 >	160克/个
中间醒发（松弛） >	室温（26℃），30分钟
最后醒发 >	室温（26℃），50~60分钟
烘焙 >	240℃/230℃，蒸汽5秒，18~23分钟

馅料

材 料	馅 料
芝麻菜	适量
奶酪	适量
青苹果	1个
亨氏沙拉醋	适量
三文鱼片	适量

制作步骤

1 在芝麻菜中加入适量的亨氏沙拉醋，搅拌均匀。

2 苹果切片备用。

主面团

材 料	材料百分比（%）	重 量
T65面粉	80	800克
T85面粉（黑麦粉）	20	200克
水	65	650克
鲜酵母	1	10克
食盐	1	10克
固体酵种	20	200克
棕色亚麻籽	2.5	25克
粗颗粒玉米粉	2.5	25克
浸泡水	5	50克
墨鱼汁	3.5	35克
白芝麻		适量

预先准备 / Preparation

1 调节水温。
2 将棕色亚麻籽和粗颗粒玉米粉放入浸泡水中备用。
3 固体酵种的具体做法请参照P28“固体酵种、液体酵种制作”。

制作过程 / Methods

1

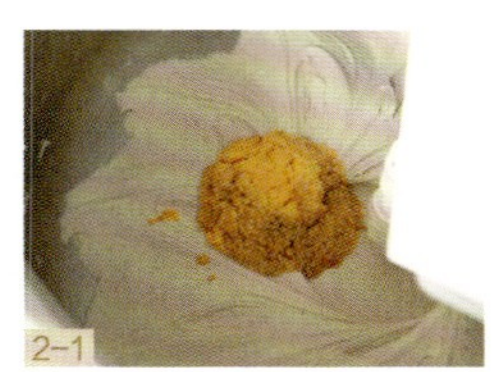
2-1

2-2

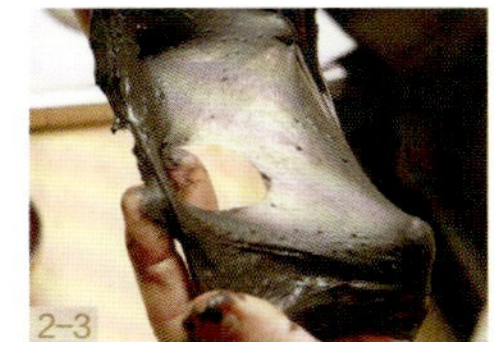
2-3

和面

1 将T65面粉、T85面粉（黑麦粉）、水倒入面缸中，慢速搅拌3～5分钟，搅拌至无干粉状态，加入食盐、鲜酵母、固体酵种，搅拌均匀，用中速或快速搅拌至面团能拉出薄膜状。
2 再加入浸泡好的棕色亚麻籽和粗颗粒玉米粉、墨鱼汁，慢速搅拌均匀，至面团光滑细腻，能拉出薄膜。

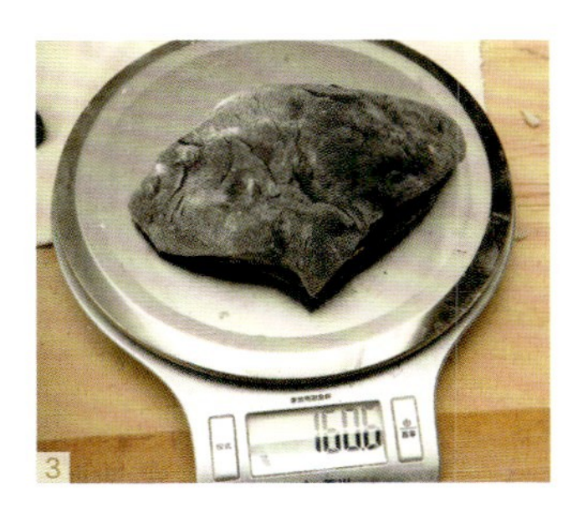
3

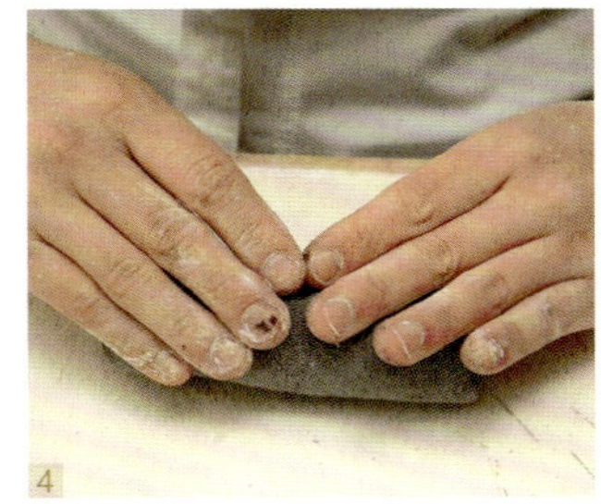
4

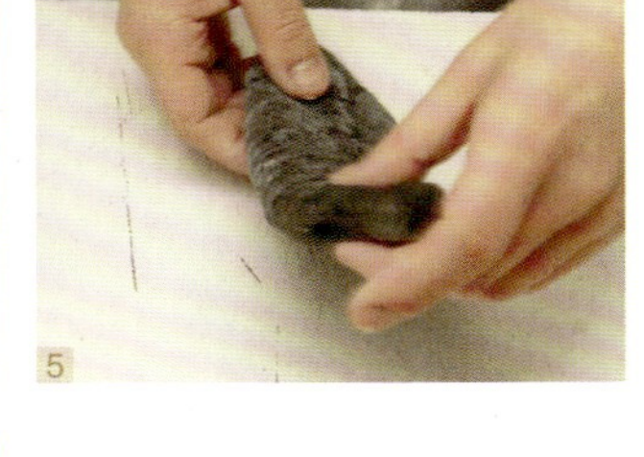
5

基础醒发、分割

3 取出面团，放入发酵箱中，盖上保鲜膜室温基础发酵50分钟，翻面，继续发酵40分钟。将发酵好的面团取出分割，每个面团为160克。

预整形、中间醒发（松弛）

4 用手将面团拍平，折叠呈椭圆形。
5 将面团接口朝下，放在发酵帆布上，室温发酵30分钟。

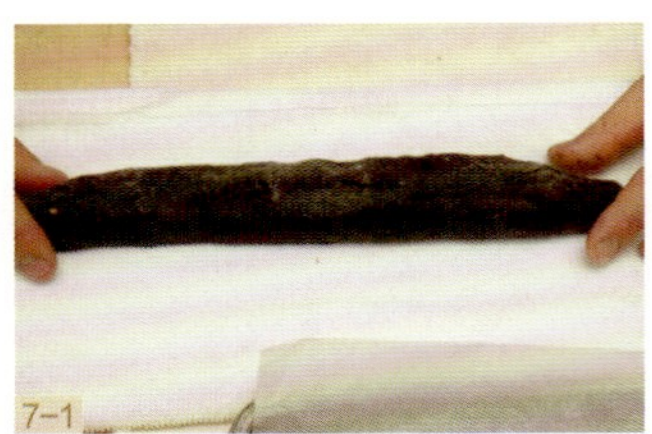

成形

6 取出发酵好的面团，用手掌按压面团，使其排出多余的气体，将面团较为平整的一面朝下，从远离身体的一侧开始，折叠约1/3，用手掌的掌根处将对接处按压紧实，用双手将面团搓成约18厘米的橄榄长条。

7 将面团表面用湿毛巾沾湿，并沾上白芝麻。

最后醒发、烘焙

8 在面团表面斜着划出刀口。并放置室温，发酵50～60分钟，待整形好的面团发酵到原体积的2倍大小。

9 以上火240℃、下火230℃，喷蒸汽5秒，烘烤18分钟，观察面包的色泽是否均匀。在出炉前3～5分钟打开风门（面包更加硬脆），出炉后将面包放置在网架上冷却，冷却后用锯刀切开，切记不要切断。

10 在切好的面包中间抹一层奶酪。

11 放入芝麻菜、青苹果片、三文鱼片即可。

小贴士 NOTE

1 成形时，使用发酵布能帮助面团不粘桌面，有利于操作。

2 烘焙时使用落地烘烤（指直接将面包放置烤箱烘烤，不使用烤盘等承载工具）。

黑眼豆豆餐包

材料总重量
507.5克

制作数量
约12个

面团温度	>	28℃
基础醒发	>	室温（26℃），60分钟
分割	>	40克/个
中间醒发（松弛）	>	室温（26℃），15分钟
最后醒发	>	温度30℃，相对湿度80%，45分钟
烘焙	>	200℃/190℃，8～10分钟

配方 / Ingredients

材　料	材料百分比（%）	重　量
T45面粉	100	250克
红糖	16	40克
鲜酵母	4	10克
食盐	2	5克
可可粉	4	10克
深黑可可粉	2	5克
水	65	162.5克
黄油	8	20克

馅料

材　料	重　量
耐烘烤巧克力豆	180克

预先准备 / Preparation

1 调节水温。
2 准备耐烘烤巧克力豆。
3 将鸡蛋充分打散并过滤，作为后期烘烤的表面刷蛋液。

制作过程 / Methods

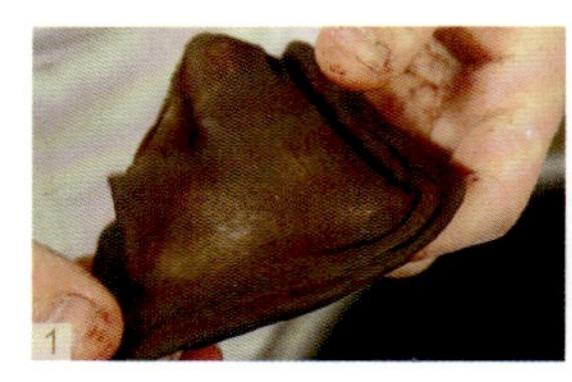

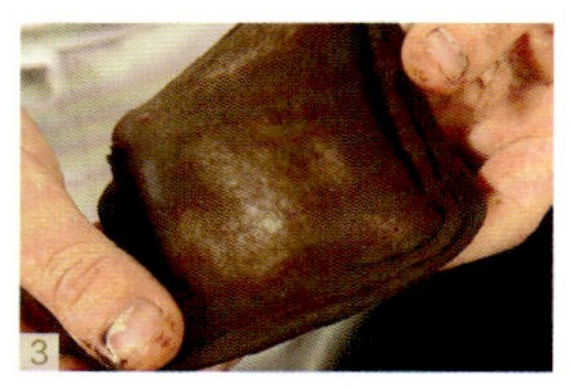

成形

1 将除黄油以外的所有材料倒入面缸中，以慢速搅拌均匀，成团至无干粉状，转快速搅打至面筋扩展阶段，此时面筋具有弹性及良好的延伸性，并能拉开较好的面筋膜。
2 加入黄油，以慢速搅拌均匀。
3 转快速搅打至面筋完全扩展阶段，此时面筋能拉开大片面筋膜且面筋膜薄，能清晰地看到手指纹。

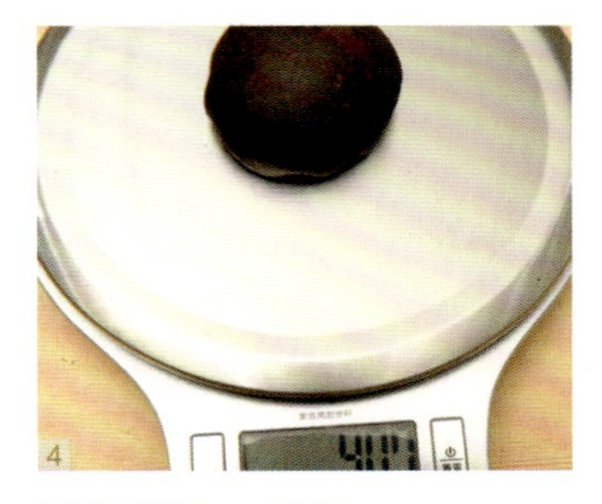

基础醒发、分割

4 取出面团，盖上保鲜膜放置在室温基础发酵60分钟。取出，将其分割成每个40克的面团，整为基础圆形。

预整形、中间醒发（松弛）

5 预整形滚圆，并盖上保鲜膜放置在室温（26℃）松弛15分钟。

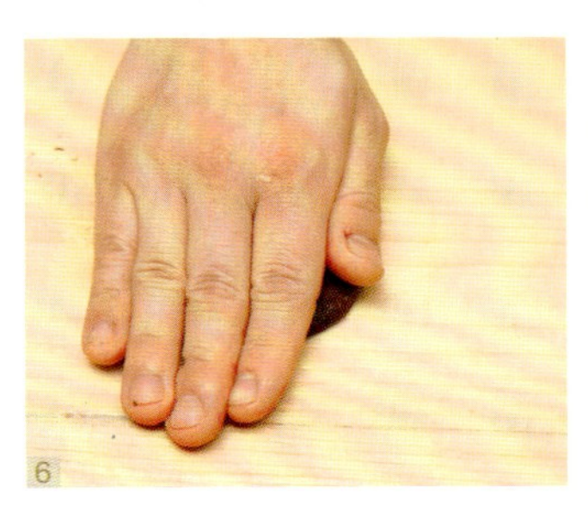

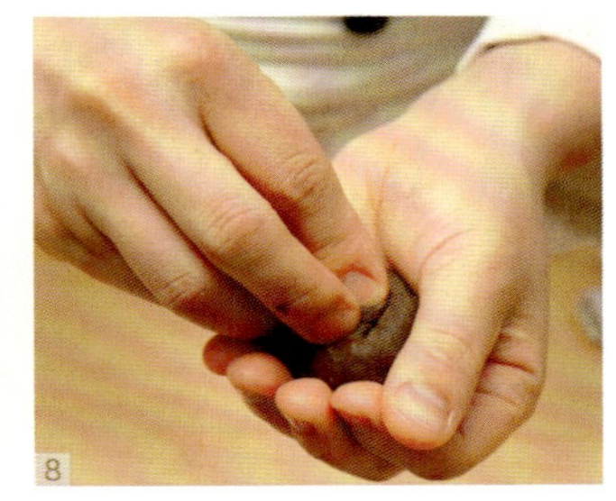

成形

6 取出一个面团，将手掌微微凹陷将面团压至中间稍厚两边较薄。

7 将面团放置手中，并用手半握并包入15克耐烘烤巧克力豆。

8 将接口处边缘捏紧。

最后醒发

9 放入醒发箱，以温度30℃、相对湿度80%发酵45分钟。

烘焙

10 在表面用毛刷刷上一层蛋液，以上火200℃、下火190℃入炉烘烤8～10分钟，出炉震盘冷却即可。

红豆奶酪餐包

面团温度	>	26℃
基础醒发	>	室温（26℃），60分钟
分割	>	40克/个
中间醒发（松弛）	>	室温（26℃），15分钟
最后醒发	>	温度30℃，相对湿度80%，45分钟
烘焙	>	200℃/190℃，8～10分钟

材料总重量
577.5克

制作数量
约12个

红豆奶酪馅

材料总重量
480克

制作数量
约12个

材 料	重 量
红豆沙	300克
蜜红豆	160克
奶油奶酪	120克

1

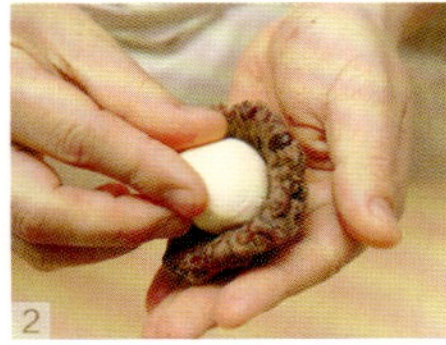
2

3

制作步骤

1 将红豆沙和蜜红豆混合，充分搅拌均匀。
2 取30克“步骤1”，包入10克奶油奶酪。
3 制成馅料备用。

主面团

材 料	材料百分比（%）	重 量
T45面粉	100	250克
细砂糖	20	50克
鲜酵母	4	10克
食盐	2	5克
固体酵种	20	50克
全蛋	20	50克
牛奶	45	112.5克
黄油	20	50克
香草荚	0.1	半根
黑芝麻		适量

预先准备 / Preparation

1 调节水温。
2 将香草荚取籽后与细砂糖充分拌匀，便于后期搅拌分散。
3 制作馅料备用。
4 将鸡蛋充分打散并过滤，作为后期烘烤的表面刷蛋液。
5 固体酵种的具体做法请参照P28“固体酵种、液体酵种制作”。

制作过程 / Methods

1-1

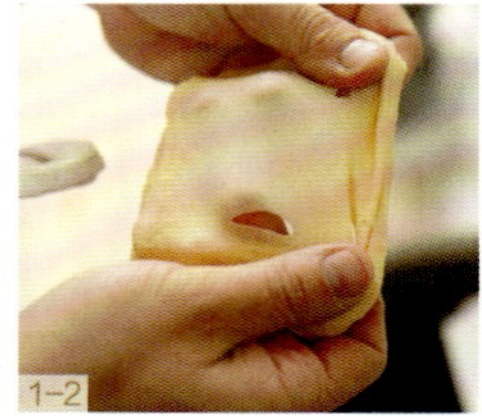
1-2

2

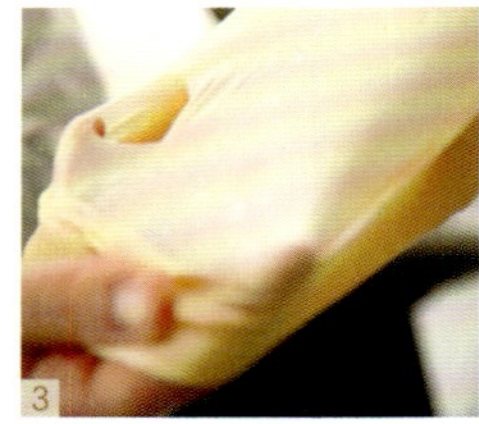
3

和面

1 将除黄油以外的所有材料倒入面缸中，以慢速搅拌均匀，成团至无干粉状。转快速搅打至面筋扩展阶段，此时面筋具有弹性及良好的延伸性，并能拉开较好的面筋膜。
2 加入黄油，以慢速搅拌均匀。
3 转快速搅打至面筋完全扩展阶段，此时面筋能拉开大片面筋膜且面筋膜薄，能清晰地看到手指纹。

4

基础醒发、分割

4 取出面团，盖上保鲜膜放置在室温基础发酵60分钟。取出，将其分割成每个40克的面团，整为基础圆形。

5

预整形、中间醒发（松弛）

5 预整形滚圆，并盖上保鲜膜放置在室温松弛15分钟。

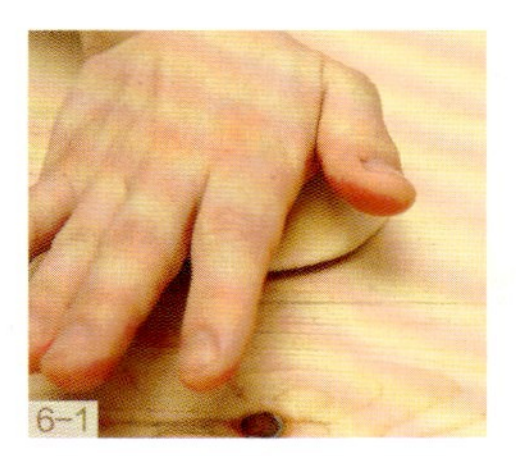

成形

6 取出一个面团，将手掌微微凹陷将面团压至中间稍厚两边较薄。

7 将面团放置手中，并用手半握并包入40克红豆奶酪馅，将接口处边缘面团捏紧。

最后醒发

8 放入醒发箱，以温度30℃、相对湿度80%发酵45分钟。

烘焙

9 在表面用毛刷刷上一层蛋液。

10 用擀面杖一端沾上适量黑芝麻放在面包的表面中间部位。

11 入烤箱，以上火200℃、下火190℃入炉烘烤8～10分钟，出炉震盘冷却即可。

南瓜餐包

面团温度	> 28℃
基础醒发	> 室温（26℃），60分钟
分割	> 45克/个
中间醒发（松弛）	> 室温（26℃），15分钟
最后醒发	> 温度28℃，相对湿度80%，50分钟
烘焙	> 200℃/190℃，10～12分钟

材料总重量
525克

制作数量
约12个

配方 / Ingredients

材　料	材料百分比（%）	重　量
T45面粉	100	250克
细砂糖	12	30克
鲜酵母	3	8克
食盐	1.6	4克
奶粉	2	5克
蜂蜜	3	8克
全蛋	12	30克
南瓜果茸	40	100克
黄油	8	20克
蔓越莓干	18	45克
南瓜子（熟）	10	25克

预先准备 / Preparation

1 调节水温。
2 蔓越莓干提前用朗姆酒浸泡一夜，使其更加入味。
3 将鸡蛋充分打散并过滤，作为后期烘烤的表面刷蛋液。

制作过程 / Methods

1-1

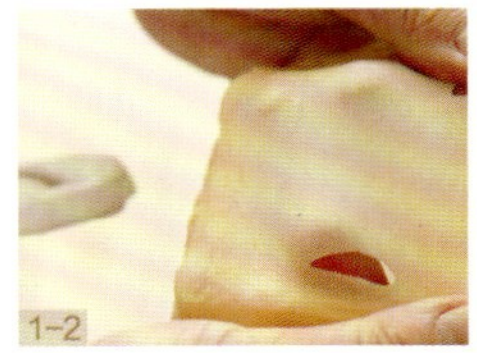
1-2

2

和面

1 将除黄油以外的所有材料倒入面缸中，以慢速搅拌均匀成团至无干粉状。转快速搅打至面筋扩展阶段，此时面筋具有弹性及良好的延伸性，并能拉开较好的面筋膜。
2 加入黄油，以慢速搅拌均匀。

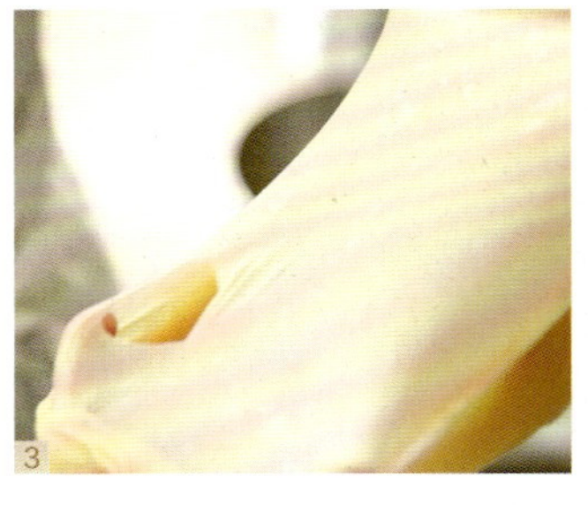

3 转快速搅打至面筋完全扩展阶段，此时面筋能拉开大片面筋膜且面筋膜薄，能清晰地看到手指纹。

4 加入南瓜子和蔓越莓干搅拌均匀。

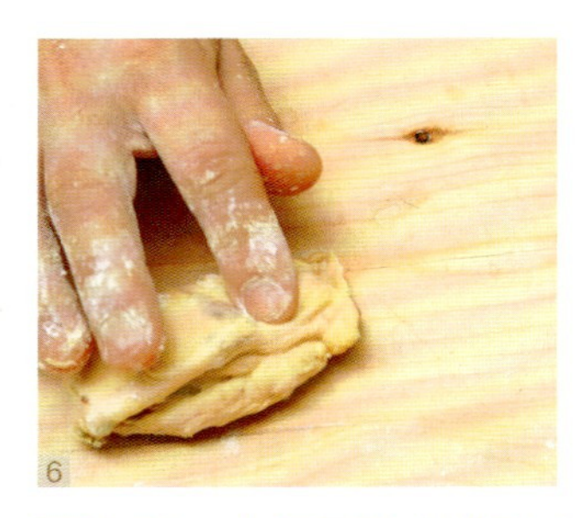

基础醒发、分割

5 取出面团，盖上保鲜膜放置在室温基础发酵60分钟。取出，将其分割成每个45克的面团。

预整形、中间醒发（松弛）

6 预整形滚圆，并盖上保鲜膜放置在室温松弛15分钟。

成形

7 将面团重新滚圆，并放置于烤盘上。

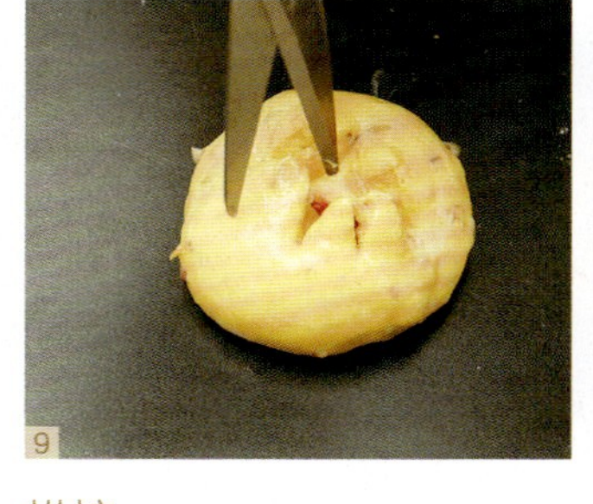

最后醒发

8 放入醒发箱，以温度28℃、相对湿度80%发酵50分钟，在发酵好的面团表面用毛刷刷上一层蛋液。

烘焙

9 在表面中间部分用剪刀剪出8个刀口。

10 入烤箱，以上火200℃、下火190℃入炉烘烤10～12分钟，出炉震盘冷却即可。

CHAPTER 12

艺术面包

荷塘月色

1 面团与辅料准备

糖浆

配方 / Ingredients

材 料	重 量
细砂糖	1584克
水	924克

制作过程 / Methods

将细砂糖和水一起熬煮至沸腾（103℃），放置冷却至常温，盖上保鲜膜备用。

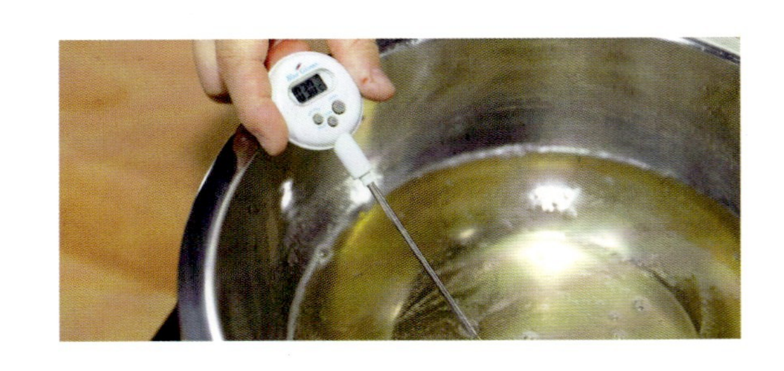

白面团

配方 / Ingredients

材 料	重 量
糖浆	1070克
T45面粉	1550克

制作过程 / Methods

将所有材料全部搅拌成团，取出用保鲜膜包好，并松弛30分钟。

黑色烫面

配方 / Ingredients

材　料	重　量
T85面粉（黑麦粉）	2000克
深黑可可粉	95克
水	878克
细砂糖	878克

制作过程 / Methods

1 将细砂糖和水一起熬煮至沸腾，另将粉类倒入机器中混合均匀，备用。

2 将煮好的糖浆倒入面粉中搅拌成团（要充分烫至糊化，无干粉状），取出用保鲜膜包好，完全冷却后使用。

黑色糯米勾线糊

配方 / Ingredients

材　料	重　量
糖浆	50克
糯米粉	12克
T45面粉	6克
深黑可可粉	10克

制作过程 / Methods

将所有材料全部搅拌成糊，用保鲜膜包好并静置30分钟。

白色面团

配方 / Ingredients

材　料	重　量
糖浆	78克
T45面粉	99.7克
白色素	5克

制作过程 / Methods

将所有材料全部搅拌成团，取出用保鲜膜包好并松弛30分钟。

预先准备 / Preparation

1 糖浆提前煮好冷却。
2 准备使用的模具，并在模具上喷脱模油。
3 准备法式造型面团。

2 配件制作

底座

制作过程 / Methods

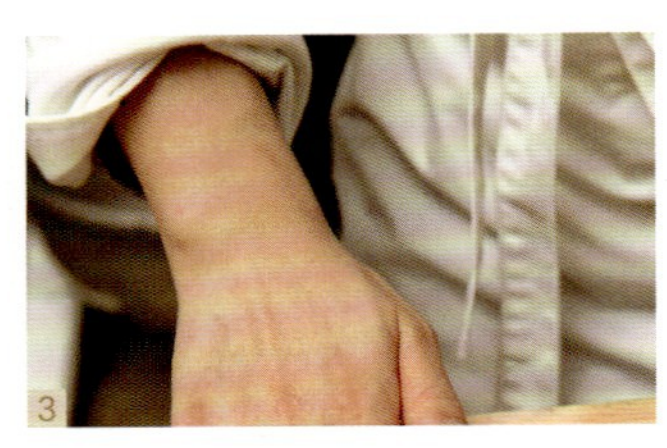

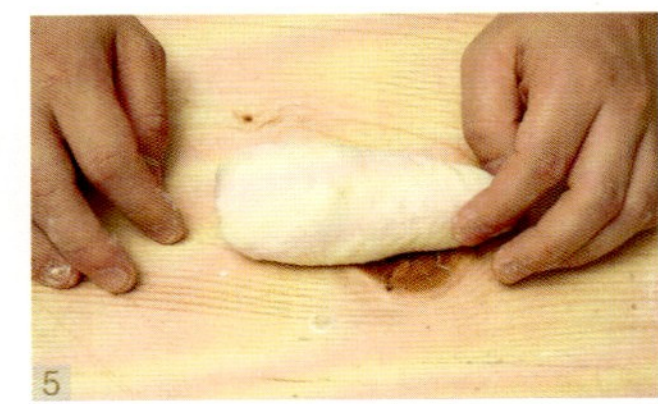
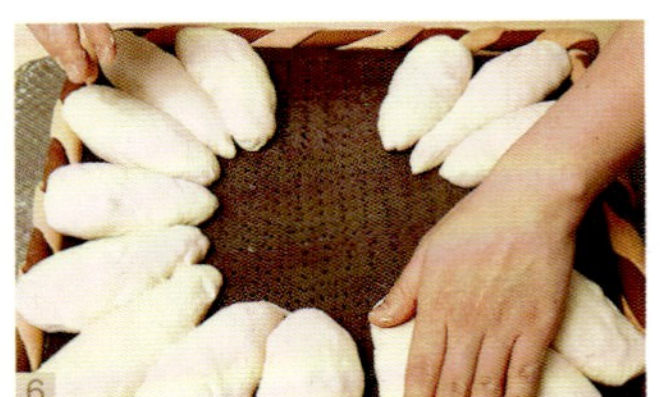
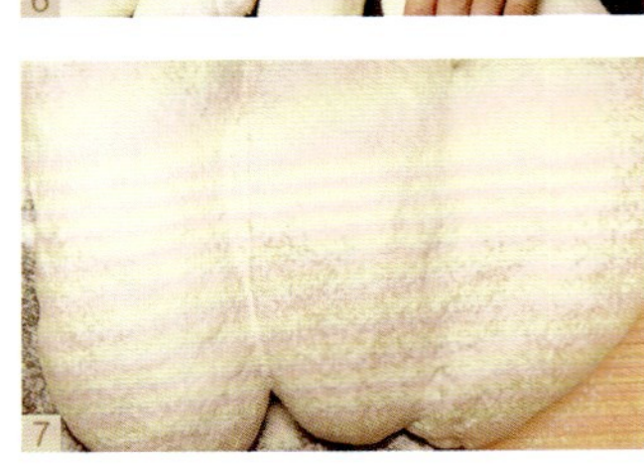

1 将法式面团进行分割：4个100克、8个80克、4个60克，滚圆松弛。
2 取900克黑色烫面，将其擀压至0.6厘米厚，并在表面上扎洞，裁剪40厘米×40厘米的正方形制成底板。
3 各取150克黑色和白色面团，将其搓长，并将两条缠绕在一起制成麻绳。
4 将搓好的麻绳围绕在底板上。
5 将法式面团整形成水滴形。
6 把面团按照从大到小排列在底座上，并在室温（26℃）发酵40分钟。
7 在发酵好的底座上筛上面粉，并划上刀口，以上火230℃、下火210℃烘烤23分钟，冷却备用。

发酵麦穗

制作过程 / Methods

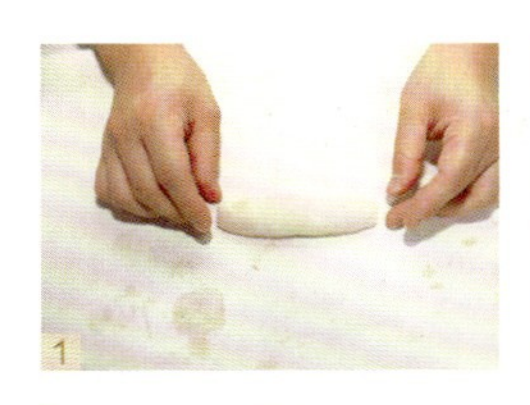
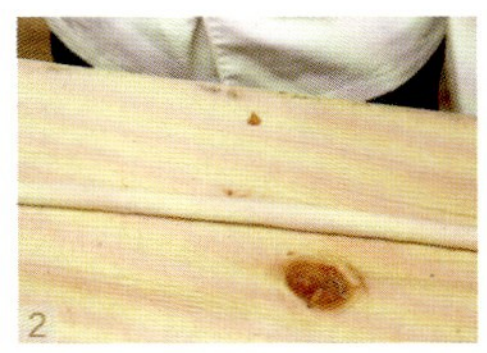
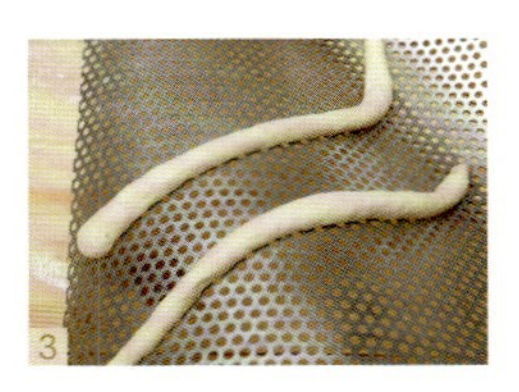
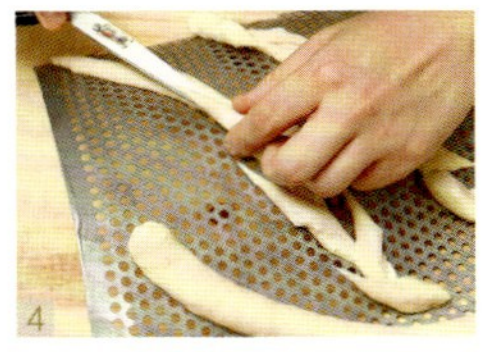

1 将法式面团分割成8个50克的小面团，并整成长条形松弛。
2 将其搓长，一端细一端粗。
3 摆放在模具上，以室温进行发酵25分钟。
4 用剪刀将发酵好的面团剪成麦穗状，以上火230℃、下火210℃烘烤15分钟，颜色呈金棕色，冷却备用。

琵琶

制作过程 / Methods

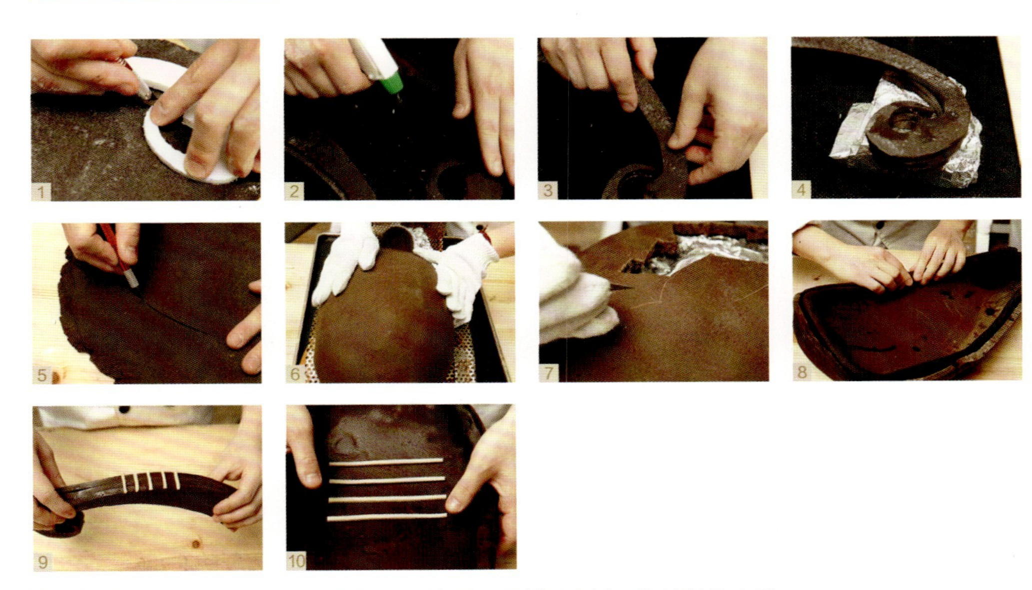

1 将300克的黑色烫面，擀压至0.5厘米厚，用模具刻出3片琵琶的头部。
2 在刻好面团的表面喷上水。
3 将3片相叠至一起。
4 将叠好的琵琶头的一端放置在锡纸膜上，以上下火150℃/150℃烘烤至干透。
5 将1000克的黑色烫面，擀压至0.5厘米厚，用模具刻出琵琶的身部（前后两片）。
6 将刻好的琵琶身部贴在琵琶模具上，以上下火150℃/150℃烘烤至半透。
7 将烤至半透的琵琶身部取出，并在背部用雕刻刀刻出破口，以上下火150℃/150℃烘烤至面团定型变硬。
8 将烤好的琵琶身部取出并脱模，取180克黑色烫面搓长，贴在琵琶身的边缘缝隙部分以上下火150℃/150℃烘烤15分钟，冷却备用。
9 在琵琶的头部贴上“相位”，以上下火150℃/150℃烘烤10分钟。
10 在琵琶的身部贴上“品位”，以上下火150℃/150℃烘烤10分钟，冷却备用。

制作过程 / Methods

1 取200克白色面团，压入京剧脸谱模具中，以上下火150℃/150℃烘烤至面团定型变硬。
2 取适量的黑色烫面将其搓长，并卷起制成头发。
3 将烤好的京剧脸谱脱模，并贴上制好的头发。
4 制作眼睛部分。
5 将制好的眼睛放入眼眶中，以上下火150℃/150℃烘烤10分钟，冷却备用。
6 取120克白面团，擀压至0.5厘米厚，用模具刻出背板，以上下火150℃/150℃烘烤至面团定型变硬，冷却备用。
7 取30克白面团，擀压至0.3厘米厚，用模具刻出发冠，以上下火150℃/150℃烘烤至面团定型变硬，颜色呈黄色，冷却备用。
8 取适量白面团，搓1个大球，2个小球，2个小条，如图摆放，制成衣襟。
9 取100克白面团，擀压至0.1厘米厚，用雕刻刀刻出小羽毛，刻约40片羽毛。
10 用羽毛硅胶模具压出羽毛纹路。
11 放置在弯好的铁模中定型，以上下火150℃/150℃烘烤至面团定型变硬，颜色呈淡黄色，冷却备用。
12 取适量白面团，将其搓成圆球，如图摆放，制成绒球，约40个，以上下火150℃/150℃烘烤至面团定型变硬，颜色呈淡黄色，冷却备用。

13 取适量白面团，将其制成锥形，以上下火150℃/150℃烘烤至面团定形变硬，颜色呈黄色，冷却备用。

14 取5个15克白面团，将其搓成圆球，以上下火150℃/150℃烘烤至面团定形变硬，颜色呈淡黄色，冷却备用。

15 取适量白面团，将其搓长，搓4条，分开摆放在垫有硅胶垫的烤盘中，以上下火150℃/150℃烘烤至面团定型变硬，颜色呈淡黄色，冷却备用。

龙脸谱

制作过程 / Methods

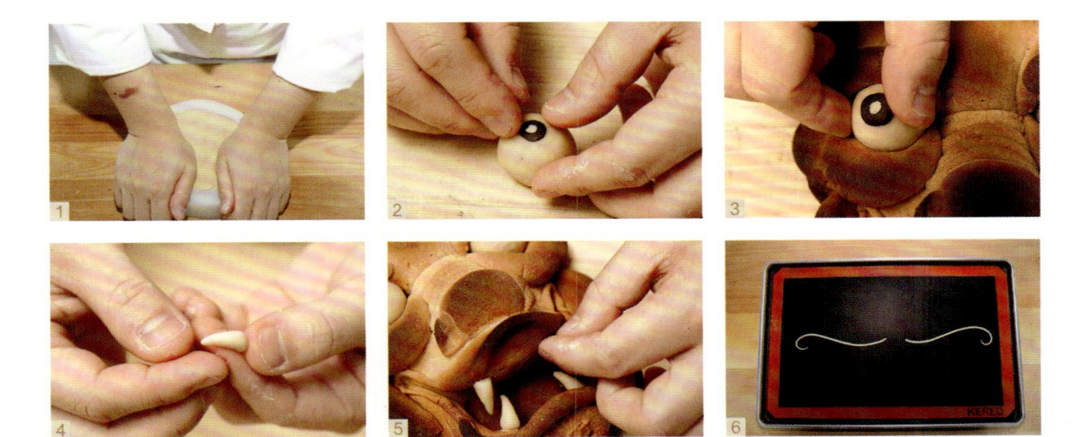

1. 取700克白面团，压入龙脸谱模具中，以上下火150℃/150℃烘烤至面团定型变硬，脱模备用。
2. 制作眼睛部分。
3. 将制好的眼睛放入眼眶中，以上下火200℃/150℃烘烤12分钟，烤至表面上色。
4. 制作牙齿部分。
5. 将制好的牙齿安放入嘴中，以上下火150℃/150℃烘烤6分钟，冷却备用。
6. 取适量白面团，将其搓长，搓2条制成龙须，分开摆放在垫有硅胶垫的烤盘中，以上下火150℃/150℃烘烤至面团定型变硬，颜色呈黄色，冷却备用。

荷花

制作过程 / Methods

1 取适量白面团，搓成莲蓬型。
2 用裱花嘴在表面按出纹路，制成莲蓬，以上下火150℃/150℃烘烤至面团定型变硬，颜色呈金黄色，冷却备用。
3 取适量白面团，搓成长锥形，制成花心。
4 准备一盆面粉，将制好的花心插立在面粉中，以上下火150℃/150℃烘烤至面团定型变硬。
5 取500克白面团，擀压至0.05厘米厚，用荷花压模压出花瓣（从小到大的尺寸）。
6 将花瓣放置在荷花硅胶压模中，压出荷花纹理。
7 准备一烤盘面粉，将压好的花瓣放置在面粉中，用手按压花瓣中心，使其弯曲，以上下火120℃/120℃烘烤至面团定型变硬，颜色呈淡米黄色，冷却备用。
8 将烤好的花心取出，在表面喷上水，并贴上两层花瓣，制成花苞。
9 将制作好的花苞插立在面粉中，以上下火150℃/150℃烘烤至面团定型变硬，颜色呈淡米黄色，冷却备用。

荷叶、
莲藕、
荷秆

制作过程 / Methods

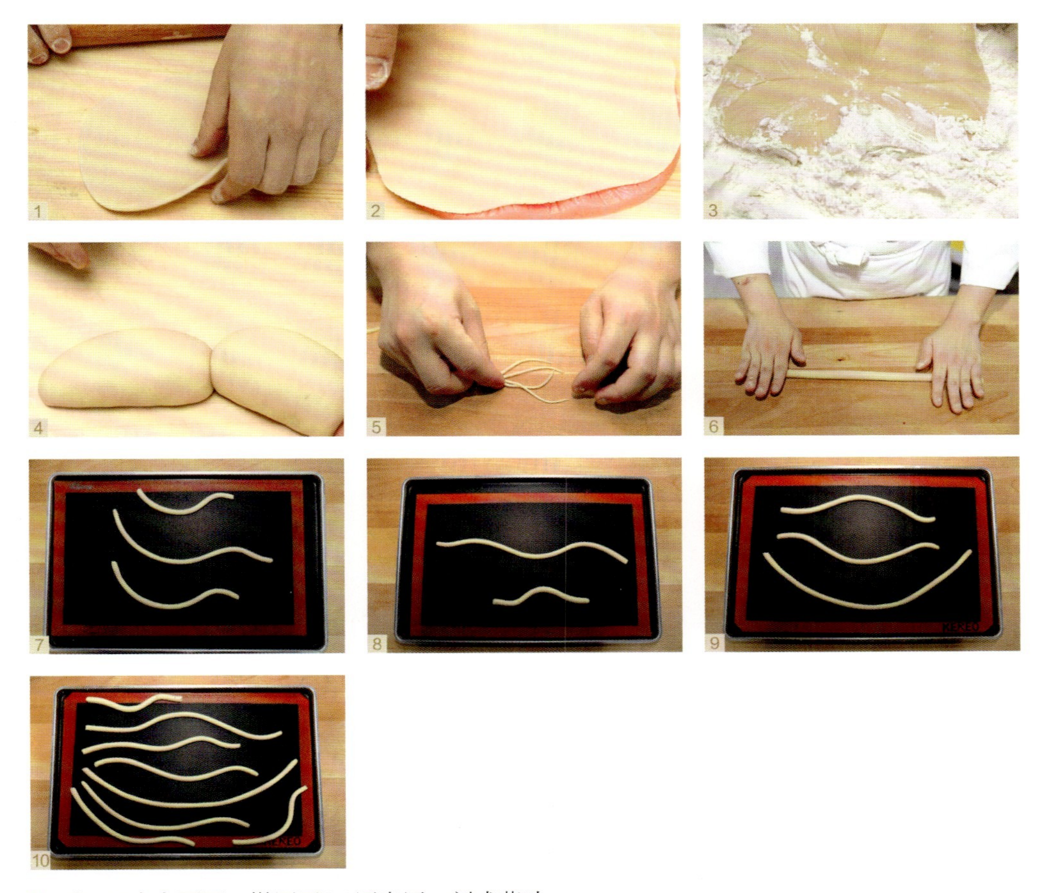

1 取200克白面团，擀压至0.1厘米厚，刻成荷叶。
2 将荷叶放置在荷叶硅胶压模中，压出荷叶纹理。
3 准备一烤盘面粉，将压好的荷叶放置在面粉中，用手整成自然弯曲的状态，以上下火120℃/120℃烘烤至面团定型变硬，颜色呈金黄色，冷却备用。
4 取1个180克和120克白面团，将其搓成莲藕状，以上下火150℃/150℃烘烤至面团定型变硬，颜色呈金黄色，冷却备用。
5 取适量白面团，搓出莲藕的细须，以上下火150℃/150℃烘烤至面团定型变硬，冷却备用。
6 取适量白面团，搓成长条，制成荷秆。
7 搓出两根，再弯曲成一定的弧度，制成琵琶破口处的荷秆，再搓出一根短的弯曲成形制成琵琶后的荷秆。
8 搓出两根，再弯曲成一定的弧度，制成琵琶前端的荷秆。
9 搓出三根弯曲成一定的弧度，制成琵琶上端的荷秆。
10 总共需8根，入烤箱，以上下火150℃/150℃烘烤至面团定型变硬，颜色呈金黄色，冷却备用。

3 组装拼接

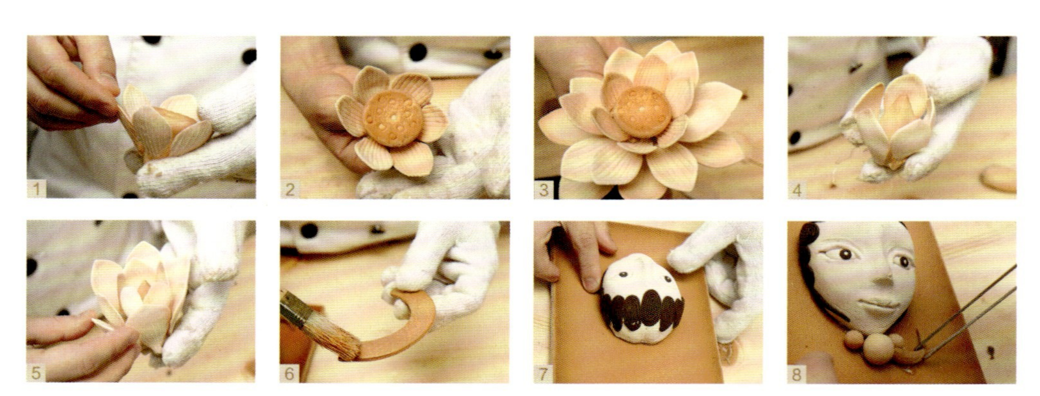

1 准备适量艾素糖，加热完全融化成液态，将花瓣沾上艾素糖，并粘接在莲蓬上。
2 在莲蓬上粘接一圈小号花瓣。
3 依次从小到大，粘接上花瓣，制成荷花。
4 将花瓣沾上艾素糖，并粘接在花苞上。
5 依次从小到大，粘接上花瓣，制成半开荷花。
6 在发冠、羽毛和绒球上刷上金粉。
7 将人脸粘接在背板中。
8 在人脸下粘上衣襟。

9 在头上粘上发冠。
10 在发冠上粘上两排羽毛。
11 在发冠的羽毛后粘上两排绒球。
12 将制好的黑色糯米勾线糊装入裱花袋中，在人脸上勾画出眉毛。
13 将琵琶身部粘立在底座上。
14 将琵琶头部粘接在琵琶身部上。
15 将京剧脸谱粘接在琵琶头部和琵琶身部的连接处。
16 在琵琶破口处粘上两根荷秆。

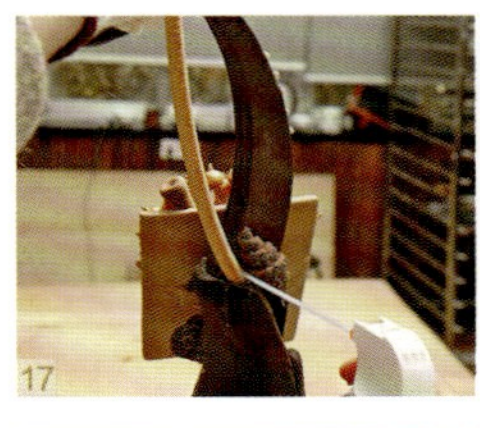
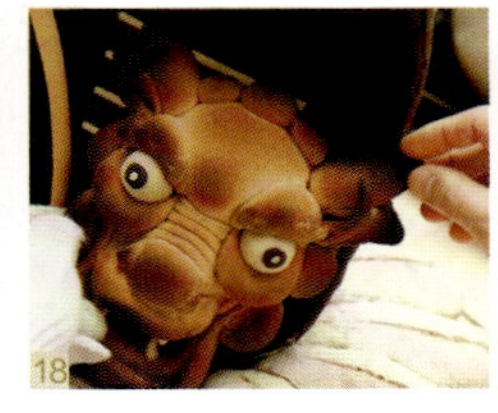

17 在琵琶上端粘上三根荷秆，并用小面包加固一下。

18 在琵琶前下端粘上两根荷秆和龙脸谱。

19 在琵琶破口处的两根荷秆上分别粘上莲蓬荷花和荷叶。

20 在琵琶前端处的荷秆上粘上半开荷花苞。

21 在琵琶上端处的三根荷秆上分别粘上花苞、莲蓬荷花和荷叶。

22 在琵琶前端处的荷秆上粘上荷叶。

23 在龙脸谱上粘上龙须。

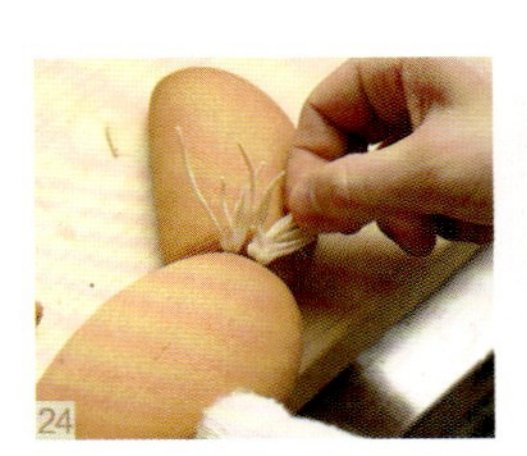

24 将莲藕细须粘接在莲藕上。

25 将莲藕粘接在琵琶的破口处下方。

26 在京剧脸谱的头上粘上两根线条。

27 在京剧脸谱的发冠下粘上两根线条。

28 在京剧脸谱的发冠下两根线条上分别粘上绒球（一边两个，一边三个）。

29 将两条麦穗粘接在琵琶上。

30 在琵琶的尾端粘上荷花秆、花苞以及两条麦穗。

31 在京剧脸谱上刷上粉红珠光粉，进行润色。

小贴士 NOTE

1 制作烫面面团时，糖浆一定要烧开，搅拌至无干粉。

2 糖浆一定要完全冷却后使用，不然搅拌面团时易出现面筋，不利整形。

3 面团制成后，一定要密封保存，避免风干。

4 组装拼接作品时，一定要注意安全，艾素糖温度较高，拼接时戴手套，避免烫伤。

5 组装拼接时，需借助冷凝剂来快速将糖冷却。

6 粘接时，艾素糖不宜过多，要确保作品干净整洁。

7 粘接艺术面包时，要找好平衡，粘接要牢。

一千零一夜

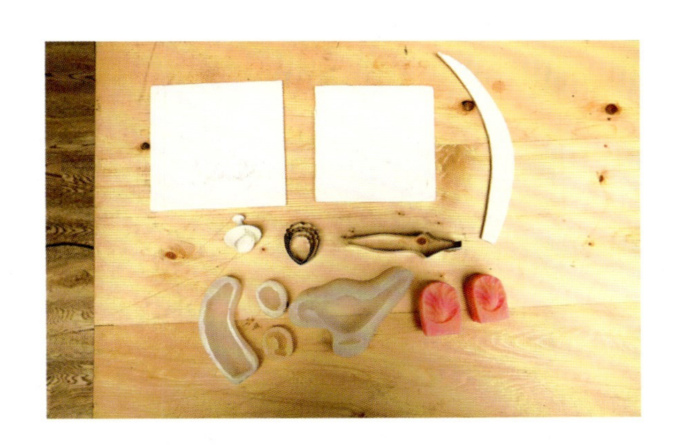

1 面团与材料准备

糖浆

配方 / Ingredients

材 料	重 量
细砂糖	1584克
水	924克

制作过程 / Methods

将细砂糖和水一起熬煮至沸腾，放置冷却至常温备用。

白面团

配方 / Ingredients

材 料	重 量
糖浆	1070克
T45面粉	1550克

制作过程 / Methods

将所有材料全部搅拌成团，取出用保鲜膜包好并松弛30分钟。

抹茶色面团

配方 / Ingredients

材　料	重　量
糖浆	78克
T45面粉	99.7克
抹茶粉	4克

制作过程 / Methods

将所有材料全部搅拌成团，取出用保鲜膜包好并松弛30分钟。

红色面团

配方 / Ingredients

材　料	重　量
糖浆	78克
T45面粉	99.7克
红曲粉	4克

制作过程 / Methods

将所有材料全部搅拌成团，取出用保鲜膜包好并松弛30分钟。

茶色烫面

配方 / Ingredients

材　料	重　量
T85面粉（黑麦粉）	2000克
可可粉	95克
水	878克
细砂糖	878克

制作过程 / Methods

1 将细砂糖和水一起熬煮至沸腾，另将粉类倒入机器中混合均匀，备用。

2 将煮好的糖浆倒入面粉中搅拌成团（要充分烫至糊化，无干粉状），取出用保鲜膜包好，完全冷却后使用。

预先准备 / Preparation

1 糖浆提前煮好冷却。
2 准备使用的模具，并在模具上喷脱模油。

2 配件制作

马赛克底座

制作过程 / Methods

1 取600克茶色烫面，将其擀开至0.7厘米厚，并在表面用打孔器进行打孔，防止烘焙时起泡。
2 将其切割成直径为30厘米的圆形。
3 以上下火150℃/150℃烘烤至面团定型变硬，冷却备用。
4 分别取100克白色面团和茶色烫面，分别将其擀开至0.2厘米厚。
5 将擀好的两色面皮分别切割成2厘米×2厘米的小方块。
6 取烤好的圆形底盘，分别贴上白色和茶色面皮，交错粘贴，呈马赛克，以上下火150℃/150℃烘烤至面团定型变硬，冷却即可。

圆柱

制作过程 / Methods

1 准备一个直径7厘米的铁柱（也可以用空的八宝粥罐子包上锡纸代替使用）。
2 取300克茶色烫面，将其擀开至0.5厘米厚，并切割成15厘米 × 20厘米。
3 将裁好的面团放置在锡纸上（锡纸先喷上脱模油）。
4 把面团卷在铁柱上，以上下火150℃/150℃烘烤至面团定型变硬，脱模冷却即可。

圆环

制作过程 / Methods

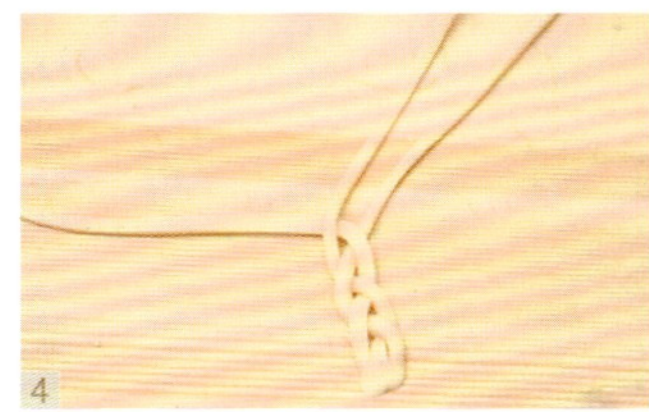

1 取110克白色面团，将其擀开至0.3厘米厚。
2 切割成2厘米 × 3.5厘米的小长形（大约需20片）。
3 再切割出一个直径为10厘米的圆形。
4 切出3条0.1厘米 × 26厘米的长条，并编制成三股辫，围在直径为11厘米的圆模具中烘烤（圆模先喷上脱模油）。
5 以上下火150℃/150℃烘烤至面团定型变硬，颜色呈金黄色，冷却即可。

制作过程 / Methods

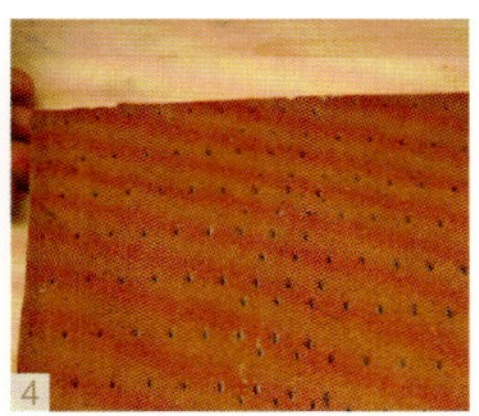

1 取3500克茶色烫面，将其擀开至1.3厘米厚，并在表面用打孔器进行打孔，防止烘焙时起泡。

2 将其切割成3块19厘米×19厘米的正方形，制成书芯。

3 取1000克茶色烫面，将其擀开至0.4厘米厚，并将其切割成2块21厘米×21厘米的正方形，制成书壳，1块6厘米×21厘米的长方形，制成书脊。

4 以上下火150℃/150℃烘烤至面团定型变硬，冷却备用。

（一）书芯制作

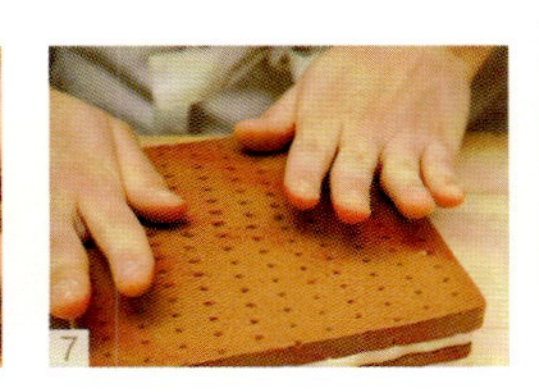

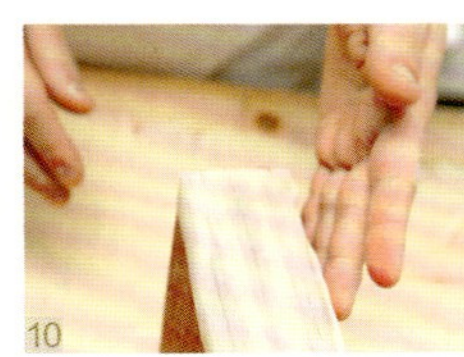

5 取一块烤好的书芯，表面贴上白面团。

6 将第二块贴在第一块表面，并在表面贴上白面团。

7 将第三块贴在第二块表面，并以上下火150℃/150℃烘烤至面团定型变硬，冷却备用。

8 将烘烤好的“步骤7”，用锉刀进行打磨平整。

9 取200克白色面团，将其擀开至0.1厘米厚，先切割1块19厘米×19厘米的正方形备用，剩余面皮表面用切面刀切出书页纹。

10 将书页纹贴于打磨好的书芯侧面，大小尺寸和书芯一致（贴三面）。

11 将切好的正方形面皮贴于表面，以上下火150℃/150℃烘烤至面团定型变硬，颜色烤至淡黄色，冷却即可。

（二）书壳制作

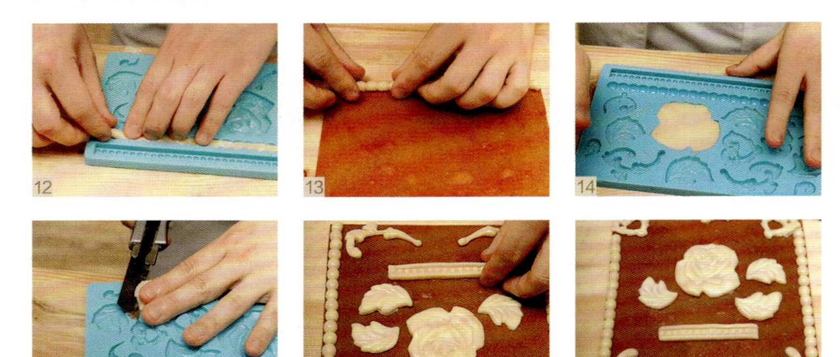

12 准备一个翻糖硅胶模具，用适量白面团，压在珍珠型模具中。
13 取出，贴在烤好的书壳两边。
14 用适量白面团，压在玫瑰花型和叶子模具中。
15 取出，贴在书壳中间处。
16 用适量白面团，压在花边型模具中。
17 取出，贴在书壳两边。
18 完成后，入烤箱，以上下火150℃/150℃烘烤至面团定型变硬，颜色烤至淡黄色，冷却即可。

（三）书页制作

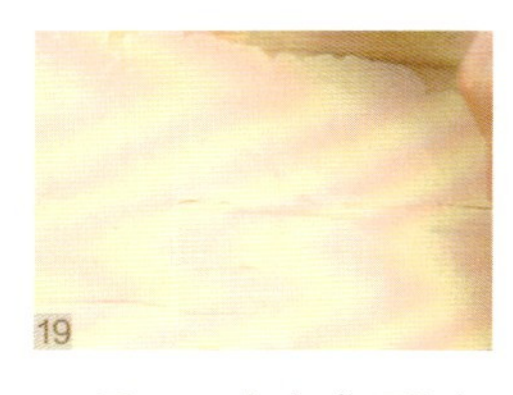

19 取130克白色面团，将其擀开至0.1厘米厚。
20 切割成3块19厘米×19厘米的正方形。
21 放置在锡纸上，自然弯曲，以上下火100℃/100℃烘烤至面团定型变硬，颜色烤至米白色，冷却即可。

支架与神灯

制作过程 / Methods

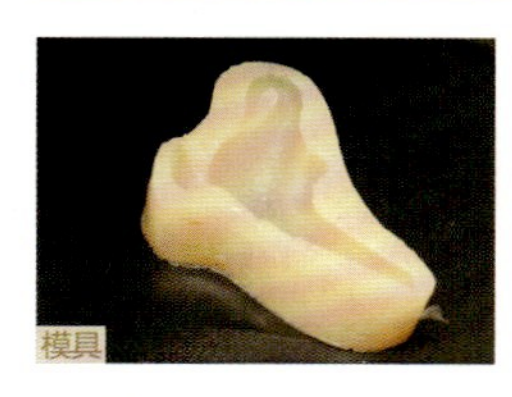
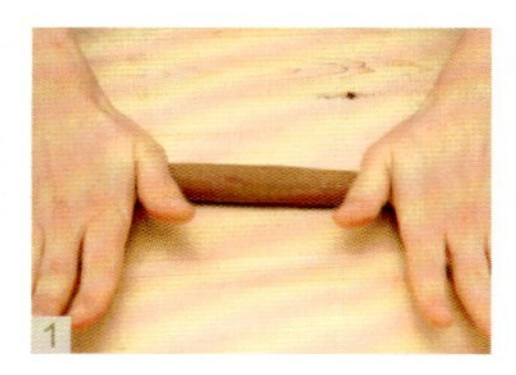

1 取100克茶色烫面，用手将其搓成一头略粗一头细，长80厘米的长条。
2 将其摆放在垫有硅胶垫的烤盘中，成微“S”（弧度微小）形，以上下火150℃/150℃烘烤至面团定型变硬，冷却备用。
3 取90克茶色烫面，搓成一头略粗一头细，长80厘米的长条，搓5条。

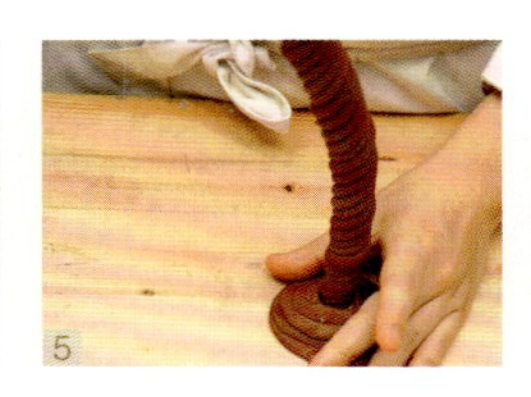

4 将5条并排放，缠绕在烤好的“S”形支架上。

5 将剩余部分面团缠绕在尾端，以上下火150℃/150℃烘烤至面团定型变硬，冷却即可。

6 准备神灯硅胶模具，喷上脱模油，取适量白面团压在模具中，以上下火150℃/150℃烘烤至面团定型变硬，颜色烤至金黄色，脱模冷却即可。

马刀

制作过程 / Methods

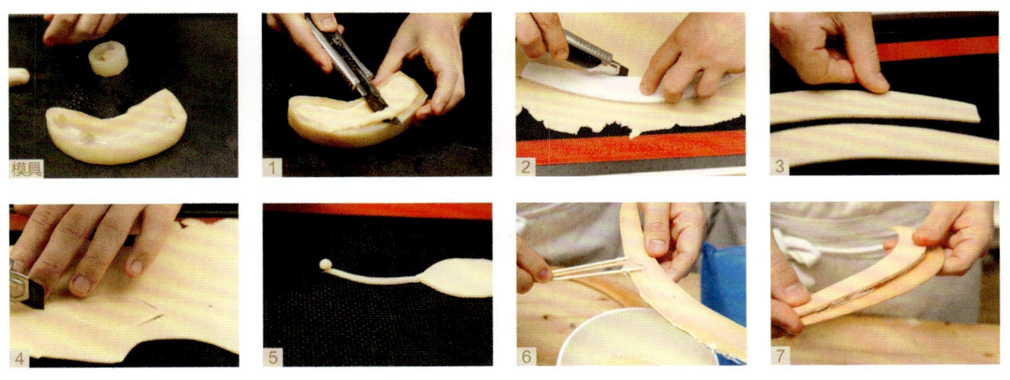

1 准备马型硅胶模具，喷上脱模油，取适量白面团压在模具中，以上下火150℃/150℃烘烤至面团定型变硬，颜色烤至金黄色，脱模冷却即可。

2 取150克白面团，擀压至0.3厘米，用模具裁成两片弯刀状。

3 用手捏出刀刃。

4 在剩余面皮上割出刀柄。

5 在刀柄两端各放置搓好的小球，以上下火150℃/150℃烘烤至面团定型变硬，颜色烤至金黄色，冷却即可。

6 准备一些融化的艾素糖，在弯刀的一面抹上艾素糖。

7 将烤好的两片弯刀错开粘接在一起。

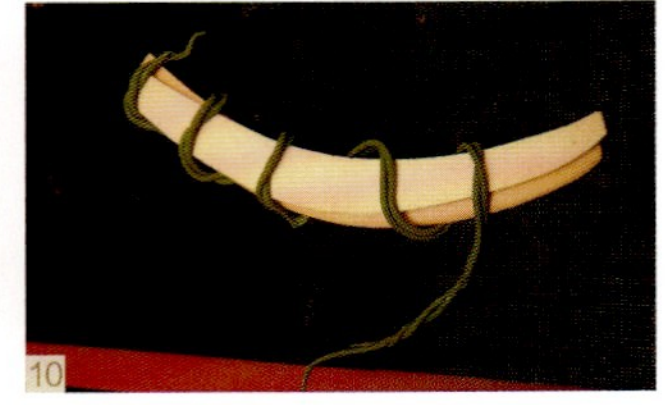

8 取适量抹茶色面团，搓成两条长条形，并扭成麻花形。

9 将其缠绕在粘好的弯刀上。

10 放于垫有硅胶垫的烤盘中，以上下火150℃/150℃烘烤至面团定型变硬，冷却即可。

美人花与叶子

制作过程 / Methods

（一）花心制作

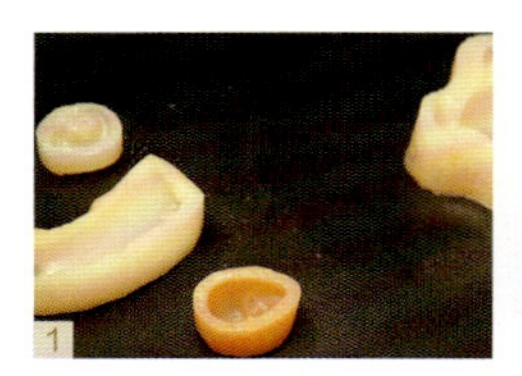
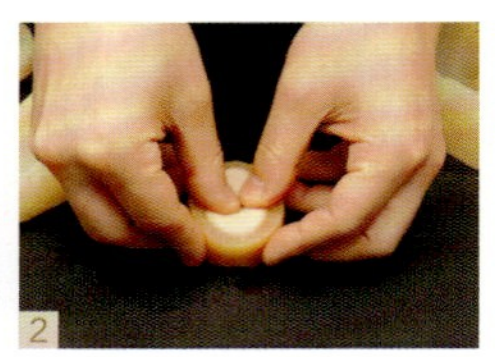
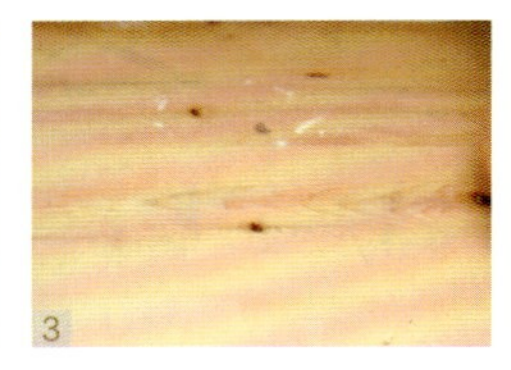

1 准备人脸模具，喷上脱模油。

2 取适量白面团压于模具中，以上下火150℃/150℃烘烤至面团定型变硬，颜色烤至金黄色，脱模冷却即可。

3 取50克白面团，擀压至0.05厘米，裁割成腰长3厘米、底边0.4厘米的等腰三角形。

4 将其摆放于弯好的铁模中，以上下火150℃/150℃烘烤至面团定型变硬，颜色烤至米黄色，冷却脱模即可。

（二）花瓣与叶子制作

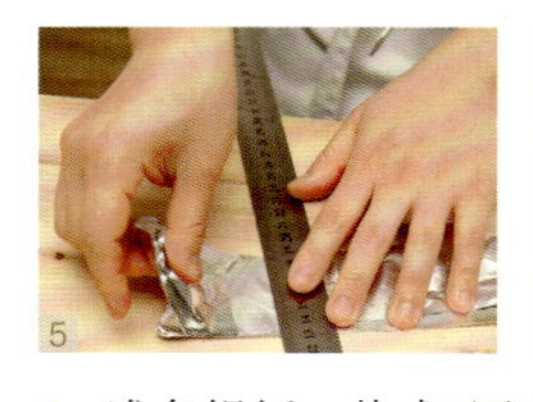
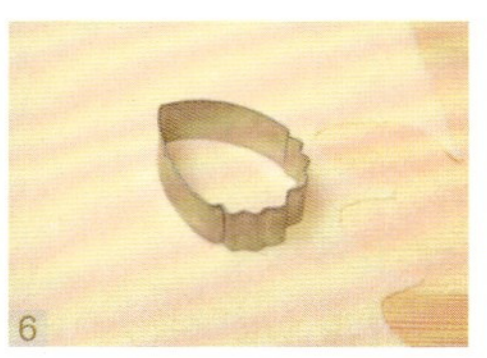

5 准备锡纸，裁成3厘米×4厘米大小，并在锡纸上喷上脱模油。

6 取100克白面团，擀压至0.05厘米厚，用牡丹花瓣模具压出花瓣。

7 将花瓣边缘用球刀滚薄。

8 放置在锡纸上。

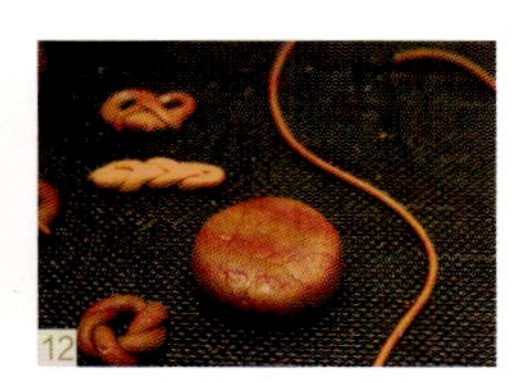

9 用硅胶纹路压模压出纹路。
10 以上下火150℃/150℃烘烤至面团定型变硬，颜色烤至米黄色，冷却脱模即可。
11 取50克抹茶色面团，擀压至0.05厘米厚，用叶子模具压出叶片，后续做法与花瓣一样，以上下火150℃/150℃烘烤至面团定型变硬，颜色烤至抹茶色，冷却脱模即可。
12 用适量茶色烫面，制作出花托，以上下火150℃/150℃烘烤至面团定型变硬。

皇冠

制作过程 / Methods

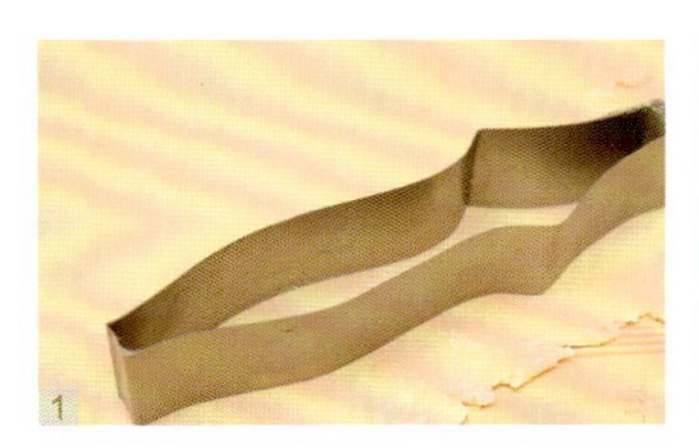
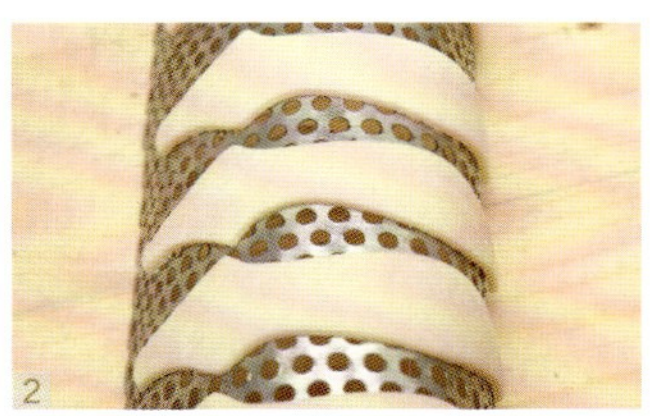
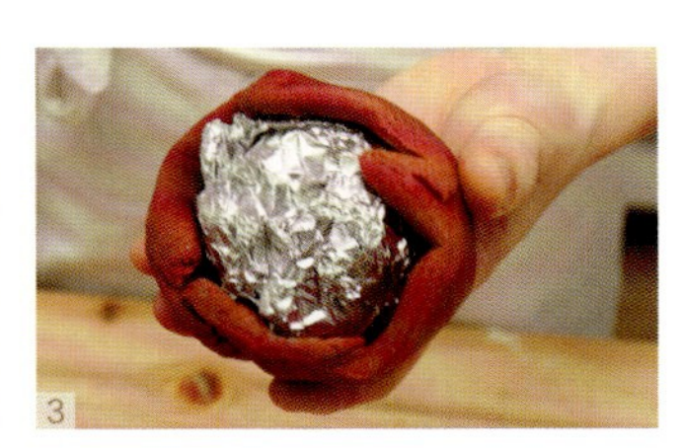

1 取200克白面团，擀压至0.3厘米厚，用模具压出皇冠帽壳。
2 将其摆放在弯好的铁模中，以上下火150℃/150℃烘烤至面团定型变硬，颜色烤至金黄色，冷却脱模即可。
3 准备帽芯锡纸球，并喷上脱模油，取200克红色面团，擀压至0.3厘米厚，包裹在锡纸球上，制作成皇冠帽芯。

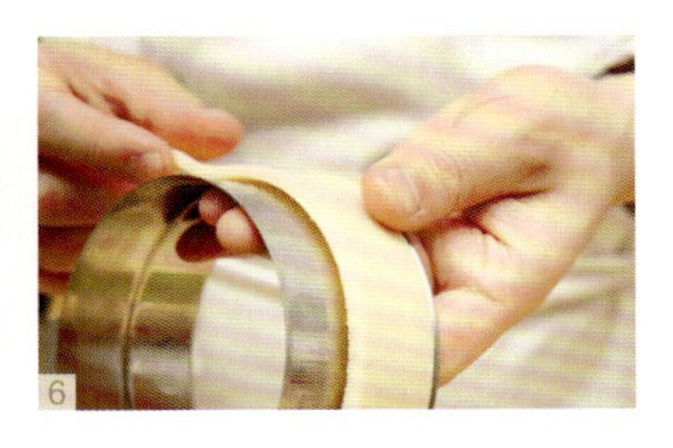

4 以上下火150℃/150℃烘烤至面团定型变硬，脱模冷却脱模即可。
5 取200克白面团，擀压至0.2厘米厚，裁成2厘米×30厘米的长方形面皮，将面皮围在喷上脱模油的圆模上（圆模直径为10.5厘米），形成圆环形状。
6 以上下火150℃/150℃烘烤至面团定型变硬，颜色烤至金黄色，脱模冷却即可。

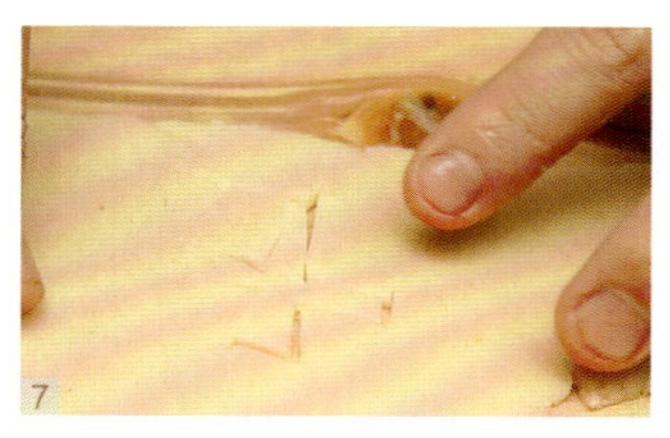

7 在剩余的白面中裁出皇冠十字架。

8 以上下火150℃/150℃烘烤至面团定型变硬，颜色烤至金黄色，冷却即可。

9 在擀好的白面中，裁出直径为11厘米的圆形，以上下火150℃/150℃烘烤至面团定型变硬，颜色烤至金黄色，冷却即可。

线条

制作过程 / Methods

1 取适量白面，将其搓至中间粗两端细，搓三条，其中一条略粗。

2 将三条的中尾端扭在一起，呈麻花状。

3 将另一端弯曲摆放。

4 入烤箱，以上下火150℃/150℃烘烤至面团定型变硬，颜色烤至金黄色，冷却即可。

5 取适量茶色烫面，将其搓细长，两端细。

6 摆放成“S”形线条，入烤箱，以上下火150℃/150℃烘烤至面团定型变硬，冷却即可。

小面包

制作过程 / Methods

1 取适量白面团，将其搓长。
2 用剪刀剪开。
3 摆成弯曲麦穗状。
4 擀开一块茶色烫面（0.4厘米厚），切成等腰三角形（腰长10厘米，底长3厘米）。
5 卷成可颂型。
6 取适量茶色烫面，将其搓长，并卷成蚊香状。
7 表面喷上水，沾上奇亚籽。
8 可根据喜好，制作一些小面包种类（如：辫子、花环等）。
9 分别摆放在烤盘中，入烤箱，以上下火150℃/150℃烘烤至面团定型变硬，冷却即可。

3 组装制作

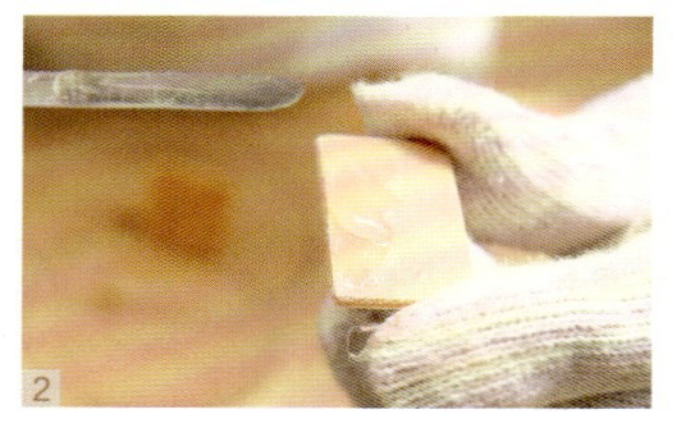

1 准备适量艾素糖，加热完全融化成液态。
2 取一块圆环片，粘上艾素糖。
3 准备一个圆形器皿，将圆环片依次进行粘接。
4 把组合好的圆环粘接在圆片上。
5 将圆柱粘接在圆环的中心部位。
6 将辫子粘接在圆环外部。

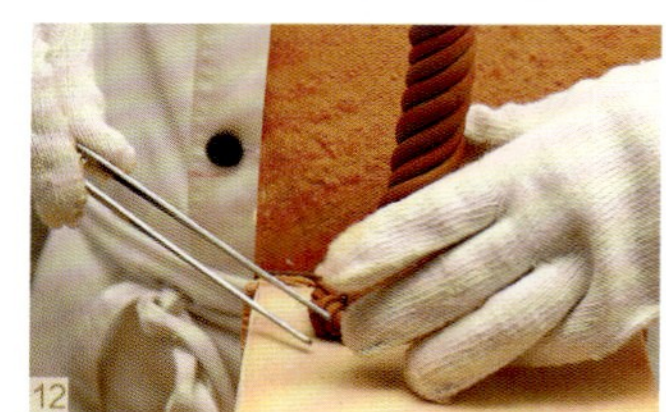

7 把圆柱粘接在马赛克底座上。
8 将书底与书芯粘接。
9 把书底粘接在圆环上。
10 在书的侧面粘上书脊。
11 将书外壳进行粘接。
12 将主支架粘接在书上，并在周围粘接一些小面包进行加固。

13 把大线条粘接在主支架上。

14 将刀柄粘接在刀上。

15 将马头刀把粘接在刀柄上。

16 把拼好的马刀粘接在大线条上。

17 将皇冠的圆环粘接在圆片上。

18 将皇冠帽芯粘接在圆片上。

19 在皇冠帽芯中心粘上小圆球面包，并将帽壳粘接在上面。

20 平均粘上8瓣帽壳。

21 将皇冠粘接在主支架上。

22 在皇冠中心部分粘上小圆球面包。

23 把皇冠十字架粘接在小圆球面包上。

24 将人脸粘接在花托中心。

25 在人脸周围粘上花心。

26 在花心周围均匀地粘上一层花瓣。

27 粘上第二层花瓣。

28 粘上四层花瓣，使整体呈长形。

29 依次拼出几朵小花苞。

30 将美人花粘接在主支架上。

31 将神灯粘接在书的中心处（马刀与主支架中间）。

32 将3片书页粘接在书上，呈打开状，另在美人花的周围粘上线条。

33 将小花苞粘接在刀尖处。

34 在小花苞的周围粘上麦穗和小线条。

35 在小花苞的周围粘上叶子。

36 在大线条的左下侧粘上小花苞。

37 在小花苞的周围粘上叶子。

38 在大线条的右下侧粘上一片叶子。

39 在神灯后侧粘接一个小花朵，增加细节。

40 在小花苞的周围粘上一些小线条。

41 将一些小面包粘接在马赛克底座上，增加细节。

小贴士
NOTE

1 制作烫面面团时，糖浆一定要烧开，搅拌至无干粉。

2 糖浆一定要完全冷却后使用，不然搅拌面团时易出现面筋，不利整形。

3 面团制成后，一定要密封保存，避免风干。

4 组装拼接作品时，一定要注意安全，艾素糖温度较高，拼接时戴手套，避免烫伤。

5 组装拼接时，需借助冷凝剂来快速将糖冷却。

6 粘接时，艾素糖不宜过多，要确保作品干净整洁。

7 粘接艺术面包时，要找好平衡，粘接要牢。